"十三五"国家重点出版物出版规划项目

名校名家基础学科系列

新工科数学基础　四
概率论与数理统计及 Python 实现

王振友　陈学松　肖存涛　编

机械工业出版社

本书是为适应新工科背景下教学模式改革以及满足现代科学技术对概率论与数理统计的需求而编写的. 主要内容包括：随机事件及其概率、随机变量及其分布、多维随机变量及其分布、随机变量的数字特征、大数定律及中心极限定理、样本及抽样分布、参数估计、假设检验及回归分析. 本书取材广泛，实例丰富，每章配套的数学实验均采用流行的 Python 语言编写，突出了对学生应用数学能力的培养. 每章的知识纵横栏目有助于拓展学生的视野，帮助学生深入理解相关知识点的来龙去脉和发展历史，进而增强学生的学习兴趣. 本书各章均配有习题，书末附有答案.

本书简明易懂，注重理论联系实际，可作为高等院校理工科本科各专业概率论与数理统计课程的教材，也可作为科技人员和自学者的参考书籍.

图书在版编目（CIP）数据

新工科数学基础：概率论与数理统计及 Python 实现. 四/王振友，陈学松，肖存涛编. —北京：机械工业出版社，2021.7（2024.6 重印）
（名校名家基础学科系列）
"十三五"国家重点出版物出版规划项目
ISBN 978-7-111-67855-7

Ⅰ.①新⋯　Ⅱ.①王⋯ ②陈⋯ ③肖⋯　Ⅲ.①概率论-高等学校-教材 ②数理统计-高等学校-教材　Ⅳ.①O21

中国版本图书馆 CIP 数据核字（2021）第 053912 号

机械工业出版社（北京市百万庄大街 22 号　邮政编码 100037）
策划编辑：韩效杰　责任编辑：韩效杰　李　乐
责任校对：陈　越　封面设计：鞠　杨
责任印制：邰　敏
北京富资园科技发展有限公司印刷
2024 年 6 月第 1 版第 6 次印刷
184mm×260mm·13.5 印张·325 千字
标准书号：ISBN 978-7-111-67855-7
定价：39.80 元

电话服务　　　　　　　　　　网络服务
客服电话：010-88361066　　机 工 官 网：www.cmpbook.com
　　　　　010-88379833　　机 工 官 博：weibo.com/cmp1952
　　　　　010-68326294　　金 书 网：www.golden-book.com
封底无防伪标均为盗版　机工教育服务网：www.cmpedu.com

前　言

　　概率论与数理统计是研究和揭示随机现象统计规律的数学学科，是高等院校理工科本科各专业的一门重要的基础理论课．随着现代科学技术的发展，概率论与数理统计在自然科学、社会科学、工程技术、工农业生产等领域中得到了越来越广泛的应用，其重要性不言而喻．培养学生运用概率统计方法分析和解决实际问题的能力，进而提高学生的逻辑思维能力、工程实践能力以及独立思考能力是本课程教学的根本任务．

　　传统的概率论与数理统计教材比较侧重于理论知识的逻辑性和严密性，而在新工科教学改革背景下，教材需要满足新工科的教学范式，体现出新工科的工程特色，从培养学生实践能力出发，旨在培养创新型卓越工程人才．本书就是基于这一背景进行编写，对传统教材的结构体系和内容进行了适当的重新组合和拓展．我们力求更深入、更广泛地融入新工科教学理念，更丰富、更恰当地体现出新工科教学要求的多元化、工程化、交叉性、融合性，引导学生运用所学知识解决工程问题．本书中的数学实验全部采用 Python 语言实现，既可以帮助学生更好地和国际接轨，又可以通过实验案例加深学生对相关知识点的理解、把握和应用．

　　全书共 9 章，包括基本概念、随机变量及其分布、多维随机变量及其分布、数字特征、极限定理、样本与统计量、参数估计、假设检验、回归分析．与现行同类教材相比，本书结构合理，着重介绍概率统计的基本思想、基本方法和基本结论，概念引入自然，例题选择恰当有层次，配备的习题有针对性且难易程度适中，特别是 Python 实验可以帮助学生更好地将所学知识应用到实践当中．

　　全书讲授大约需要 72 学时，教师可根据实际教学需要进行调整．本书由王振友拟写大纲并负责统稿，具体编写分工如下：王振友负责编写第 1~3 章，陈学松负责编写第 4~6 章，肖存涛负责编写第 7~9 章并编写全部实验代码．在编写过程中，编者参考了一些文献，在此谨向这些文献的作者表示衷心的感谢．

　　限于编者的水平和精力，本书难免存在不足之处，欢迎读者批评指正．

编　者

目　　录

概率论与数理统计是一门研究随机现象统计规律的学科，它有着系统、丰富的内容和许多深刻的结论；同时，它作为研究和揭示随机现象规律的主要理论工具，已经在自然科学、国民经济，以及社会活动的各个领域都得到了广泛的应用.

本章我们介绍概率论的基本概念、随机现象、随机试验、样本空间、随机事件、随机事件的概率和随机事件的独立性等概念；概率论的基本理论，包括随机事件之间的关系和运算、概率的性质及其计算公式；同时介绍应用非常广泛的两类概型：古典概型与 n 重伯努利概型.

1.1 随机事件

在这一节我们将先从随机现象谈起，人们主要是通过随机试验来认识和考察随机现象的，进而通过随机试验得出概率论中的两个重要概念——样本空间和随机事件.

1.1.1 随机现象与频率稳定性

我们先来了解概率论与数理统计这门课程研究的对象，即为随机现象. 在自然界与人类社会中普遍存在着两类现象. 一类为确定现象，即在一定条件下必然发生的现象. 例如，一个电路中若电动势 V 和电阻值 R 是确定不变的，那么根据欧姆定律可知该电路中的电流 I 也是确定不变的. 在大气压强为 101325Pa 时，纯净水加热到 100℃时必然会沸腾，而温度降到 0℃时又必然会结冰. 手拿一枚硬币，松开手，硬币往下落. 这些都属于确定现象. 另一类为不确定现象，即在一定条件下，可能出现这样的结果，也可能出现那样的结果，而在试验或观察之前不能预知确切的结果. 例如，在相同条件下抛同一枚硬币，其落地后的结果可能是正面朝上，也可能是反面朝上，并且在每次抛掷之前无法肯定抛掷的结果是什么. 保险公司中，投保人数一定的条件下，一年中的索赔人数却不能确定. 一堆产品中混合有合格品和不合格品, 从中随意抽取一件, 则抽取到的可能是合格品, 也可能是不合格品. 这些均属于不确定现象, 也称为随机现象.

如何研究随机现象呢? 随机现象在个别或少量的试验或观测中呈现出不确定性, 但是切不可认为随机现象就没有一定的规律了. 事实上, 如果做了大量的重复试验或观察, 我们就会发现一个随机现象中各个结果的出现总是服从一定规律的. 以掷一枚硬币为例, 历史上多位数学家做过抛掷一枚质地和构造均匀硬币的试验(见表1-1). 发现随着投掷次数的增多, 正面朝上的次数 n_1 与投掷次数 n 的比值 n_1/n (称为频率)越来越接近 0.5. 随机现象的这一自身固有规律, 即随着试验次数的增多, 一个结果的频率越来越接近一个确定的数值, 称为频率稳定性, 这是随机现象的统计规律性.

表 1-1　"抛硬币"试验

试验者	试验次数 n	正面朝上的次数 n_1	频率 n_1/n
德·摩根	2048	1061	0.5181
蒲丰	4040	2048	0.5069
K. 皮尔逊	12000	6019	0.5016
K. 皮尔逊	24000	12012	0.5005

1.1.2　随机试验与样本空间

随机现象的统计规律性是在大量重复试验中体现出来的, 在概率论中我们把具有如下三个特点的试验称为随机试验:

(1) 可以在相同条件下重复进行;

(2) 每次试验的可能结果不唯一, 但其全部可能结果事先是知道的;

(3) 试验前不能确定哪一个结果发生.

我们把随机试验的每一个结果称为样本点, 样本点组成的集合称为样本空间, 记为 S.

例 1.1.1　写出下列随机试验的样本空间 S.

(1) 掷一颗骰子, 观察出现的点数. 样本空间为

$$S_1 = \{1,2,3,4,5,6\}.$$

(2) 记录某城市 120 急救电话台一昼夜接到的呼叫次数. 样本空间为

$$S_2 = \{0,1,2,3,\cdots\}.$$

(3) 在一批灯泡中任取一只, 测试它的寿命. 样本空间为

$$S_3 = \{t \mid t \geqslant 0\}.$$

其中 S_1 的样本点为有限个，称为有限样本空间，S_2，S_3 的样本点为无限个，称为无限样本空间，又因为 S_2 的样本点可按一定顺序排列，所以称为可列样本空间.

1.1.3　随机事件的概念、关系与运算

> **定义**　样本空间 S 的子集称为随机试验的随机事件，简称事件，记为 A，B，C，…. 在每次试验中，当且仅当这一子集中的一个样本点出现时，则称这一事件发生.

特别地，仅由一个样本点组成的单点集合，称为基本事件，样本空间 S 构成的事件，称为必然事件；空集 $\varnothing$ 构成的事件，称为不可能事件. 严格地说，必然事件和不可能事件已经不具有随机性，但我们仍将其称作事件.

在例 1.1.1 中，随机事件"灯泡的寿命大于 1000h"，可以表示为 $A = \{t \mid t > 1000\}$.

事件是集合，利用集合的关系与运算，可以得到事件之间的关系与运算. 设随机试验的样本空间为 S，而 A，B，C，A_1，A_2，…为随机事件.

1. 事件的包含关系

若事件 A 发生必然导致事件 B 发生，则称事件 B 包含事件 A，记为 $B \supset A$.

2. 事件的相等关系

若事件 $A \supset B$ 且 $B \supset A$，则称事件 A 与 B 相等，记为 $A = B$.

3. 和事件

事件 A 与 B 至少有一个发生的事件，称为事件 A，B 的和事件，记为 $A \cup B$. n 个事件 A_1，A_2，…，A_n 的和事件记为 $\bigcup\limits_{i=1}^{n} A_i$，可列个事件 A_1，A_2，…，A_n，…的和事件记为 $\bigcup\limits_{i=1}^{\infty} A_i$.

4. 积事件

事件 A 与 B 同时发生的事件，称为事件 A，B 的积事件，记为 $A \cap B$ 或 AB. n 个事件 A_1，A_2，…，A_n 的积事件记为 $\bigcap\limits_{i=1}^{n} A_i$ 或 $A_1 A_2 \cdots A_n$，可列个事件 A_1，A_2，…，A_n，…的积事件记为 $\bigcap\limits_{i=1}^{\infty} A_i$.

5. 差事件

事件 A 发生而事件 B 不发生的事件,称为事件 A 与 B 的差事件,记为 $A-B$.

6. 互斥关系(也称互不相容)

若 $AB=\varnothing$,则称事件 A 与 B 是互斥的或互不相容的. 两个事件互斥指的是事件 A 与 B 不能同时发生. 若事件 A_1,A_2,$\cdots$,A_n 满足 $A_iA_j=\varnothing(i\neq j,i,j=1,2,\cdots,n)$,则称事件 A_1,A_2,$\cdots$,A_n 两两互斥.

7. 逆事件

若 $AB=\varnothing$ 且 $A\cup B=S$,则称事件 A,B 互为逆事件,也称 A,B 互为对立事件,记 $B=\overline{A}$ 或 $A=\overline{B}$.

用集合的文氏图可以直观地表示以上事件之间的关系与运算(见图 1-1).

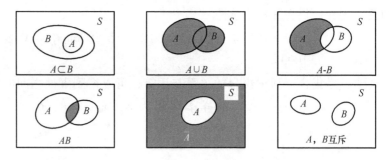

图 1-1　事件的关系与运算

由事件的关系与运算容易得到下面结论:

(1) $\varnothing\subset A\subset S$,$A\subset A\cup B$,$AB\subset A$,$AB\subset B$,$A-B\subset A$;

(2) 若 $A\subset B$,则 $A\cup B=B$,$AB=A$,$A-B=\varnothing$,$\overline{A}\supset\overline{B}$;

(3) $A-B=A\overline{B}=A-AB$,$\overline{A}=S-A$;

(4) $A\cup B=A\cup\overline{A}B=B\cup A\overline{B}$,$A\cup B\cup C=A\cup\overline{A}B\cup\overline{A}\overline{B}C$.

例 1.1.2　设 A,B,C 表示三个事件,试用 A,B,C 表示下列事件.

(1) 仅 A 发生. 即 A 发生而 B 不发生 C 也不发生,应该是 $A\overline{B}\overline{C}$.

(2) A,B,C 恰有一个发生. 即三个事件中必有一个发生,且其他事件都不发生,应该是 $A\overline{B}\overline{C}\cup\overline{A}B\overline{C}\cup\overline{A}\overline{B}C$.

与集合运算类似,事件的运算具有下面的运算律. 对于任意的事件 A,B,C,有

(1) 交换律:$A\cup B=B\cup A$,$AB=BA$.

（2）结合律：$A \cup (B \cup C) = (A \cup B) \cup C$，$A(BC) = (AB)C$.

（3）分配律：$A(B \cup C) = AB \cup AC$，$A \cup (BC) = (A \cup B)(A \cup C)$.

（4）德摩根律：$\overline{A \cup B} = \overline{A}\,\overline{B}$，$\overline{AB} = \overline{A} \cup \overline{B}$.

这里，我们对德摩根律说明如下：因为事件 $A \cup B$ 表示事件 A 与 B 至少有一个事件发生，它的对立事件显然就是 A 与 B 都不发生，即 $\overline{A}\,\overline{B}$；又因为事件 $\overline{A} \cup \overline{B}$ 表示事件 A 与 B 至少有一个事件不发生，它的对立事件就是事件 A 与 B 都发生，即 AB. 这一性质可以推广到更多个事件的情形. 对于 n 个事件 A_1，A_2，$\cdots$，A_n，有

$$\overline{\bigcup_{i=1}^{n} A_i} = \bigcap_{i=1}^{n} \overline{A_i}, \qquad \overline{\bigcap_{i=1}^{n} A_i} = \bigcup_{i=1}^{n} \overline{A_i}$$

德摩根律表明：若干个事件的和事件的对立事件就是各个事件的对立事件的积事件，若干个事件的积事件的对立事件就是各个事件的对立事件的和事件.

1.2 概率的公理化定义与古典概型

人们对"概率"这一数学术语并不陌生，可以将它通俗地理解为未来某一事件发生的可能性大小，如天气预报说"明天降雨概率是 20%"，说明下雨的可能性较小，而"降雨概率 80%"，说明下雨的可能性较大.

上一节介绍过，随机现象具有频率稳定性（统计规律性），即随着随机试验次数的增多，事件 A 发生的频率越来越接近一个常数 p. 正是随机现象的这一固有规律，说明了随机事件发生的可能性大小是随机现象本身固有的性质，从而使我们对它进行量的刻画成为可能. 历史上就曾以试验次数无限增多时，频率所趋向的某个确定的数值作为概率，称为概率的统计定义. 概率的统计定义提供了一种估计概率的方法，即用试验次数 n 较大时得到的频率作为概率的估计. 随着研究的深入，数学家们在 20 世纪 30 年代提出了关于概率论公理化的设想，给出了概率的公理化定义.

1.2.1 概率的公理化定义

定义 1 设 S 是随机试验的样本空间，若对于每一个随机事件 A，有实数 $P(A)$ 与其对应，且 $P(A)$ 满足如下三条公理：

（1）非负性：$P(A) \geqslant 0$；

（2）规范性：$P(S) = 1$；

（3）**可列可加性**：设 A_1，A_2，$\cdots$，A_n，$\cdots$ 是两两互斥事件，有 $P\left(\bigcup\limits_{i=1}^{\infty} A_i\right) = \sum\limits_{i=1}^{\infty} P(A_i)$，则称实数 $P(A)$ 为随机事件 A 的概率．

我们知道，任何数学学科公理化体系的建立都来源于客观实际，公理是一种被承认为真的叙述．概率的公理化定义是受频率基本性质的启发和早期研究而得来的，根据概率的公理化定义，虽然不能直接计算随机事件的概率，但是由于概率论公理化体系的建立使概率论有了严谨而坚实的理论基础，因而在概率论的发展史中起着重要作用．

由概率的三条公理，不难证明概率的一系列性质：

性质 1　不可能事件的概率为 0，即 $P(\varnothing) = 0$．

证明　令 $A_i = \varnothing(i=1, 2, \cdots)$，则 $\bigcup\limits_{i=1}^{n} A_i = \varnothing$，且 $A_i A_j = \varnothing$，i，$j = 1, 2, \cdots$，由概率的可列可加性得

$$P(\varnothing) = P\left(\bigcup_{i=1}^{n} A_i\right) = \sum_{i=1}^{\infty} P(A_i) = \sum_{i=1}^{\infty} P(\varnothing),$$

又由概率的非负性知 $P(\varnothing) \geqslant 0$，故由上式知 $P(\varnothing) = 0$．

性质 2(有限可加性)　若事件 A_1，A_2，$\cdots$，A_n 两两互斥，则有

$$P\left(\bigcup_{i=1}^{n} A_i\right) = \sum_{i=1}^{n} P(A_i).$$

证明　令 $A_i = \varnothing(i = n+1, n+2, \cdots)$，即有 $A_i A_j = \varnothing$，$i \neq j$，i，$j = 1, 2, \cdots$，由概率的可列可加性得

$$P\left(\bigcup_{i=1}^{n} A_i\right) = P\left(\bigcup_{i=1}^{\infty} A_i\right) = \sum_{i=1}^{\infty} P(A_i) = \sum_{i=1}^{n} P(A_i) + \sum_{i=n+1}^{\infty} P(\varnothing)$$

$$= \sum_{i=1}^{n} P(A_i).$$

性质 3(减法公式)　对于任意两事件 A，B 有
$$P(A-B) = P(A) - P(AB).$$

证明　因为 $A = AS = A(B \cup \bar{B}) = AB \cup A\bar{B}$，且 AB 与 $A\bar{B}$ 互斥，由性质 2 有

$$P(A) = P(AB) + P(A\bar{B}) = P(AB) + P(A-B),$$

将上式变形即得减法公式.

特别地，**逆事件的概率公式**

$$P(\overline{A}) = 1 - P(A);$$

单调性　若 $A \subset B$，则　　$P(A) \leqslant P(B)$；

任意事件的概率不大于 1，即　　$P(A) \leqslant 1.$

> **性质 4（加法公式）**　对于任意两事件 A，B 有
> $$P(A \cup B) = P(A) + P(B) - P(AB).$$

证明　因为 $A \cup B = A \cup \overline{A}B$，且 A 与 $\overline{A}B$ 互斥，由性质 2 及性质 3 有

$$P(A \cup B) = P(A) + P(\overline{A}B) = P(A) + P(B) - P(AB).$$

性质 4 可以推广到任意 n 个事件的情况. 对于任意 n 个事件 A_1，A_2，$\cdots$，A_n 有

$$P\left(\bigcup_{i=1}^{n} A_i \right) = \sum_{i=1}^{n} P(A_i) - \sum_{1 \leqslant i < j \leqslant n} P(A_i A_j) + \sum_{1 \leqslant i < j < k \leqslant n} P(A_i A_j A_k) - \cdots + (-1)^{n-1} P(A_1 A_2 \cdots A_n).$$

例 1.2.1　已知 $P(\overline{A} \cup \overline{B}) = 0.9$，$P(A) = 0.2$，求 $P(AB)$，$P(A-B)$.

解　$P(\overline{A} \cup \overline{B}) = P(\overline{AB}) = 1 - P(AB) = 0.9$，得 $P(AB) = 0.1.$

$$P(A-B) = P(A) - P(AB) = 0.1.$$

例 1.2.2　某厂有两台机床，机床甲发生故障的概率为 0.1，机床乙发生故障的概率为 0.2，两台机床同时发生故障的概率为 0.05，试求：

（1）机床甲和机床乙至少有一台发生故障的概率；

（2）机床甲和机床乙都不发生故障的概率；

（3）机床甲和机床乙至少有一台不发生故障的概率.

解　令 A 表示"机床甲发生故障"，B 表示"机床乙发生故障"，则

$$P(A) = 0.1, \ P(B) = 0.2, \ P(AB) = 0.05.$$

（1）$A \cup B$ 表示"机床甲和机床乙至少有一台发生故障"，则有

$$P(A \cup B) = P(A) + P(B) - P(AB) = 0.25.$$

（2）$\overline{A}\,\overline{B}$ 表示"机床甲和机床乙都不发生故障"，则有

$$P(\overline{A}\,\overline{B}) = P(\overline{A \cup B}) = 1 - P(A \cup B) = 0.75.$$

（3）$\overline{A} \cup \overline{B}$ 表示"机床甲和机床乙至少有一台不发生故障"，则有

$$P(\overline{A} \cup \overline{B}) = P(\overline{AB}) = 1 - P(AB) = 0.95$$

1.2.2　古典概型（等可能概型）

等可能概型是一类最简单直观的随机试验，也是概率论发展初期就开始研究的一类概率问题，因此被称为古典概型. 古典概型简单应用广泛，通过对它的讨论可以帮助我们理解概率论的基本概念和数量关系.

> **定义 2**　若随机试验具有以下特点：
> （1）样本空间 S 中只包含有限个样本点；
> （2）在试验中每个基本事件发生的可能性相同，
> 则称这类随机试验为等可能概型（古典概型）.

下面我们讨论等可能概型中事件概率的计算公式. 设样本空间为 $S = \{e_1, e_2, \cdots, e_n\}$，基本事件的概率 $P(e_1) = P(e_2) = \cdots = P(e_n) = p$，则有概率的有限可加性

$$P(S) = P\left(\bigcup_{i=1}^{n} e_i\right) = \sum_{i=1}^{n} P(e_i) = np = 1.$$

所以，基本事件的概率 $p = \dfrac{1}{n}$. 若事件 A 含有 k 个样本点，$A = \{e_{i_1}, e_{i_2}, \cdots, e_{i_k}\}$，则

$$P(A) = P\left(\bigcup_{j=1}^{k} e_{i_j}\right) = \sum_{j=1}^{k} P(e_{i_j}) = \frac{k}{n}.$$

因此，等可能概型中事件 A 的概率为

$$P(A) = \frac{A \text{ 包含的样本点数}}{S \text{ 中样本点总数}} = \frac{k}{n}. \tag{1-1}$$

式（1-1）就是等可能概型中事件 A 的概率计算公式.

例 1.2.3（抽样问题）　袋中有 6 个球，其中有 4 个白球，2 个红球，从中取出两球. 有放回抽样：第一次取出一个球记下颜色放回，再取第二次. 不放回抽样：第一次取出一个球记下颜色后不放回，继续取第二次. 试分别就上面两种情况求：

（1）取到的两个球都是白球的概率；

（2）取到的两个球颜色相同的概率；

（3）取到的两个球至少有一个是白球的概率.

解　设事件 $A = \{$两个白球$\}$，$B = \{$两个红球$\}$，则

$$A \cup B = \{\text{两个球颜色相同}\}, \quad \overline{B} = \{\text{两个球中至少有一个白球}\}.$$

有放回抽样的情况. 样本点总数为 6×6，事件 A 包含的样本点

数为 4×4，事件 B 包含的样本点数为 2×2，于是

$$P(A)=\frac{4\times4}{6\times6}=\frac{4}{9}, \qquad P(B)=\frac{2\times2}{6\times6}=\frac{1}{9},$$

由于 $AB=\varnothing$，得

$$P(A\cup B)=P(A)+P(B)=\frac{5}{9}, \qquad P(\overline{B})=1-P(B)=\frac{8}{9}.$$

无放回抽样的情况. 样本点总数为 6×5，事件 A 包含的样本点数为 4×3，事件 B 包含的样本点数为 2×1，于是

$$P(A)=\frac{4\times3}{6\times5}=\frac{2}{5}, \qquad P(B)=\frac{2\times1}{6\times5}=\frac{1}{15},$$

由于 $AB=\varnothing$，得

$$P(A\cup B)=P(A)+P(B)=\frac{7}{15}, \qquad P(\overline{B})=1-P(B)=\frac{14}{15}.$$

思考：一次取 2 个球，求上述各事件的概率，试与无放回抽样的概率进行比较. 袋中有 n 个白球，m 个红球，$k(k\leqslant n+m)$ 个人依次在袋中取一个球，试分别做有放回抽样和无放回抽样，求第 $i(i=1, 2, \cdots, k)$ 个人取到白球的概率，此概率与 i 是否有关?

例 1.2.4(超几何概型)　有 N 件产品，其中 M 件次品，任取 n 件，求恰有 $m(m\leqslant\min\{n, M\})$ 件次品的概率.

解　设事件 $A=\{$恰有 m 件次品$\}$，则样本点总数为从 N 件产品中取出 n 件的组合数 C_N^n，事件 A 包含的样本点数为 $C_M^m C_{N-M}^{n-m}$，于是

$$P(A)=\frac{C_M^m C_{N-M}^{n-m}}{C_N^n}.$$

例 1.2.5(分球入盒问题)　将 n 个球随机地放入 $N(N\geqslant n)$ 个盒子中，试求下列事件的概率. $A=\{$指定的 n 个盒子中各有一个球$\}$，$B=\{$每盒至多有一个球$\}$.

解　因为每一个球都有 N 个可能，n 个球有 N^n 种可能，样本点总数为 N^n，事件 A 包含的样本点数为 $n!$，事件 B 包含的样本点数为从 N 个盒子取出 n 个的排列数 A_N^n，于是

$$P(A)=\frac{n!}{N^n}, \qquad P(B)=\frac{A_N^n}{N^n}.$$

有很多问题和本例具有相同的数学模型. 例如，某班有 64 个人，他们的生日各不相同的概率为

$$\frac{365\times364\times\cdots\times302}{365^{64}}=0.003.$$

这个概率是很小的,那么,64 人的班级里至少有两个人生日相同的概率为 0.997. 教师在对该班级学生并不了解的情况下敢做出预测:这个班级至少有两个人的生日相同,是根据实际推断原理:一次试验下,小概率事件几乎是不发生的.

1.3 条件概率

1.3.1 条件概率的概念

在许多实际问题中,除了求事件 B 发生的概率外,还需要求在已知事件 A 已经发生的条件下,事件 B 发生的概率,我们称这种概率为事件 A 发生的条件下事件 B 的条件概率,记为 $P(B \mid A)$.

例如,在掷骰子试验中,样本空间 $S = \{1,2,3,4,5,6\}$,设事件 A 表示"点数为偶数",事件 B 表示"点数不超过 5",于是,$A = \{2,4,6\}$,$B = \{1,2,3,4,5\}$,$AB = \{2,4\}$,则

$$P(A) = \frac{3}{6}, \ P(B) = \frac{5}{6}, \ P(AB) = \frac{2}{6} = \frac{1}{3}.$$

若已知事件 A 发生了,则基本事件数缩减为 3,样本空间 S 缩减为 $S_A = \{2,4,6\}$,求 $P(B \mid A)$ 即在缩减了的样本空间 S_A 中求事件 B 发生的概率,此时,只有出现点数为 2 或 4 时,B 才会发生,故 $P(B \mid A) = \frac{2}{3}$. 而 $P(B \mid A) = \frac{2}{3} = \frac{2}{6} \Big/ \frac{3}{6} = \frac{P(AB)}{P(A)}$,故 $P(B \mid A) = \frac{P(AB)}{P(A)}$,显然,$P(B) \neq P(B \mid A)$. 这个结论虽然是从掷骰子试验中推出的,但它适用于一般情况. 为此我们将上述关系作为条件概率的定义.

定义 1 设 A,B 是两事件,且 $P(A) > 0$,称

$$P(B \mid A) = \frac{P(AB)}{P(A)} \tag{1-2}$$

为在事件 A 发生的条件下事件 B 发生的**条件概率**.

条件概率是概率论中一个非常重要的概念,在学习过程中要特别注意区分 $P(B \mid A)$ 和 $P(AB)$ 含义的不同. 条件概率的实际含义是在事件 A 发生的条件下(此时样本空间缩小为 A)讨论事件 B 发生的概率. 不难验证,条件概率符合概率的公理化定义的三条公理,即

(1) **非负性**:$P(B \mid A) \geqslant 0$;

（2）规范性：$P(S\,|\,A)=1$；

（3）**可列可加性**：设 $B_1,B_2,\cdots,B_n,\cdots$ 是两两互斥事件，则有

$$P\left(\bigcup_{i=1}^{\infty}B_i\,\Big|\,A\right)=\sum_{i=1}^{\infty}P(B_i\,|\,A).$$

因此，条件概率也具有概率的性质. 例如，对于任意事件 B_1，B_2 也有加法公式

$$P(B_1\cup B_2\,|\,A)=P(B_1\,|\,A)+P(B_2\,|\,A)-P(B_1B_2\,|\,A).$$

例 1.3.1　有 6 件产品，其中一等品 4 件，二等品 2 件. 随机取两次每次取一件，做不放回抽样，设事件 $A=\{$第一次取到一等品$\}$，$B=\{$第二次取到一等品$\}$，试求 $P(B\,|\,A)$.

解法 1　（定义法）因为

$$P(A)=\frac{4}{6}=\frac{2}{3},\qquad P(AB)=\frac{4\times 3}{6\times 5}=\frac{2}{5},$$

由式（1-2）有

$$P(B\,|\,A)=\frac{P(AB)}{P(A)}=\frac{3}{5}.$$

解法 2　（实际含义法）$A=\{$第一次取到一等品$\}$发生了，余下 5 件产品中还有 3 件一等品，这时取到一等品的概率显然为

$$P(B\,|\,A)=\frac{3}{5}.$$

1.3.2　乘法公式

由条件概率的定义，可得到乘法公式.

乘法公式　设 $P(A)>0$，则有

$$P(AB)=P(B\,|\,A)P(A),\tag{1-3}$$

设 $P(AB)>0$，则有

$$P(ABC)=P(C\,|\,AB)P(B\,|\,A)P(A),\tag{1-4}$$

设 $P(A_1A_2\cdots A_{n-1})>0$，则有

$$P(A_1A_2\cdots A_n)=P(A_n\,|\,A_1A_2\cdots A_{n-1})P(A_{n-1}\,|\,A_1A_2\cdots A_{n-2})\cdots$$
$$P(A_2\,|\,A_1)P(A_1).\tag{1-5}$$

乘法公式的意义不在于做数学式的代数变形，而在于若已知条件概率确定积事件的概率.

例 1.3.2　已知 $P(A)=0.6$，$P(B\,|\,A)=0.4$，$P(B\,|\,\overline{A})=0.2$，求 $P(A\,|\,B)$.

解　由乘法公式（1-3），得

$$P(AB)=P(B\,|\,A)P(A)=0.4\times 0.6=0.24,$$

$$P(\overline{A}B) = P(B \mid \overline{A})P(\overline{A}) = 0.2 \times 0.4 = 0.08.$$

于是

$$P(B) = P(AB) + P(\overline{A}B) = 0.32$$

故

$$P(A \mid B) = \frac{P(AB)}{P(B)} = \frac{0.24}{0.32} = 0.75.$$

例 1.3.3   袋中有 a 个白球，b 个红球，每次从袋中任取一球，观察其颜色后放回，并再放入与所取的那只球同色的 c 个球. 试求第一、二次取到红球且第三次取到白球的概率.

解   设 $A_i = \{$第 i 次取到红球$\}(i=1,2,3)$，则第一、二次取到红球且第三次取到白球可表示为 $A_1 A_2 \overline{A}_3$，由乘法公式(1-4)，得

$$P(A_1 A_2 \overline{A}_3) = P(A_1)P(A_2 \mid A_1)P(\overline{A}_3 \mid A_1 A_2)$$

$$= \frac{b}{a+b} \cdot \frac{b+c}{a+b+c} \cdot \frac{a}{a+b+2c}.$$

1.3.3 全概率公式和贝叶斯公式

在现实生活中，往往会遇到一些比较复杂的问题，解决起来较难，但可以将它分解成一些比较容易解决的小问题，这些小问题解决了，则那个难解决的问题随之也就解决了. 例如，有一批产品分别来自甲、乙、丙三厂，要求它的次品率，可以先求出甲、乙、丙三个厂的次品率分别是多少，然后再求出这批产品的次品率. 上述问题的直观解释是：对一个试验，某一结果发生的可能有多种原因，每一个原因对这个结果的发生都做出了一定的"贡献"，当然这个结果发生的可能性与各种原因的"贡献"大小有关，对于这一类问题，在概率上表达它们发生可能性之间关系的一个公式就是全概率公式. 为介绍全概率公式和贝叶斯公式，我们先引入样本空间划分的概念.

定义 2   设随机试验的样本空间为 S，若其一组事件 $A_1, A_2, \cdots, A_n$ 满足：

（1）$A_1, A_2, \cdots, A_n$ 两两互斥，即 $A_i A_j = \varnothing (i \neq j,\ i、j = 1, 2, \cdots, n)$；

（2）$\bigcup\limits_{i=1}^{n} A_i = S$，

则称 $A_1, A_2, \cdots, A_n$ 为样本空间 S 的一个划分.

若 $A_1, A_2, \cdots, A_n$ 是样本空间的一个划分，那么，对于每次试验，事件 $A_1, A_2, \cdots, A_n$ 有且仅有一个发生．特别地，互为对立的两个事件 A 与 $\bar{A}$ 组成样本空间的一个划分．

全概率公式　设随机试验的样本空间为 S，B 为其事件，$A_1, A_2, \cdots, A_n$ 为 S 的一个划分，且 $P(A_i) > 0\,(i = 1, 2, \cdots, n)$，则

$$P(B) = \sum_{i=1}^{n} P(A_i) P(B \mid A_i). \tag{1-6}$$

证明　因为 $\bigcup_{i=1}^{n} A_i = S$，所以

$$B = BS = B\Big(\bigcup_{i=1}^{n} A_i \Big) = \bigcup_{i=1}^{n} BA_i,$$

又因为 $A_1, A_2, \cdots, A_n$ 两两互斥，所以 $BA_1, BA_2, \cdots, BA_n$ 也两两互斥．由概率的有限可加性和乘法公式，有

$$P(B) = \sum_{i=1}^{n} P(BA_i) = \sum_{i=1}^{n} P(A_i) P(B \mid A_i).$$

例 1.3.4　某电子设备制造厂所用的元件是由三家元件制造厂提供的，各厂家提供的份额分别是 15%，80% 和 5%，各家的次品率分别是 2%，1% 和 3%．设这三家工厂的元件在仓库中是均匀混合的，且无区别的标志．在仓库中随机地取一只元件，求它是次品的概率．

解　设 $B = \{$取到的是一只次品$\}$，$A_i = \{$所取到的产品是由第 i 家工厂生产的$\}\,(i = 1, 2, 3)$．则 A_1, A_2, A_3 是样本空间的一个划分，且有

$$P(A_1) = 15\%, P(A_2) = 80\%, P(A_3) = 5\%,$$

$$P(B \mid A_1) = 0.02, P(B \mid A_2) = 0.01, P(B \mid A_3) = 0.03.$$

由全概率公式 (1-6)，得

$$P(B) = P(A_1) P(B \mid A_1) + P(A_2) P(B \mid A_2) + P(A_3) P(B \mid A_3) = 0.0125.$$

贝叶斯公式　设随机试验的样本空间为 S，B 为其事件，$A_1, A_2, \cdots, A_n$ 为 S 的一个划分，且 $P(B) > 0$，$P(A_i) > 0\,(i = 1, 2, \cdots, n)$，则

$$P(A_i \mid B) = \frac{P(A_i) P(B \mid A_i)}{\sum\limits_{j=1}^{n} P(A_j) P(B \mid A_j)}, \quad i = 1, 2, \cdots, n. \tag{1-7}$$

证明　由条件概率定义和全概率公式，即有

$$P(A_i \mid B) = \frac{P(A_i B)}{P(B)} = \frac{P(A_i) P(B \mid A_i)}{\sum\limits_{j=1}^{n} P(A_j) P(B \mid A_j)}, \quad i = 1, 2, \cdots, n.$$

例 1.3.5　　在例 1.3.4 条件下，从仓库中随机地取一只元件，若已知取到的是次品，试分别求出是各厂家生产的概率.

解　由贝叶斯公式(1-7)得

$$P(A_1 \mid B) = \frac{P(A_1)P(B \mid A_1)}{P(B)} = \frac{0.15 \times 0.02}{0.0125} = 0.24$$

同理可得

$$P(A_2 \mid B) = 0.64, \quad P(A_3 \mid B) = 0.12.$$

例 1.3.6　　对以往数据分析结果表明，当机器调整良好时，产品的合格率为 95%，而当机器发生故障时，产品的合格率为 30%. 每天早上开动机器前先调整机器，经验知道机器调整良好的概率为 90%. 试求当第一件产品是合格品时，机器调整良好的概率.

解　设 B 为事件"产品合格"，A 为事件"机器调整良好". 则

$$P(B \mid A) = 0.95, \quad P(B \mid \overline{A}) = 0.30, \quad P(A) = 0.90,$$

所求概率为 $P(A \mid B)$，由贝叶斯公式(1-7)得

$$P(A \mid B) = \frac{P(B \mid A)P(A)}{P(B \mid A)P(A) + P(B \mid \overline{A})P(\overline{A})}$$

$$= \frac{0.95 \times 0.90}{0.95 \times 0.90 + 0.30 \times 0.10} = 0.966.$$

这里，概率 0.90 是由以往的数据得到的，叫作先验概率，而在得到新信息：生产出的第一件产品是合格品，重新加以修正的概率 0.966 叫作后验概率. 当生产出第一件产品后，我们就对机器的情况(机器是调整良好的)有进一步的了解.

1.4　事件的独立性

在 1.1 节我们利用集合讨论了事件之间的四种关系，这一节我们利用概率讨论事件的另一种关系，即事件的相互独立性，介绍一个常用的概型，即伯努利概型.

1.4.1　两个事件的独立性

> **定义 1**　设 A，B 是两事件，如果满足
> $$P(AB) = P(A)P(B),$$
> 则称事件 A，B **相互独立**，简称**独立**.

由定义可知，若 $P(A) = 0$，则事件 A 与任一事件独立；若

$P(A)>0$，则事件 A，B 相互独立等价于 $P(B \mid A) = P(B)$. 因此，两个事件独立的实际含义是，其中任何一个事件发生的概率不受另一个事件发生与否的影响，即其中任一个事件发不发生对另一个事件的概率没有影响.

定理 1　若事件 A 与 B 相互独立，则下列各对事件也相互独立：
$$A \text{ 与 } \overline{B}, \quad \overline{A} \text{ 与 } B, \quad \overline{A} \text{ 与 } \overline{B}.$$

证明　因为

$P(A \overline{B}) = P(A-B) = P(A) - P(AB) = P(A) - P(A)P(B) = P(A)[1-P(B)] = P(A)P(\overline{B})$，所以，$A$ 与 $\overline{B}$ 相互独立. 由此可推出 $\overline{A}$ 与 $\overline{B}$ 相互独立. 再由 $\overline{\overline{B}} = B$，又推出 $\overline{A}$ 与 B 相互独立.

例 1.4.1　甲、乙两射手独立地射击同一目标，他们击中目标的概率分别是 0.8 和 0.6. 求每人射击一次，目标被击中的概率.

解　设 $A = \{$甲击中目标$\}$，$B = \{$乙击中目标$\}$，则事件 A 与 B 相互独立，且 $P(A) = 0.8$，$P(B) = 0.6$，目标被击中的概率为
$$\begin{aligned}
P(A \cup B) &= P(A) + P(B) - P(AB) \\
&= P(A) + P(B) - P(A)P(B) \\
&= 0.8 + 0.6 - 0.8 \times 0.6 \\
&= 0.92.
\end{aligned}$$

1.4.2　多个事件的独立性

定义 2　设 A，B，C 是三个事件，若有：
(1) $P(AB) = P(A)P(B)$，$P(BC) = P(B)P(C)$，$P(CA) = P(C)P(A)$；
(2) $P(ABC) = P(A)P(B)P(C)$，
则称事件 A，B，C 相互独立.

注意，定义中的两个条件不能相互代替，下面是反例.

例 1.4.2　有 4 张卡片，分别标有 1，2，3，4，任取一张，设 $A = \{$取到 1 或 2$\}$，$B = \{$取到 1 或 3$\}$，$C = \{$取到 1 或 4$\}$，验证 A，B，C 三个事件是否相互独立.

解　$P(A) = \dfrac{1}{2}$，$P(B) = \dfrac{1}{2}$，$P(C) = \dfrac{1}{2}$，
$$P(AB) = \frac{1}{4} = P(A)P(B),$$

$$P(BC) = \frac{1}{4} = P(B)P(C),$$

$$P(CA) = \frac{1}{4} = P(C)P(A),$$

$$P(ABC) = \frac{1}{4} \neq P(A)P(B)P(C) = \frac{1}{8},$$

由定义 2，A，B，C 三个事件不相互独立. 此例说明有条件(1)，不一定有条件(2).

例 1.4.3　一个均匀的八面体，其中 1,2,3,4 面染上红色，1,2,3,5 面染上白色，1,6,7,8 面染上黑色，任意投下去，观察朝下一面的颜色. 设 $A = \{红色\}$，$B = \{白色\}$，$C = \{黑色\}$，验证 A，B，C 三个事件是否相互独立.

解　$P(A) = \frac{1}{2}$，$P(B) = \frac{1}{2}$，$P(C) = \frac{1}{2}$，

$$P(ABC) = \frac{1}{8} = P(A)P(B)P(C),$$

$$P(AB) = \frac{3}{8} \neq P(A)P(B) = \frac{1}{4},$$

由定义 2，A，B，C 三个事件不相互独立. 此例说明有条件(2)，不一定有条件(1).

> **定义 3**　设 A，B，C 是三个事件，若有
> $$P(AB) = P(A)P(B), \quad P(BC) = P(B)P(C), \quad P(CA) = P(C)P(A),$$
> 则称事件 A，B，C 两两独立.

> **定理 2**　若事件 A，B，C 相互独立，则 A 与 $\overline{A}$，B 与 $\overline{B}$，C 与 $\overline{C}$，每对事件中任选一个事件得到的三个事件也相互独立.

证明　因为

$$P(AB\overline{C}) = P(AB) - P(ABC) = P(A)P(B) - P(A)P(B)P(C) = P(A)P(B)P(\overline{C}),$$

所以，A，B，$\overline{C}$ 相互独立. 同理可证其他情况.

> **定理 3**　若事件 A，B，C 相互独立，则 A 与 BC，A 与 $B \cup C$，A 与 $B-C$ 均相互独立.

证明请读者完成.

> **定义 4**　设 A_1，A_2，$\cdots$，A_n 是 n 个随机事件，如果对于任意 $k(1<k\leqslant n)$ 个事件的积事件概率都等于各事件概率之积，则称事件 A_1，A_2，$\cdots$，A_n 相互独立.

多个事件独立性的含义与两个事件独立性相同，在实际应用中，常常根据实际含义判断事件的独立性.

> **例 1.4.4**　设每个人血清中含有肝炎病毒的概率为 0.4%，现在混合 100 个人的血清. 求此血清中含有肝炎病毒的概率. 设每个人是否含有肝炎病毒相互独立.

解　设 $A_i=\{$第 i 个人血清中含有肝炎病毒$\}$，$i=1,2,\cdots$，100，则

$$P\left(\bigcup_{i=1}^{100}A_i\right)=1-P\left(\overline{\bigcup_{i=1}^{100}A_i}\right)=1-P\left(\bigcap_{i=1}^{100}\bar{A_i}\right)=1-\prod_{i=1}^{100}P(\bar{A_i})$$

$$=1-0.996^{100}=0.3302.$$

所以，血清中含有肝炎病毒的概率为 0.3302.

1.4.3　伯努利概型

伯努利概型是从现实世界许多随机现象中抽象出来的一种很基本的概率模型，在实践中应用非常广泛，是由伯努利（Bernoulli）首先研究的.

> **定义 5**　若随机试验具有以下特点：
>
> （1）进行 n 次独立重复试验，即 n 次试验中每一次试验的结果与其他各次试验的结果无关；
>
> （2）每次试验只有两个结果：A 与 $\bar{A}$，其中 $P(A)=p$，$P(\bar{A})=1-p=q$，$0<p<1$，
>
> 则称这类随机试验为 n 重伯努利试验，简称为伯努利概型.

例如，掷一枚硬币，连续掷 5 次，每次有两个结果，是 5 重伯努利试验；在产品质量检验中，若检验的结果分为合格和不合格两种，检验 n 件产品就是 n 重伯努利试验.

下面我们给出 n 重伯努利试验中，事件 A 发生 k 次的概率计算.

> **定理 4**　如果在 n 重伯努利试验中事件 A 发生的概率为 $p(0<p<1)$，则在 n 次试验中事件 A 恰发生 k 次的概率为

$$P_n(k) = C_n^k p^k q^{n-k} = \frac{n!}{k!(n-k)!} p^k q^{n-k},$$

其中 $q = 1-p$.

证明 按独立事件概率的乘法公式，n 次试验中事件 A 在某 k 次（如前 k 次）发生而其余 $n-k$ 次不发生的概率应等于 $p^k q^{n-k}$. 因为我们只考虑事件 A 在 n 次试验中发生 k 次而不考虑在哪 k 次发生，所以是组合问题，有 C_n^k 种不同的方式，按概率的有限可加性，便得到所求概率

$$P_n(k) = C_n^k p^k q^{n-k}.$$

例 1.4.5 一个工人负责维修 5 台同类型的机床，在一段时间内每台机床发生故障需要维修的概率为 0.3. 求：

（1）在这段时间内有 1 至 3 台机床需要维修的概率；

（2）在这段时间内至少有 1 台机床需要维修的概率.

解 各台机床是否需要维修显然是相互独立的，已知 $n=5$，$p=0.3$，$q=0.7$；所以，在这段时间内有 1 至 3 台机床需要维修的概率为

$$P_5(1) + P_5(2) + P_5(3) = C_5^1 \times 0.3 \times 0.7^4 + C_5^2 \times 0.3^2 \times 0.7^3 + C_5^3 \times 0.3^3 \times 0.7^2$$
$$= 0.80115.$$

在这段时间内至少有 1 台机床需要维修的逆事件为 5 台机床都没发生故障，概率为

$$1 - P_5(0) = 1 - 0.7^5 = 0.83193.$$

Python 实验

概率论是研究随机现象数量规律的一门数学学科，它是通过研究随机试验来研究随机现象的. 本实验的目的是将随机现象可视化，直观理解概率论中的一些基本概念，从频率与概率的关系来体会概率的理论知识，并初步体验随机模拟方法. 本书中实验均利用 Python 软件实现，random 是 Python 中 numpy 库生成随机数的一个模块，binomial 为二项分布函数. 下面利用该模块模拟抛硬币实验.

实验 1——抛硬币试验

（1）模拟掷一枚均匀硬币的随机试验（可用 0-1 随机数来模拟试验结果，其中数字 1 表示硬币正面，数字 0 表示硬币反面），取

抛掷的次数为 $n=100$，模拟掷硬币的随机试验. 将试验重复进行 5 次，统计正面出现的次数，并计算正面出现的频率.

（2）下面给出 $n=100$ 时，掷硬币的模拟实验程序.

```
import numpy as np        #导入 numpy 库
n=100                     #一次实验抛掷硬币次数
p=0.5                     #概率设置为 0.5
n_experiment=5            #实验次数

h=np.random.binomial(n,p,n_experiment)
                         #每次实验正面向上频数
frequency=h/n            #计算每次实验正面向上发生的频率

print(h)
print(frequency)
```

（3）取 $n=1000$，10000，或者更大，观察试验结果有什么规律.

表 1-2 是我们进行了 5 次试验的结果.

表 1-2　抛硬币试验的结果

试验次数	第一次		第二次		第三次		第四次		第五次	
	频数	频率	频数	频率	频数	频率	频数	频率	频数	频率
$n=100$	55	0.55	45	0.45	48	0.48	52	0.52	51	0.51
$n=1000$	523	0.523	498	0.498	510	0.510	483	0.483	512	0.512
$n=10000$	5008	0.5008	4974	0.4974	4918	0.4918	5074	0.5074	5003	0.5003

我们总结出以下结论：比较各组正面出现的频率，可以看到，当抛掷次数 n 相同时，不同组试验得到的频率也往往不同，这表明频率具有随机性. 另外，在多次重复试验中，出现正面的频率在一个定值（概率）附近摆动，而且随着试验次数的增加，其摆动越小，呈现出一定的稳定性.

请同学们自己动手进行上述实验，看一看你能得到什么样的结论.

实验 2——抽签试验

有十张外观相同的扑克牌，其中有一张是大王，让十人按顺序每人随机抽取一张，讨论谁抽出大王.

甲方认为：先抽的人比后抽的人机会大.

乙方认为：不论先后，他们的机会均等.

究竟谁说的对？下面我们通过模拟试验来验证.

做法：用整数 1~10 来模拟试验结果. 在 1~10 十个整数中，假设整数 10 代表抽到大王，将这十个数进行重新排列，整数 10 出现在哪个位置，就代表该位置上的人抽到大王. 输入以下的 Python 语句.

```
import numpy as np
n=100
list=[1,2,3,4,5,6,7,8,9,10]    #十张扑克牌
a=[0,0,0,0,0,0,0,0,0,0]

for j in range(n):
    np.random.shuffle(list) #洗牌
    i=list.index(10)
    a[i]=a[i]+1            #记录每个人抽到 10 的次数

print(a)                  #输出每个人抽到 10 的总次数
frequency=np.array(a)/n
print(frequency)          #输出每个人抽到 10 的频率
```

（1）模拟该试验 100 次，记录每次试验中 10 出现的位置，并将统计结果填入表 1-3.

（2）模拟该试验 1000 次、5000 次，统计试验结果并填入表 1-3.

表 1-3　抽签试验的结果

试验次数	人员标号	1	2	3	4	5	6	7	8	9	10
$n=100$	抽到的次数										
	抽到的频率										
$n=1000$	抽到的次数										
	抽到的频率										
$n=5000$	抽到的次数										
	抽到的频率										

选择正确的结果，完成结论：从试验结果的频率来看，每人抽到大王的频率（稳定或不稳定）在 1/10 左右，说明每个人抽到大王的机会是（均等或不均等）的.

实验 3——生日试验

美国数学家伯格米尼曾经做过一个别开生面的试验：在一个世界杯足球赛场上，他随机地在某号看台上召唤了 22 个球迷，请

他们分别写下自己的生日，结果竟发现其中有两人生日相同. 怎么会这么凑巧呢? 下面我们通过计算机模拟伯格米尼试验.

用 22 个 1~365 之间的可重复随机整数来模拟试验结果.

（1）产生 22 个 1~365 的可重复随机整数，若其中出现两个或两个以上的重复整数时，就认为这 22 个人中有生日相同的人，否则就认为没有生日相同的人；

（2）重复（1）1000 次，统计出现生日相同的频数和频率并填入表 1-4；

（3）产生 40 个，50 个，64 个随机数，重复（1）（2），并且与生日相同的概率值进行比较.

输入下面的 Python 语句，进行模拟试验.

```python
import numpy as np
nstd=22                        #实验人数
ntimes=1000                    #实验次数
fre=0

for i in range(ntimes):
    s=0
    data=np.random.uniform(1,366,nstd)
    date=np.floor(data) #每个人的生日数据
    date=np.array(date)
    newdate=set(date)     #删除重复数据
    nsize=len(newdate)
    if nsize<nstd:
        fre=fre+1

print(fre)                     #输出生日相同的频数
print(fre/ntimes)              #输出生日相同的频率
```

事实上，设随机选取 r 人，$A=\{$至少有两人同生日$\}$，则 $\overline{A}=\{$生日全不相同,$\}$，$P(\overline{A})=\dfrac{A_{365}^r}{365^r}$，所以有

$$P(A)=1-P(\overline{A})=1-\frac{A_{365}^r}{365^r}.$$

我们可以计算出当 $r=22$，40，50，64 时的生日相同的概率值分别为 0.476，0.891，0.970，0.997.

通过计算机模拟实验，请同学们比较出现生日相同的频率与概率，你们能得到什么结论?

表 1-4　生日试验的结果

n = 1000	r			
	r = 22	r = 40	r = 50	r = 64
出现生日相同的次数				
出现生日相同的频率				
出现生日相同的概率	0.476	0.891	0.970	0.997

知识纵横——概率是什么

在本章中我们学习了概率的定义. 下面我们结合概率论发展的历史，对概率的定义做更深入的了解.

概率论是一门研究随机现象的数量规律的学科. 它起源于对赌博问题的研究. 早在 16 世纪，意大利学者卡丹与塔塔里亚等人就已从数学角度研究过赌博问题. 他们的研究除了赌博外还与当时的人口、保险业等有关，但由于卡丹等人的思想未引起重视，概率概念的要旨也不明确，于是很快就被人淡忘了. 一般把 1654 年作为概率论诞生的一年. 这一年中，法国数学家帕斯卡与费马在往来的信函中讨论了诸如赌博中如何合理分配赌金等问题. 后来惠更斯也加入了研究. 他们在研究中涉及了概率论的一些基本概念，如事件、概率、数学期望等.

1. 赌金分配问题

甲、乙两人同掷一枚硬币. 规定：若正面朝上，则甲得一点；若反面朝上，则乙得一点，先积满 3 点者赢取全部赌金. 假定在甲得 2 点、乙得 1 点时，赌局由于某种原因中止了，问应该怎样分配赌金才算公平合理？

帕斯卡：若再掷一次，即使乙获胜，也是平分赌金，所以甲至少可拿到一半赌金；若再掷一次，甲胜、乙胜可能性相同，两人平分剩下的一半赌金. 故甲应得赌金的 3/4，乙得赌金的 1/4.

费马：结束赌局至多还要 2 局，结果为四种等可能情况：

情况　　　1　　　2　　　3　　　4

胜者　　甲甲　甲乙　乙甲　乙乙

前 3 种情况，甲获全部赌金，仅第四种情况，乙获全部赌注. 所以甲分得赌金的 3/4，乙得赌金的 1/4.

帕斯卡与费马用各自不同的方法解决了这个问题. 虽然他们在解答中没有明确定义概率的概念，但是，他们定义了使某赌徒取胜的机率，也就是赢得情况数与所有可能情况数的比，这实际上就是概率，所以概率的发展被认为是从帕斯卡与费马开始的.

在概率论发展早期，人们研究最多的是等可能概型，即我们本章中学习的古典概型. 其中概率的定义

$$P(A) = \frac{A \text{包含的样本点数}}{S \text{中样本点总数}} = \frac{k}{n},$$

法国数学家拉普拉斯在 1812 年把它作为概率的一般定义，这就是概率的古典定义. 在概率论发展早期这个定义解决了相当多的概率问题，因而得到了广泛使用. 例如下面著名的德梅尔问题.

2. 德梅尔问题

一颗骰子投 4 次至少得到一个六点与两颗骰子投 24 次至少得到一个双六，这两件事哪个更容易遇到？

由概率的古典定义，易得

$$p_1 = 1 - \left(\frac{5}{6}\right)^4 = 0.5177,$$

$$p_2 = 1 - \left(\frac{35}{36}\right)^{24} = 0.4914,$$

所以前者发生概率超过 1/2，更容易遇到.

这个问题之所以著名，因为它是德梅尔向帕斯卡提出的问题之一，正是这些问题导致帕斯卡与费马的著名通信.

但是，不是古典概型问题，概率该如何定义呢？许多人坚信，只要找到适当的等可能描述，就可以给概率问题以唯一的解答. 但事实并非如此，如著名的贝特朗奇论.

3. 贝特朗奇论

在单位圆内随机地取一条弦，问它的长度超过该圆内接等边三角形的边长（即 $\sqrt{3}$ ）的概率是多少？

这是几何概率问题，但对"随机地"理解不同，采用不同的等可能假设，则会得到大相径庭的答案. 举例如下：

解法 1　弦长只与它到圆心的距离有关. 而与方向无关. 不妨假设它垂直于某条直径，**假定弦的中点在直径上均匀地分布**，那么随机地选取一条弦，只有它到圆心的距离小于 1/2 时，其长才会大于 $\sqrt{3}$，故所求概率为 1/2.

解法 2　任何弦交圆周两点，**假设端点在圆周上均匀地分布**，先固定其中一个端点，以此点为顶点做一个等边三角形. 那么随机地选取一条弦，只有它落入此三角形中，其长才会大于 $\sqrt{3}$，这样弦的另一端所在的弧长为圆周的 1/3，故所求概率为 1/3.

解法 3　弦被其中点唯一决定. **假设弦的中点在圆内均匀地分布**，那么随机地选取一条弦，只有当它的中点落在半径为 1/2 的

同心圆内时, 其长才会大于 $\sqrt{3}$, 而小圆面积为单位圆面积的 $1/4$, 故所求概率为 $1/4$.

以上三种答案对于各自的随机试验而言都是正确的. 因此, 使用诸如"随机地""等可能""均匀地"等词时, 一般要指明具体含义.

由于采用等可能定义概率有困难, 所以后来定义概率时只是明确概率应该具有的基本性质, 这样对不同的随机试验可以给出相应的概率. 这样就有了用频率来定义概率. 这就得到了概率的统计定义. 在历史上, 第一个对当试验次数 n 逐渐增大, 频率稳定在其概率上这一论断给以严格的意义和数学证明的是, 早期概率论史上最重要的数学家之一雅各布·伯努利. 在第 5 章中我们将学习伯努利大数定律. 这里要指出的是, 概率论中的伯努利并不是一个人, 而是一个家族, 这就是数学界传为美谈的伯努利家族, 这个家族出了许多数学家, 在数学的很多分支都有所建树, 留下了大量诸如伯努利试验、伯努利定理、伯努利定律等. 概率论的第一本专著是 1713 年问世的雅各布·伯努利的《推测术》.

在概率问题早期的研究中, 逐步建立了事件、概率和随机变量等重要概念以及它们的基本性质. 后来由于出现了许多社会问题和工程技术问题, 如: 人口统计、保险理论、天文观测、误差理论、产品检验和质量控制等. 这些问题均促进了概率论的发展, 从 17 世纪到 19 世纪, 伯努利、棣莫弗、拉普拉斯、高斯、泊松、切比雪夫、马尔可夫等著名数学家都对概率论的发展做出了杰出的贡献. 在这段时间里, 概率论的发展简直到了使人着迷的程度. 但是, 随着概率论中各个领域获得大量成果, 以及概率论在其他基础学科和工程技术上的应用, 由拉普拉斯给出的概率定义的局限性很快便暴露了出来, 甚至无法适用于一般的随机现象. 因此可以说, 到 20 世纪初, 概率论的一些基本概念, 诸如概率等尚没有确切的定义, 概率论作为一个数学分支, 缺乏严格的理论基础.

上述问题直到 19 世纪末才得到较好地解决, 当时数学界盛行公理化潮流, 即把最基本的假设公理化, 其他的结论则由公理推导出来. 在这种背景下, 1933 年, 苏联数学家柯尔莫哥洛夫发表了著名的《概率论的基本概念》, 提出了概率论公理化结构, 明确定义了概率的基本概念, 从此概率论成为严谨的数学分支, 得到了迅速发展. 现在公理化的概率定义得到了广泛的认同.

但关于概率的争论并没有结束. 我们学习了条件概率与贝叶斯公式, 设随机试验的样本空间为 S, B 为其事件, $A_1, A_2, \cdots, A_n$ 为 S 的一个划分, 且 $P(B) > 0$, $P(A_i) > 0 (i = 1, 2, \cdots, n)$, 则

$$P(A_i \mid B) = \frac{P(A_i)P(B \mid A_i)}{\sum\limits_{j=1}^{n} P(A_j)P(B \mid A_j)}, i = 1, 2, \cdots, n$$

在这里，不妨假设事件 B 表示某人生病，$A_1, A_2, \cdots, A_n$ 是导致生病的诸多原因，则称 $P(A_i)$ 为先验概率，它表示各种原因发生的可能性的大小，一般由以往的经验或资料给出；称 $P(A_i \mid B)$ 为后验概率，它的意义是，既然试验结果导致事件 B 发生，那么这个信息有助于我们重新认识导致各种原因发生的可能性的大小。医生进行诊断要做的就是从各种原因中找出最可能的，从而对症下药。一般称这种利用贝叶斯公式进行的推断为贝叶斯推断，在统计中有大量应用。一般来讲，后验概率 $P(A_i \mid B)$ 的大小受到先验概率 $P(A_i)$ 的影响，那么先验概率的选取就很重要了。如果先验概率是以大量的实际调查资料给出的，符合概率的频率解释，没有任何问题；但如果先验概率是以主观形式给出的，如对物价、汇率变化的估计，对某种形势的人为的判断，最有代表性的莫过于对宇宙中有没有 UFO 等的判断，这种概率就是主观概率，贝叶斯学派采用这种主观概率。这种把概率解释为主观信仰的做法引起了很大争议。由此，在做统计推断时，贝叶斯推断与我们第 7、8 两章要学习的统计推断在原理上是完全不同的。

对于贝叶斯概率解释，考虑如下的这些情况：

（1）你有一个装了白球和黑球的盒子，但是不知道它们的数量；

（2）你有一个盒子，你从中取了 n 个球，一半黑，一半白；

（3）你有一个盒子，你知道有同样数量的黑球和白球，求下一个取出的球是黑球的概率。

贝叶斯概率对于上述三种情况给出的答案居然都是 0.5。

这里涉及贝叶斯学派会事先主观选取不同的分布模型，不做详细论述了。感兴趣的读者可自行查阅相关资料。截至目前关于主观概率的争论仍在进行中。

习题一

1. 写出下列随机试验的样本空间 S。

（1）一枚硬币掷两次，观察朝上一面的图案；

（2）向篮球筐中投球直到投中为止，记录投篮的总次数；

（3）公交车车每 5min 一辆，随机到车站候车，记录候车时间。

2. 设 A, B, C 表示三个事件，试用 A, B, C 表示下列事件。

（1）A 与 B 都发生，而 C 不发生；

（2）A, B, C 至少有一个发生；

（3）A, B, C 都发生；

（4）A, B, C 都不发生；

（5）A,B,C 不都发生；

（6）A,B,C 至少有两个发生；

（7）A,B,C 中最多有一个发生.

3. 设 A,B,C 是三个事件，计算下列各题.

（1）若 $P(A)=0.4$，$P(B)=0.25$，$P(A-B)=0.25$，求 B 发生，但 A 不发生的概率；

（2）若 $P(A-B)=0.2$，$P(B)=0.6$，求 A，B 都不发生的概率；

（3）若 $P(A\cup B)=0.7$，$P(B)=0.3$，求 A 发生，但 B 不发生的概率；

（4）若 $P(A)=P(B)=P(C)=0.25$，$P(AB)=P(BC)=0$，$P(AC)=0.125$，求 A,B,C 至少有一个发生的概率；A，B，C 都不发生的概率；C 发生，A，B 都不发生的概率；

（5）若 $P(A)=\dfrac{1}{4}$，$P(B\mid A)=\dfrac{1}{3}$，$P(A\mid B)=\dfrac{1}{2}$，求 A，B 至少发生一个的概率；

（6）若 $P(AB)=0.2$，$P(\bar{B}\mid A)=0.5$，$P(B\mid \bar{A})=0.6$，分别求事件 A，B 的概率.

4. 从 $0,1,2,\cdots,9$ 这十个数字中任意选出三个不同的数字，试求下列事件的概率.

（1）三个数字中不含 0 和 5；

（2）三个数字中不含 0 或 5；

（3）三个数字中含 0 但不含 5.

5. 把 3 个球随机地放入 4 个杯子中，求有球最多的杯子中球数是 1，2，3 的概率各是多少.

6. 12 个球中有 4 个是白色的，8 个是红色的. 现从这 12 个球中随机地取出两个，求下列事件的概率.

（1）取到两个白球；

（2）取到两个红球；

（3）取到一个白球，一个红球.

7. 有 50 件产品，已知其中有 4 件次品，从中随机取 5 件，求（结果保留三位小数）：

（1）恰有一件是次品的概率；

（2）没有次品的概率；

（3）至少有一件是次品的概率.

8. 从 $1,2,\cdots,9$ 这九个数字中，有放回地取三次，每次取一个，试求下列事件的概率（结果保留三位小数）.

（1）三个数字全不同；

（2）三个数字没有偶数；

（3）三个数字中最大数字为 6；

（4）三个数字形成一个严格单调数列；

（5）三个数字的乘积能被 10 整除.

9. 掷两颗骰子，已知结果中两颗骰子点数之和为 7，求其中有一颗为 1 点的概率.

10. n 个人排成一排，已知甲排在乙的前面，求甲、乙两人相邻的概率.

11. 已知在 10 件产品中有 2 件是次品，在其中取两次，每次任取一件，做不放回抽样，求下列事件的概率.

（1）两件都是正品；

（2）两件都是次品；

（3）一件是正品，一件是次品；

（4）第二次取出的是次品.

12. 袋中有 5 个红球，4 个白球，从中取 3 次，每次取 1 个球.

（1）如果做不放回抽样，求前 2 次取到红球，后 1 次取到白球的概率；

（2）如果取到红球，将红球拿出，放回 2 个白球，否则不放回，求前 2 次取到红球，后 1 次取到白球的概率.

13. 8 支步枪中有 5 支已校准过，3 支未校准. 一名射手用校准过的枪射击时，中靶的概率为 0.8；用未校准的枪射击时，中靶的概率为 0.3. （1）现从 8 支步枪中任取一支，求击中靶子的概率；（2）若已知中靶了，求所使用的枪是校准过的概率.

14. 现有 6 盒粉笔，其中的 3 盒，每盒有 3 支白粉笔，6 支红粉笔，记作第一类；另外 2 盒，每盒有 3 支白粉笔，3 支红粉笔，记作第二类；其余 1 盒，盒内只有 3 支白粉笔，没有红粉笔，记作第三类. （1）现在从这 6 盒中任取 1 支粉笔，求取到红粉笔的概率；（2）如果知道取到了红粉笔，求红粉笔取自第一类的概率.

15. 若事件 A,B,C 相互独立，证明：

（1）C 与 AB 相互独立；

（2）C 与 $A\cup B$ 相互独立；

（3）A 与 $B-C$ 相互独立.

16. 若事件 A，B 相互独立，$P(A)=0.5$，

$P(A \cup B) = 0.8$，计算：

(1) $P(A\overline{B})$；

(2) $P(\overline{A} \cup \overline{B})$.

17. 证明：

(1) 若事件 A 的概率 $P(A) = 0$，则 A 与任意事件独立；

(2) 若事件 A 的概率 $0 < P(A) < 1$，则事件 A，B 相互独立的充分必要条件是 $P(B \mid A) = P(B \mid \overline{A})$.

18. 三个人独立地去破译一份密码，他们译出的概率分别为 $\dfrac{1}{5}$，$\dfrac{1}{3}$，$\dfrac{1}{4}$. 问能译出此密码的概率.

19. 当危险情况发生时，自动报警器的电路即自动闭合而发出警报，我们可以用两个或多个报警器并联，以增加可靠性. 当危险情况发生时，这些并联中的任何一个报警器电路闭合，就能发出警报，已知当危险情况发生时，每一报警器能闭合电路的概率为 0.96. 试求：

(1) 如果两个报警器并联，则报警器的可靠性是多少？

(2) 若想使报警器的可靠性达到 0.9999，则需要用多少个报警器并联？

20. 设甲盒子中装有 3 只蓝球，2 只绿球，2 只白球；乙盒子中装有 2 只蓝球，3 只绿球，4 只白球. 独立地分别在两只盒子中各取一只球.

(1) 求至少有一只蓝球的概率；

(2) 求有一只蓝球一只白球的概率；

(3) 已知至少有一只蓝球，求有一只蓝球一只白球的概率.

21. 一大楼装有 5 台同类型的供水设备，调查表明在 1h 内平均每个设备使用 6min，问在同一时刻，

(1) 恰有 2 台设备被使用的概率是多少？

(2) 至少有 2 台设备被使用的概率是多少？

第 2 章
随机变量及其分布

为了深入研究随机事件及其概率，本章将引进随机变量的概念. 在随机试验中，用随机变量的取值来表示随机事件，从而使我们能够应用各种数学方法来分析和研究随机事件的概率及其性质，更深刻地揭示随机现象的统计规律性. 概率论的发展历史表明，由于随机变量的引入，使得数学工具更充分地发挥了作用，概率论的研究由古典概率时期跨越到分析概率时期，概率论研究取得了飞速的进展.

本章介绍随机变量及其分布的一些主要理论，如随机变量的分布函数、离散型随机变量的分布律、连续型随机变量的概率密度函数等概念及其性质和随机变量函数的分布；同时还将一些常用实际问题模型化，介绍相应的概率分布，如二项分布、泊松分布、均匀分布、指数分布及正态分布等.

2.1 随机变量及离散型随机变量

2.1.1 随机变量

许多随机试验，其结果都可以直接用数值表示，此时样本空间 S 的元素全是数. 例如掷一颗骰子，观察出现的点数，记录某城市 120 急救电话台一昼夜接到的呼叫次数，在一批灯泡中任取一只，测试它的寿命等. 有些随机试验，其结果与数值无关，人们对于这样的样本空间 S 就难以描述和研究，为此，引入随机变量的概念.

定义 1 设随机试验的样本空间为 $S = \{e\}$. 如果对每一个样本点 $e \in S$，都有唯一确定的实数 $X(e)$ 与之对应，则称 S 上的实值函数 $X(e)$ 为一个随机变量，简记为 X.

本书中，我们一般用大写字母 $X, Y, Z, \cdots$ 表示随机变量，用小写字母 $x, y, z, \cdots$ 表示实数.

随机变量是定义在样本空间上的实值函数，但与普通的函数有本质的区别：随机变量 $X(e)$ 的自变量是随机试验结果，不一定是实数，在试验前只能知道随机变量的取值范围，无法确定 $X(e)$ 的取值，也就是说 $X(e)$ 的取值有一定的概率. 随机变量的引入，使我们能用随机变量描述随机现象，进而能够利用数学方法研究随机现象.

例 2.1.1　掷硬币试验，观察出现正面和反面的情况，记

$$e_1 = \{正面朝上\}, \quad e_2 = \{反面朝上\},$$

则样本空间 $S = \{e_1, e_2\}$. 建立样本空间 $S = \{e_1, e_2\}$ 与实数集的对应：

$$X = X(e) = \begin{cases} 1, & e = e_1, \\ 0, & e = e_2. \end{cases}$$

X 便是一个随机变量. $\{X=1\}$ 表示事件 $\{e_1\} = \{正面朝上\}$，$\{X=0\}$ 表示事件 $\{e_2\} = \{反面朝上\}$，事件 $\{e_1\} = \{正面朝上\}$ 的概率用随机变量表示为 $P\{X=1\} = 1/2$，事件 $\{e_2\} = \{反面朝上\}$ 的概率用随机变量表示为 $P\{X=0\} = 1/2$.

随机变量可以分为两大类，一类是其取值可以一一列举出来的，称为离散型随机变量，它们可以仅取有限个值，也可以取无限可列个值；另一类是非离散型随机变量，它们的取值无法一一列举出来，在非离散型随机变量中，最重要的是连续型随机变量. 本书主要讨论离散型和连续型随机变量.

2.1.2　离散型随机变量及其分布律

对随机变量我们感兴趣的不只是其可能取哪些值，更重要的是要知道其取这些值的概率. 对于离散型随机变量来说，如果知道了它的可能取值以及相应的概率，那么对这个随机变量就有了全面的了解.

1. 离散型随机变量及其分布律的概念

> **定义 2**　设随机变量 X 的所有可能取值为 $x_k(k=1,2,\cdots)$，X 取各个可能值的概率为
>
> $$P\{X = x_k\} = p_k, \quad k = 1, 2, \cdots \tag{2-1}$$
>
> 则称 X 为离散型随机变量，称式(2-1)为随机变量 X 的分布律（或概率分布）.

随机变量 X 的分布律也可以用表格的形式表示为

X	x_1	x_2	$\cdots$	x_n	$\cdots$
p_k	p_1	p_2	$\cdots$	p_n	$\cdots$

2. 分布律的性质

容易证明，分布律具有如下性质：

（1）非负性： $p_k \geqslant 0 (k=1,2,\cdots)$；

（2）规范性： $\sum_{k=1}^{\infty} p_k = 1$.

可以证明：任何一组数 $p_k(k=1,2,\cdots)$ 如果满足上述两条性质，都可以作为某个离散随机变量的分布律. 因此，上述两条性质是离散型随机变量的本质属性.

例 2.1.2 袋中有 5 个球，其中黑球 3 个，白球 2 个. 现从中任取两个球，求取出的两个球中黑球数的分布律.

解 设 X 表示取出两个球中的黑球数，则 X 的所有可能取值为 0，1，2. 事件 $\{X=0\}$ 表示"两个球都是白球"，$\{X=1\}$ 表示"两个球中一白球一黑球"，$\{X=2\}$ 表示"两个球都是黑球"，则

$$P\{X=0\} = \frac{C_2^2}{C_5^2} = 0.1, \quad P\{X=1\} = \frac{C_2^1 C_3^1}{C_5^2} = 0.6, \quad P\{X=2\} = \frac{C_3^2}{C_5^2} = 0.3,$$

于是 X 的分布律为 $P\{X=k\} = \dfrac{C_3^k C_2^{2-k}}{C_5^2} (k=0,1,2)$ 或用表格表示：

X	0	1	2
p_k	0.1	0.6	0.3

2.1.3 常用的离散型随机变量

下面介绍常用的离散型随机变量.

1. 两点分布

> **定义 3** 若离散型随机变量 X 的分布律为
> $$P\{X=k\} = p^k(1-p)^{1-k}, \quad k=0,\ 1(0<p<1),$$
> 则称 X 服从参数为 p 的两点分布或(0-1)分布.

两点分布的分布律也可以写成

X	0	1
p_k	$1-p$	p

在实际问题中，两点分布是经常遇见的一种分布. 例如，对新生婴儿的性别是否"男婴"，射击是否"中靶"，检查产品是否"合格"等试验，都可以用两点分布的随机变量来描述.

2. 二项分布

二项分布是最常用的离散型概率分布，它是 17 世纪瑞士数学家伯努利通过试验推导出来的.

> **定义 4**　若离散型随机变量 X 的分布律为
> $$P\{X=k\}=\mathrm{C}_n^k p^k(1-p)^{n-k}, \quad k=0,1,\cdots,n,$$
> 则称 X 服从参数为 n，$p(0<p<1)$ 的二项分布，记为 $X\sim B(n,p)$.

　　显然，二项分布的分布律满足分布律的两条性质，即非负性和规范性. n 重伯努利概型中事件 A 发生的次数 X 服从二项分布，即 $X\sim B(n,p)$，其中 p 为事件 A 发生的概率，也就是说，二项分布的产生背景是 n 重伯努利试验；之所以称为二项分布，是因为 $\mathrm{C}_n^k p^k(1-p)^{n-k}$ 恰好是二项式 $(p+q)^n(q=1-p)$ 展开式中的第 $k+1$ 项. 特别地，当 $n=1$ 时，二项分布即为两点分布，故两点分布可以记为 $B(1,p)$. 二项分布的图形如图 2-1 所示.

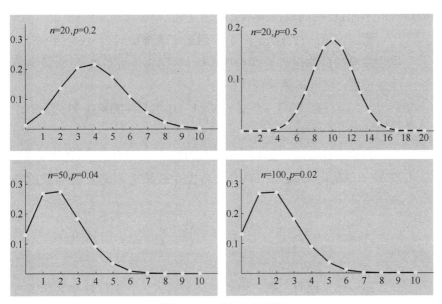

图 2-1　二项分布的图形

> **例 2.1.3**　某人进行射击，若每次射击命中率为 0.6，独立射击 5 次，求至少击中 2 次的概率.

　　解　将一次射击看成一次试验，5 次射击即 5 重伯努利试验. 设 X 表示射击命中的次数，则 $X\sim B(5,0.6)$. X 的分布律为
$$P\{X=k\}=\mathrm{C}_5^k(0.6)^k(0.4)^{5-k}, \quad k=0,1,\cdots,5,$$
于是至少击中 2 次的概率为
$$P\{X\geqslant 2\}=1-P\{X=0\}-P\{X=1\}=1-(0.4)^5-5\times(0.4)^4\times 0.6$$
$$=0.91296.$$

> **例 2.1.4**　设某牌空调的销量占全部空调销量的 40%，问随机调查 6 名顾客，购买该牌空调的顾客恰为 3 名的概率是多少？至少有 3 名顾客的概率是多少？

解　设随机变量 X 为"购买该牌空调的人数"，则 $X \sim B(6,0.4)$．6 名顾客中有 3 名购买该牌空调的概率为

$$P\{X=3\} = C_6^3(0.4)^3(1-0.4)^3 = 0.27648.$$

6 名顾客中至少有 3 名购买该牌空调的概率为

$$\begin{aligned}
P\{X \geqslant 3\} &= 1 - P\{X=0\} - P\{X=1\} - P\{X=2\} \\
&= 1 - C_6^0(0.4)^0(1-0.4)^6 - C_6^1(0.4)^1(1-0.4)^5 - C_6^2(0.4)^2(1-0.4)^4 \\
&= 0.45568.
\end{aligned}$$

例 2.1.5　设有 80 台同类型设备，各台工作是相互独立的，发生故障的概率都是 0.01，且一台设备的故障能由一个人处理．有两种配备维修工人的方法，一种是由 4 人维修，每人负责 20 台，另一种是由 3 人共同维护 80 台．试比较这两种方法在设备发生故障时不能及时维修的概率大小．

解　按第一种方法：设 X 表示第 1 人维护的 20 台中同一时刻发生故障的台数，则 $X \sim B(20,0.01)$，第 1 人维护的 20 台设备发生故障时不能及时维修的概率为

$$\begin{aligned}
P\{X \geqslant 2\} &= 1 - P\{X=0\} - P\{X=1\} = 1 - (0.99)^{20} - 20 \times (0.99)^{19} \times 0.01 \\
&= 0.0169.
\end{aligned}$$

按第二种方法：设 Y 表示 80 台中同一时刻发生故障的台数，则 $Y \sim B(80,0.01)$，故 80 台设备发生故障时不能及时维修的概率为

$$\begin{aligned}
P\{X \geqslant 4\} &= 1 - \sum_{k=0}^{3} P\{X=k\} = 1 - \sum_{k=0}^{3} C_{80}^k(0.01)^k(0.99)^{80-k} \\
&= 0.0087.
\end{aligned}$$

这一结果说明，第二种方法既节省人力，工作效率又比第一种方法还好．

3. 泊松分布

20 世纪初罗瑟福和盖克两位科学家在观察与分析放射性物质放出的 α 粒子个数的情况时，他们做了 2608 次观察（每次时间为 7.5s），发现放射性物质在规定的一段时间内，其放射的粒子数 X 服从泊松分布．

定义 5　若离散型随机变量 X 的分布律为

$$P\{X=k\} = \frac{\lambda^k}{k!}e^{-\lambda}, k=0,1,2,\cdots,$$

则称 X 服从参数为 $\lambda(\lambda>0)$ 的泊松分布，记为 $X \sim P(\lambda)$．

显然，泊松分布的分布律满足分布律的非负性，且有规范性：

$$\sum_{k=0}^{\infty} P\{X=k\} = \sum_{k=0}^{\infty} \frac{\lambda^k e^{-\lambda}}{k!} = e^{-\lambda} \sum_{k=0}^{\infty} \frac{\lambda^k}{k!} = e^{-\lambda} e^{\lambda} = 1.$$

泊松分布刻画的是稀有事件在一段时间内发生次数的分布，参数 $\lambda(\lambda>0)$ 的意义将在第 5 章说明. 具有泊松分布的随机变量在实际应用中是很多的，例如，电话交换台单位时间内接到的呼唤次数，某医院在一天内接收的急诊病人数，一本书一页中的印刷错误数，某一地区一个时间间隔内发生交通事故数等都服从泊松分布. 泊松分布图形如图 2-2 所示，泊松分布概率可以查附录 2 的泊松分布表.

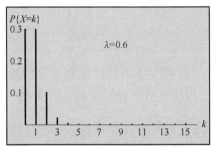
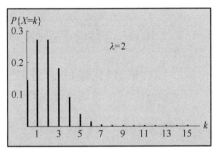
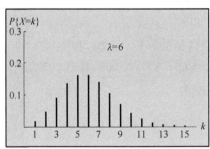
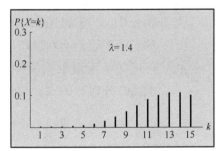

图 2-2 　泊松分布图形

例 2.1.6 　某航线的班机，常常有旅客预订票后又临时取消，若一段时间内预订票而取消的人数服从参数为 4 的泊松分布. 求：

（1）这段时间内正好有 4 人取消的概率；

（2）这段时间内不超过 3 人取消的概率；

（3）这段时间内超过 6 人取消的概率.

解 　设 X 表示预订票而取消的人数，则 $X \sim P(4)$，这段时间内正好有 4 人取消的概率为

$$P\{X=4\} = \frac{4^4}{4!} e^{-4} = 0.1953;$$

这段时间内不超过 3 人取消的概率为

$$P\{X \leqslant 3\} = \sum_{k=0}^{3} \frac{4^k}{k!} e^{-4} = 0.4335;$$

这段时间内超过 6 人取消的概率为

$$P\{X \geqslant 7\} = 1 - \sum_{k=0}^{6} \frac{4^k}{k!} \mathrm{e}^{-4} = 1 - 0.8893 = 0.1107.$$

泊松分布的概率计算可以通过附录 2 查得.

历史上，泊松分布是作为二项分布的近似而引入的. 下面介绍用泊松分布来逼近二项分布的定理.

> **定理(泊松定理)**　设随机变量 X 服从二项分布 $B(n,p)$，则当 $n \rightarrow \infty$ 时，X 近似服从泊松分布 $P(\lambda)$，即
>
> $$\mathrm{C}_n^k p^k (1-p)^{n-k} \approx \frac{\lambda^k}{k!} \mathrm{e}^{-\lambda},$$
>
> 其中 $\lambda = np$(证明见参考文献[1]).

在伯努利试验中，当 n 很大，通常指 $n>20$ 时；p 很小，通常指 $p \leqslant 0.25$，且通常指 $np \leqslant 5$ 时，用泊松分布近似求解二项分布.

例 2.1.7　计算机硬件公司制造某种特殊型号的微型芯片，次品率为 0.005，各芯片成为次品相互独立. 求在 500 只产品中次品数分别为 0，1，2 的概率.

解　设 X 表示 500 只产品中次品数，则 $X \sim B(500, 0.005)$，由定理可知 X 近似服从参数为 $\lambda = np = 500 \times 0.005 = 2.5$ 的泊松分布，次品数分别为 0，1，2 的概率为

$$P\{X=k\} = \frac{\lambda^k}{k!} \mathrm{e}^{-\lambda}, \ k=0,1,2.$$

表 2-1 给出了用二项分布直接计算的结果和泊松分布计算的结果. 从该表可以看出，两种分布对应的概率相当近似.

表 2-1　二项分布与泊松分布结果对照

$P\{X=x\}$	用二项分布计算的结果	用泊松分布计算的结果	绝对差
$P\{X=0\}$	0.081 571 8	0.082 084 9	0.000 513 1
$P\{X=1\}$	0.204 954 4	0.205 212 5	0.000 258 1
$P\{X=2\}$	0.256 965 5	0.256 515 6	0.000 449 9

2.2　随机变量的分布函数与连续型随机变量

2.2.1　分布函数的定义和性质

上一节讨论的分布律完整描述了离散型随机变量的统计规律性，非离散型随机变量由于取值不能一个一个地列举出来，无法

写出其分布律，因此，我们转而研究随机变量取值落在一个区间内的概率.

定义 1　设 X 是随机变量，x 是任意实数，函数
$$F(x) = P\{X \leq x\}$$
称为随机变量 X 的分布函数.

如果将 X 看成是数轴上的随机点的坐标，那么，分布函数 $F(x)$ 在 x 处的函数值就表示 X 落在区间 $(-\infty, x)$ 上的概率. 分布函数是一个普通函数，因此，我们将能用微积分的方法来研究随机变量.

对于任意实数 x_1, $x_2(x_1 < x_2)$，有
$$P\{x_1 < X \leq x_2\} = P\{X \leq x_2\} - P\{X \leq x_1\} = F(x_2) - F(x_1),$$
因此，若已知 X 的分布函数，我们就知道 X 落在任一区间 $(x_1, x_2]$ 上的概率，从这个意义上说，分布函数完整地描述了随机变量的统计规律性.

例 2.2.1　设随机变量 X 的分布律为

X	1	2	3
p_k	0.3	0.2	0.5

求 X 的分布函数.

解　由分布函数的定义，有

当 $x < 1$ 时，$F(x) = P\{X \leq x\} = 0$；

当 $1 \leq x < 2$ 时，$F(x) = P\{X \leq x\} = P\{X = 1\} = 0.3$；

当 $2 \leq x < 3$ 时，$F(x) = P\{X \leq x\} = P\{X = 1\} + P\{X = 2\} = 0.5$；

当 $x \geq 3$ 时，$F(x) = P\{X \leq x\} = P\{X = 1\} + P\{X = 2\} + P\{X = 3\} = 1$.

X 的分布函数为
$$F(x) = \begin{cases} 0, & x < 1, \\ 0.3, & 1 \leq x < 2, \\ 0.5, & 2 \leq x < 3, \\ 1, & x \geq 3. \end{cases}$$

易知，$F(x)$ 的图形是一条阶梯形的曲线，$x = 1, 2, 3$ 是跳跃点，跳跃值分别是 0.3，0.2，0.5.

分布函数 $F(x)$ 的性质有：

（1）单调性：$F(x)$ 是一个不减函数，即任意的 $x_1 < x_2$，有 $F(x_1) \leq F(x_2)$；

（2）值域：$0 \leq F(x) \leq 1$，且 $F(-\infty) = \lim_{x \to -\infty} F(x) = 0$, $F(+\infty) = \lim_{x \to +\infty} F(x) = 1$；

(3) 连续性：$F(x)$ 右连续，即 $F(x_0+0) = \lim_{x \to x_0^+} F(x) = F(x_0)$.

可以证明：若函数 $F(x)(x \in \mathbf{R})$ 满足上述三条性质，则必存在一个随机变量 X，以 $F(x)$ 为分布函数，因此，上述三条性质是随机变量分布函数的本质属性.

2.2.2　连续型随机变量及其概率密度的定义和性质

> **定义 2**　随机变量 X 的分布函数为 $F(x)$，如果存在非负可积函数 $f(x)$，使得对于任意实数 x 有
>
> $$F(x) = \int_{-\infty}^{x} f(t)\,\mathrm{d}t,$$
>
> 则称 X 为连续型随机变量，并称 $f(x)$ 为 X 的概率密度函数，简称概率密度.

由定义 2 并根据微积分的知识知道，连续型随机变量的分布函数是连续函数，而且，改变概率密度 $f(x)$ 在个别点的函数值不影响分布函数 $F(x)$ 的取值.

概率密度 $f(x)$ 的性质有：

(1) 非负性：$f(x) \geqslant 0$；

(2) 规范性：$\int_{-\infty}^{+\infty} f(x)\,\mathrm{d}x = 1$.

可以证明，若定义在实数集上的函数满足上述两条性质，即可以作为某个连续型随机变量的概率密度函数，因此，上述两条性质是连续型随机变量的本质属性.

(3) 对于任意的实数 x_1，$x_2(x_1 < x_2)$，有

$$P\{x_1 < X \leqslant x_2\} = F(x_2) - F(x_1) = \int_{x_1}^{x_2} f(x)\,\mathrm{d}x.$$

(4) 若 $f(x)$ 在点 x 连续，则有

$$F'(x) = f(x).$$

(5) 连续型随机变量取任意指定值 a 的概率为 0，即 $P\{X=a\} = 0$.

由此可知，不可能事件只是概率为 0 的一个充分条件，而非必要条件；在计算连续型随机变量落在某一区间的概率时，可以不必区分该区间是开区间还是闭区间或是半开半闭区间，即

$$P\{a < x < b\} = P\{a \leqslant x \leqslant b\} = P\{a < x \leqslant b\} = P\{a \leqslant x < b\}$$
$$= \int_{a}^{b} f(x)\,\mathrm{d}t;$$

$$P\{x \geqslant a\} = P\{x > a\} = \int_{a}^{+\infty} f(x)\,\mathrm{d}t;$$

$$P\{x \leqslant b\} = P\{x < b\} = \int_{-\infty}^{b} f(x)\,\mathrm{d}t.$$

例 2.2.2　设随机变量 X 具有概率密度

$$f(x) = \begin{cases} c(4x-2x^2), & 0<x<2, \\ 0, & \text{其他.} \end{cases}$$

（1）确定常数 c；

（2）求 X 的分布函数 $F(x)$；

（3）求概率 $P\{X>1\}$.

解　（1）由规范性，得

$$\int_0^2 c(4x - 2x^2)\,\mathrm{d}x = 1,$$

解得 $c = 3/8$，于是 X 的概率密度为

$$f(x) = \begin{cases} \dfrac{3}{4}(2x-x^2), & 0<x<2, \\[2mm] 0, & \text{其他.} \end{cases}$$

（2）$F(x) = P\{X \leqslant x\} = \displaystyle\int_{-\infty}^x f(t)\,\mathrm{d}t$，

当 $x<0$ 时，$F(x)=0$；

当 $0\leqslant x<2$ 时，$F(x) = \displaystyle\int_{-\infty}^0 0\mathrm{d}t + \int_0^x \frac{3}{4}(2t - t^2)\,\mathrm{d}t$

$$= \frac{3}{4}x^2 - \frac{1}{4}x^3;$$

当 $x\geqslant 2$ 时，$F(x)=1$.

X 的分布函数为

$$F(x) = \begin{cases} 0, & x<0, \\[1mm] \dfrac{3}{4}x^2 - \dfrac{1}{4}x^3, & 0\leqslant x<2, \\[1mm] 1, & x\geqslant 2. \end{cases}$$

（3）$P\{X>1\} = 1-P\{X\leqslant 1\} = 1-F(1) = 0.5$.

2.2.3　常用的连续型随机变量

下面介绍常用的连续型随机变量.

1. 均匀分布

定义 3　若连续型随机变量 X 的概率密度为

$$f(x) = \begin{cases} \dfrac{1}{b-a}, & a\leqslant x\leqslant b, \\[2mm] 0, & \text{其他,} \end{cases}$$

则称 X 服从区间 $[a,b]$ 上的均匀分布，记作 $X \sim U[a,b]$.

易知，均匀分布的概率密度 $f(x)$ 满足非负性：$f(x)\geqslant 0$ 和规

范性：$\int_{-\infty}^{+\infty} f(x)\,\mathrm{d}x = 1$. 分布函数为

$$F(x) = \begin{cases} 0, & x < a, \\ \dfrac{x-a}{b-a}, & a \leqslant x < b \\ 1, & x \geqslant b \end{cases}$$

均匀分布概率密度 $f(x)$ 和分布函数 $F(x)$ 的图形分别如图 2-3 和图 2-4所示.

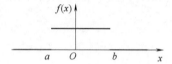

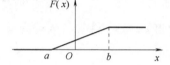

图 2-3　均匀分布的概率密度图形　　图 2-4　均匀分布的分布函数图形

在区间$[a,b]$上服从均匀分布的随机变量 X，具有下述意义的等可能性，即它落在区间$[a,b]$中任意等长度的子区间内的可能性是相同的，或者说它落在$[a,b]$的子区间的概率只依赖于子区间的长度而与子区间的位置无关. 事实上，对于任意一长度 l 的子区间 $(c,c+l) \subseteq [a,b]$，有

$$P\{c < X \leqslant c+l\} = \int_c^{c+l} \frac{\mathrm{d}x}{b-a} = \frac{l}{b-a}$$

均匀分布无论在理论上还是在实际问题中都是经常遇见的一种分布. 例如，在数值计算时，对末位数字要进行四舍五入，譬如对小数点后第一位进行四舍五入时，那么一般认为误差服从$(-0.5, 0.5)$上的均匀分布；又如，当我们对取值在某一区间上的随机变量的分布一无所知时，可以先假设它服从均匀分布等.

例 2.2.3　将长度为 $2l$ 的木棒任意截为两段，求这两段木棒与另一长度为 l 的木棒能构成三角形的概率.

解　设截下的两段木棒长度分别为 X，$2l-X$，则 $X \sim U(0, 2l)$，三段木棒能构成三角形的充要条件是

$$\begin{cases} X + l > 2l - X, \\ l + 2l - X > X, \end{cases}$$

解得

$$\frac{l}{2} < X < \frac{3l}{2},$$

故三段木棒能构成三角形的概率为

$$P\left\{ \frac{l}{2} < X < \frac{3l}{2} \right\} = \int_{\frac{l}{2}}^{\frac{3l}{2}} \frac{1}{2l}\mathrm{d}x = \frac{1}{2}.$$

2. 指数分布

> **定义 4**　若随机变量 X 的概率密度为
> $$f(x) = \begin{cases} \lambda e^{-\lambda x}, & x \geq 0, \\ 0, & x < 0, \end{cases}$$
> 则称 X 服从参数为 $\lambda(\lambda > 0)$ 的指数分布.

易知，指数分布的概率密度 $f(x)$ 满足非负性：$f(x) \geq 0$ 和规范性：$\int_{-\infty}^{+\infty} f(x)\,\mathrm{d}x = 1$. 分布函数为

$$F(x) = \begin{cases} 1 - e^{-\lambda x}, & x > 0, \\ 0, & x \leq 0. \end{cases}$$

指数分布的概率密度 $f(x)$ 和分布函数 $F(x)$ 的图形分别如图 2-5 和图 2-6 所示.

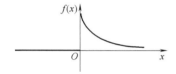
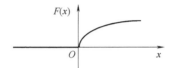

图 2-5　指数分布的概率密度图形　　图 2-6　指数分布的分布函数图形

在实际问题中，当随机变量 X 代表某种"寿命"，如电子元件的寿命，生物的寿命，电话的通话时间，排队系统的服务时间等时，可以认为 X 服从指数分布. 指数分布具有无记忆性，在可靠性理论与排队论中有着广泛的应用.

例 2.2.4　已知某种电子元件的寿命 X（单位：h）服从指数分布

$$f(x) = \begin{cases} \dfrac{1}{1000} e^{-\frac{x}{1000}}, & x > 0, \\ 0, & x \leq 0, \end{cases}$$

求这种电子元件能使用 1000h 以上的概率.

解　按题意，所求概率为

$$P\{X \geq 1000\} = \int_{1000}^{+\infty} \frac{1}{1000} e^{-\frac{x}{1000}}\,\mathrm{d}x = e^{-1} \approx 0.368.$$

3. 正态分布

> **定义 5**　若随机变量 X 的概率密度为
> $$f(x) = \frac{1}{\sqrt{2\pi}\,\sigma} e^{-\frac{(x-\mu)^2}{2\sigma^2}}, \quad -\infty < x < +\infty,$$
> 其中 μ，σ 是常数，且 $\sigma > 0$，则称 X 服从参数为 μ，σ 的正态分布，记为 $X \sim N(\mu, \sigma^2)$.

显然，正态分布的概率密度 $f(x)$ 满足非负性：$f(x) \geqslant 0$，下面证明规范性：$\int_{-\infty}^{+\infty} f(x)\,\mathrm{d}x = 1$. 令 $t = \dfrac{x-\mu}{\sigma}$，则

$$\int_{-\infty}^{+\infty} \frac{1}{\sqrt{2\pi}\,\sigma} \mathrm{e}^{-\frac{(x-\mu)^2}{2\sigma^2}} \mathrm{d}x = \frac{1}{\sqrt{2\pi}} \int_{-\infty}^{+\infty} \mathrm{e}^{-\frac{t^2}{2}} \mathrm{d}t.$$

记 $I = \int_{-\infty}^{+\infty} \mathrm{e}^{-\frac{t^2}{2}} \mathrm{d}t$，有 $I^2 = \int_{-\infty}^{+\infty} \int_{-\infty}^{+\infty} \mathrm{e}^{-\frac{t^2+u^2}{2}} \mathrm{d}t\mathrm{d}u$，利用极坐标将它化成累次积分，得到

$$I^2 = \int_0^{2\pi} \int_0^{+\infty} r\mathrm{e}^{-\frac{r^2}{2}} \mathrm{d}r\mathrm{d}\theta = 2\pi.$$

而 $I > 0$，故有 $I = \sqrt{2\pi}$，即有

$$\int_{-\infty}^{+\infty} \mathrm{e}^{-\frac{t^2}{2}} \mathrm{d}t = \sqrt{2\pi},$$

于是

$$\int_{-\infty}^{+\infty} \frac{1}{\sqrt{2\pi}\,\sigma} \mathrm{e}^{-\frac{(x-\mu)^2}{2\sigma^2}} \mathrm{d}x = \frac{1}{\sqrt{2\pi}} \int_{-\infty}^{+\infty} \mathrm{e}^{-\frac{t^2}{2}} \mathrm{d}t = 1.$$

正态分布的分布函数为

$$F(x) = \int_{-\infty}^{x} \frac{1}{\sqrt{2\pi}\,\sigma} \mathrm{e}^{-\frac{(t-\mu)^2}{2\sigma^2}} \mathrm{d}t, \quad -\infty < x < +\infty.$$

正态分布的概率密度 $f(x)$ 和分布函数 $F(x)$ 的图形分别如图 2-7 和图 2-8 所示.

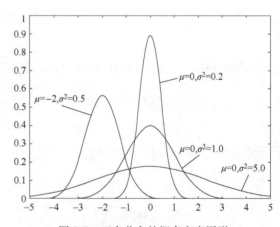

图 2-7　正态分布的概率密度图形

从图 2-7 可看出正态分布的概率密度具有下列特征：

（1）正态分布的概率密度曲线呈钟形，关于直线 $x = \mu$ 对称. 这表明对于任意的 h 有

$$P\{\mu - h < X \leqslant \mu\} = P\{\mu < X \leqslant \mu + h\}.$$

（2）正态分布的概率密度 $f(x)$ 在区间 $(-\infty, \mu)$ 上是增函数，在区间 $[\mu, +\infty)$ 上是减函数，在 $x = \mu$ 处取得最大值 $f(\mu) = 1/\sqrt{2\pi}\,\sigma$，

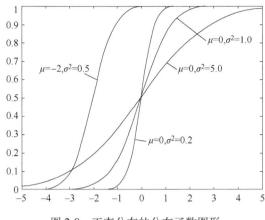

图 2-8　正态分布的分布函数图形

以 x 轴为其水平渐近线,拐点在 $x = \mu \pm \sigma$. 这表明对于同样长度的区间,当区间离 μ 越远,X 落在这个区间的概率越小.

(3) 参数 μ 的值决定着 $f(x)$ 图形的位置,称为位置参数,即在固定参数 σ 情况下改变参数 μ 的值,则 $f(x)$ 的图形沿着 x 轴平移,而不改变其形状(见图 2-9). 参数 σ 的值决定着 $f(x)$ 图形的形状,称为形状参数,即在固定参数 μ 情况下改变参数 σ 的值,由于最大值为 $f(\mu) = 1/\sqrt{2\pi}\,\sigma$,所以当 σ 变大时图形变得扁平,当 σ 越小时图形变得越尖,这说明 σ 的大小反映了 X 取值的集中或分散程度(见图 2-10).

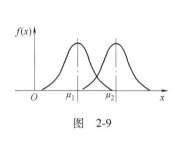

图　2-9

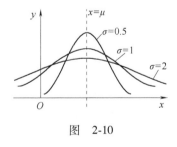

图　2-10

特别地,当 $\mu = 0$,$\sigma = 1$ 时的正态分布称为标准正态分布,记为 $N(0,1)$,标准正态分布的概率密度和分布函数常用 $\varphi(x)$ 和 $\Phi(x)$ 表示,即有

$$\varphi(x) = \frac{1}{\sqrt{2\pi}} \mathrm{e}^{-\frac{x^2}{2}}, \quad -\infty < x < +\infty,$$

$$\Phi(x) = \int_{-\infty}^{x} \frac{1}{\sqrt{2\pi}} \mathrm{e}^{-\frac{x^2}{2}} \mathrm{d}x, \quad -\infty < x < +\infty,$$

其图像如图 2-11 和图 2-12 所示.

标准正态分布的重要性在于,依据下面的定理,任何一个一般的正态分布都可以通过线性变换转化为标准正态分布.

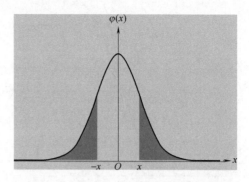

图 2-11　标准正态分布的概率密度图形

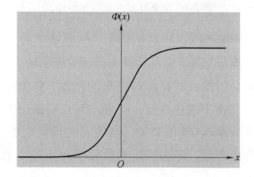

图 2-12　标准正态分布的分布函数图形

定理　若 $X \sim N(\mu, \sigma^2)$, 则 $Y = \dfrac{X-\mu}{\sigma} \sim N(0,1)$.

定理的证明见下一节例 2.3.3. 由于正态分布的分布函数是一个超越函数, 直接计算概率有困难, 人们制作了标准正态分布的分布函数表. 根据定理, 通过标准正态分布的分布函数表 (见附录 3), 就可以解决一般正态分布的概率计算问题. 附录 3 中给出了当 $x \geqslant 0$ 时, 分布函数 $\Phi(x)$ 的值. 由对称性, 当 $x < 0$ 时, $\Phi(x) = 1 - \Phi(-x)$, 并有

$$P\{x_1 \leqslant X \leqslant x_2\} = \Phi(x_2) - \Phi(x_1), \quad P\{|X| \leqslant x\} = 2\Phi(x) - 1 (x > 0),$$
$$P\{|X| > x\} = 2 - 2\Phi(x)(x > 0).$$

若 $X \sim N(\mu, \sigma^2)$, 由定理知 $Y = \dfrac{X-\mu}{\sigma} \sim N(0,1)$, 于是概率

$$P\{a < X < b\} = P\left\{\frac{a-\mu}{\sigma} < Y \leqslant \frac{b-\mu}{\sigma}\right\}$$

$$= \Phi\left(\frac{b-\mu}{\sigma}\right) - \Phi\left(\frac{a-\mu}{\sigma}\right).$$

由标准正态分布表计算可以求得, 当 $X \sim N(0,1)$ 时,

$P\{|X|\leqslant 1\}=2\Phi(1)-1=0.6826$；

$P\{|X|\leqslant 2\}=2\Phi(2)-1=0.9544$；

$P\{|X|\leqslant 3\}=2\Phi(3)-1=0.9974$.

这说明，X 的取值几乎全部集中在 $[-3,3]$ 区间内，超出这个范围的可能性仅占不到 0.3%（见图 2-13）. 上述结论推广到一般的正态分布，当 $Y\sim N(\mu,\sigma^2)$ 时，

$P\{|Y-\mu|\leqslant\sigma\}=0.6826$；

$P\{|Y-\mu|\leqslant 2\sigma\}=0.9544$；

$P\{|Y-\mu|\leqslant 3\sigma\}=0.9974$.

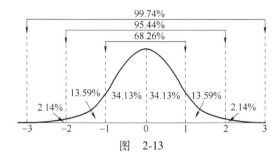

图　2-13

可以认为，Y 的取值几乎全部集中在区间 $[\mu-3\sigma,\mu+3\sigma]$ 内，这在统计学上称作"3σ 准则"（三倍标准差原则）（见图 2-14）.

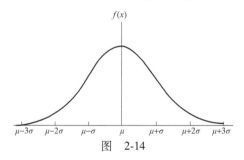

图　2-14

例 2.2.5　假设某地区成年男性的身高（单位：cm）$X\sim N(170,7.69^2)$.

（1）求该地区成年男性的身高超过 175cm 的概率.

（2）公共汽车车门的高度是按成年男性与车门顶头碰头机会在 0.01 以下来设计的，问车门高度应如何确定？

解　（1）由 $X\sim N(170,7.69^2)$，则 $\dfrac{X-170}{7.69}\sim N(0,1)$. 故该地区成年男性的身高超过 175cm 的概率为

$$P\{X>175\}=1-P\{X\leqslant 175\}$$

$$=1-\Phi\left(\frac{175-170}{7.69}\right)=1-\Phi(0.65)$$

$$=0.2578$$

（2）设车门高度为 $h$cm，按设计要求 $P\{X\geqslant h\}\leqslant 0.01$ 或 $P\{X<h\}\geqslant 0.99$，下面求满足上式的最小的 h.

因为 $X\sim N(170,7.69^2)$，故 $P\{X<h\}\geqslant 0.99$，查表得 $\Phi(2.33)=0.9901>0.99$，所以

$$\frac{h-170}{7.69}=2.33,$$

即 $h=170+17.92=188(\text{cm})$. 设计车门高度为 188cm 时，可使男子与车门碰头机会不超过 0.01.

正态分布是概率论中最重要的分布，这可以由以下情形加以说明：

（1）正态分布是自然界及工程技术中最常见的分布之一，大量的随机现象都是服从或近似服从正态分布的. 可以证明，如果一个随机指标受到诸多因素的影响，但其中任何一个因素都不起决定性作用，则该随机指标一定服从或近似服从正态分布. 例如测量误差，人的生理特征尺寸如身高、体重等；正常情况下生产的产品尺寸：直径、长度、重量、高度等都近似服从正态分布.

（2）正态分布有许多良好的性质，如线性可加性、独立性，这些性质是其他许多分布所不具备的.

（3）正态分布可以作为许多分布的近似分布（见第 4 章中心极限定理）.

2.3 随机变量的函数的分布

在实际中，人们常常对随机变量的函数更感兴趣. 例如，已知圆轴截面直径 d 的分布，求截面面积 $A=\dfrac{\pi d^2}{4}$ 的分布. 又如，已知 $t=t_0$ 时刻噪声电压 V 的分布，求功率 $W=\dfrac{V^2}{R}$（R 为电阻）的分布等.

> **定义** 设 X 是一随机变量，$g(x)$ 是连续函数，且 X 的全部可能取值落入 $g(x)$ 的定义域中，称 $Y=g(X)$ 为随机变量 X 的函数，当 X 取值 x 时随机变量 Y 取值 $y=g(x)$.

本节讨论由随机变量 X 的分布，求随机变量函数 $Y=g(X)$ 的分布.

2.3.1 离散型随机变量函数的分布

若随机变量 X 的分布律为 $P\{X=x_k\}=p_k$，$k=1,2,3,\cdots$，

$Y=g(X)$，则 Y 的分布律为

$$P\{Y=g(x_k)\}=p_k,k=1,2,3,\cdots,$$

如果 $g(x_k)$ 中有一些是相同的，把它们做适当合并即可.

例 2.3.1　设 X 的分布律为

X	1	2	5
p_k	0.2	0.5	0.3

求 $Y=2X+3$ 的分布律.

解　当 X 取值 1，2，5 时，Y 取对应值 5，7，13，而且 X 取某值与 Y 取其对应值是两个同时发生的事件，两者具有相同的概率. 所以 $Y=2X+3$ 的分布律为

Y	5	7	13
p_k	0.2	0.5	0.3

如果 X 的分布律为

X	-1	0	1
p_k	0.3	0.5	0.2

则 $Y=X^2$ 的分布律为

X	0	1
p_k	0.5	0.5

2.3.2　连续型随机变量函数的分布

定理　若随机变量 X 的概率密度为 $f_X(x)$，$-\infty<x<+\infty$，又函数 $g(x)$ 处处可导且有 $g'(x)>0$（或 $g'(x)<0$），则 $Y=g(X)$ 的概率密度为

$$f_Y(y)=\begin{cases}f_X(h(y))\,|h'(y)|,&\alpha<y<\beta,\\0,&\text{其他},\end{cases}$$

其中

$$\alpha=\min\{g(-\infty),g(+\infty)\},\ \beta=\max\{g(-\infty),g(+\infty)\},$$

$x=h(y)$ 为 $y=g(x)$ 的反函数.

证明　这里只证明 $g'(x)>0$ 的情况. 设 X，Y 的分布函数为 $F_X(x)$，$F_Y(y)$.

当 $y\leqslant\alpha$ 时，$F_Y(y)=P\{Y\leqslant y\}=0$；

当 $\alpha<y<\beta$ 时，$F_Y(y)=P\{Y\leqslant y\}=P\{g(X)\leqslant y\}=P\{X\leqslant h(y)\}=F_X(h(y))$；

当 $y\geqslant\beta$ 时，$F_Y(y)=P\{Y\leqslant y\}=1$.

于是, Y 的概率密度

$$f_Y(y) = F_Y'(y) = \begin{cases} f_X(h(y))h'(y), & \alpha < y < \beta, \\ 0, & \text{其他,} \end{cases}$$

对于 $g'(x) < 0$ 的情况可以证明, 此时有

$$f_Y(y) = F_Y'(y) = \begin{cases} f_X(h(y))(-h'(y)), & \alpha < y < \beta, \\ 0, & \text{其他,} \end{cases}$$

综上有

$$f_Y(y) = \begin{cases} f_X(h(y))|h'(y)|, & \alpha < y < \beta, \\ 0, & \text{其他.} \end{cases}$$

若 $f(x)$ 在有限区间 $[a,b]$ 以外等于零, 则只需假设在 $[a,b]$ 上有 $g'(x) > 0$ (或 $g'(x) < 0$), 此时 $\alpha = \min\{g(a), g(b)\}$, $\beta = \max\{g(a), g(b)\}$.

例 2.3.2　设 X 的概率密度 $f_X(x) = \begin{cases} \dfrac{x}{8}, & 0 < x < 4, \\ 0, & \text{其他,} \end{cases}$ 求 $Y = 2X + 8$

的概率密度.

解法 1　（分布函数法）

$$\begin{aligned} F_Y(y) &= P\{Y \le y\} \\ &= P\{2X + 8 \le y\} \\ &= P\left\{X \le \frac{y-8}{2}\right\} = F_X\left(\frac{y-8}{2}\right), \end{aligned}$$

于是 Y 的概率密度

$$\begin{aligned} f_Y(y) &= \frac{\mathrm{d}F_Y(y)}{\mathrm{d}y} = f_X\left(\frac{y-8}{2}\right) \cdot \frac{1}{2} \\ &= \begin{cases} \dfrac{y-8}{32}, & 8 < y < 16, \\ 0, & \text{其他.} \end{cases} \end{aligned}$$

解法 2　（公式法）　$y = 2x + 8$, $0 < x < 4$ 的反函数为

$$x = h(y) = \frac{1}{2}(y-8), \quad 8 < y < 16,$$

且 $h'(y) = \dfrac{1}{2}$. 于是, 由定理可得 Y 的概率密度

$$\begin{aligned} f_Y(y) &= \begin{cases} f_X(h(y))|h'(y)|, & 8 < y < 16, \\ 0, & \text{其他} \end{cases} \\ &= \begin{cases} \dfrac{y-8}{32}, & 8 < y < 16, \\ 0, & \text{其他.} \end{cases} \end{aligned}$$

例 2.3.3　　若 $X \sim N(\mu, \sigma^2)$，则 $Y = \dfrac{X-\mu}{\sigma} \sim N(0,1)$.

证明　$y = \dfrac{x-\mu}{\sigma}$，$-\infty < x < +\infty$ 的反函数为 $x = h(y) = \sigma y + \mu$，

$-\infty < y < +\infty$，且 $h'(y) = \sigma$. 由于 X 的概率密度为

$$f_X(x) = \frac{1}{\sqrt{2\pi}\,\sigma} \mathrm{e}^{-\frac{(x-\mu)^2}{2\sigma^2}},$$

于是 Y 的概率密度为

$$f_Y(y) = \frac{1}{\sqrt{2\pi}\,\sigma} \mathrm{e}^{-\frac{(\sigma y)^2}{2\sigma^2}} \cdot \sigma = \frac{1}{\sqrt{2\pi}} \mathrm{e}^{-\frac{y^2}{2}},$$

故有 $Y = \dfrac{X-\mu}{\sigma} \sim N(0,1)$.

例 2.3.4　　设随机变量 X 的概率密度为

$$f_X(x) = \begin{cases} \dfrac{2x}{\pi^2}, & 0 < x < \pi, \\ 0, & \text{其他}. \end{cases}$$

求 $Y = \sin X$ 的概率密度.

解　注意到 $0 < x < \pi$ 时，$0 < y \leqslant 1$，所以

当 $y \leqslant 0$ 时，$f_Y(y) = 0$，

当 $y \geqslant 1$ 时，$f_Y(y) = 1$.

当 $0 < y \leqslant 1$ 时，

$$\begin{aligned} F_Y(y) &= P\{Y \leqslant y\} = P\{\sin X \leqslant y\} \\ &= P\{0 \leqslant X \leqslant \arcsin y\} + P\{\pi - \arcsin y \leqslant X \leqslant \pi\} \\ &= \int_0^{\arcsin y} \frac{2x}{\pi^2} \mathrm{d}x + \int_{\pi-\arcsin y}^{\pi} \frac{2x}{\pi^2} \mathrm{d}x \\ &= \left(\frac{\arcsin y}{\pi}\right)^2 + 1 - \left(\frac{\pi - \arcsin y}{\pi}\right)^2, \end{aligned}$$

而 $f_Y(y) = \dfrac{\mathrm{d}F_Y(y)}{\mathrm{d}y}$，求导得

$$f_Y(y) = \begin{cases} \dfrac{2}{\pi\sqrt{1-y^2}}, & 0 < y < 1, \\ 0, & \text{其他}. \end{cases}$$

Python 实验

实验 1——二项分布、泊松分布及泊松定理

（1）取 $p = 0.2$，输入 Python 语句，绘出二项分布 $B(20, p)$ 的

概率分布图与分布函数图, 观察二项分布的概率分布与分布函数图形, 理解 p_k 与 $F(x)$ 的性质.

(2) 固定 $p=0.2$, 分别取 $n=10,20,50$, 在同一坐标系内绘出二项分布的概率分布图, 图中将顶点按顺序连成折线, 称为概率分布曲线. 观察二项分布的概率分布曲线随参数 n 的变化.

(3) 固定 $n=10$, 在同一坐标系下分别绘出 $p=0.25,0.5,0.75$ 的二项分布的概率分布曲线, 观察二项分布的概率分布曲线随参数 p 的变化.

(4) 分别取 $\lambda=1,2,3,6$, 在同一坐标系下绘出泊松分布 $P(\lambda)$ 的概率分布曲线, 观察曲线的特点.

(5) 在同一坐标系下画出二项分布 (自行输入 n,p) 与泊松分布 (参数为 $\lambda=np$) 的概率分布曲线, 并进行比较.

(6) 固定 np 不变, 增大 n, 减小 p 的取值, 观察二项分布图形的变化, 并与泊松分布的概率分布曲线比较, 你发现了什么?

下面是本实验的部分 Python 语句.

程序 1　参数为 $n=20$, $p=0.2$ 的二项分布概率分布直方图与概率分布函数图.

```
import numpy as np
import scipy. stats as stats
import matplotlib. pyplot as plt


n=20
p=0. 2
x=np. arange(0,21,1)
y_pmf=stats. binom. pmf(x,n,p)#概率质量函数,即离散型随
                             #机变量在该处取值的概率
y_cdf=stats. binom. cdf(x,n,p)#累计分布函数


plt. bar(x,y_pmf)                #概率质量函数直方图
plt. plot(x,y_cdf,color="#fc4f30")   #累计分布函数图形


plt. title('Binomial distribution:n =%i,p =%.2f '%
(n,p))
plt. xlabel('n')
plt. ylabel('probalility')
plt. text(x=4.5,y=0.25,s="pmf",alpha=0.75,weight=
"bold",color="blue")
```

```
plt.text(x=14.5,y=0.9,s="cdf",rotation=.75,weight=
"bold",color="red")
plt.show()
```

程序 2　参数 p 固定为 0.2，参数 $n=10$ 时二项分布的概率分布曲线.（参数 $n=20$，50 时类似）

```
import numpy as np
import scipy.stats as stats
import matplotlib.pyplot as plt


n=10
p=0.2
x=np.arange(0,11,1)
y_pmf=stats.binom.pmf(x,n,p)    #概率质量函数


plt.plot(x,y_pmf,"o-")          #概率质量函数直方图
plt.show()
```

程序 3　固定 $n=10$，$p=0.25,0.5,0.75$ 时的二项分布的概率分布曲线.

```
import numpy as np
import scipy.stats as stats
import matplotlib.pyplot as plt


n=10
x=np.arange(0,11,1)


plt.plot(x,stats.binom.pmf(x,n,0.25),'o-',color=
"blue")
plt.plot(x,stats.binom.pmf(x,n,0.5),'o-',color=
"red")
plt.plot(x,stats.binom.pmf(x,n,0.75),'o-',color=
"green")
plt.show()
```

程序 4　$\lambda=1,2,3,6$ 时，泊松分布 $P(\lambda)$ 的概率分布曲线.

```
import numpy as np
import scipy.stats as stats
import matplotlib.pyplot as plt
```

```
n=20
x=np.arange(0,21,1)

plt.plot(x,stats.poisson.pmf(x,1),'o-',color=
"blue")
plt.plot(x,stats.poisson.pmf(x,2),'o-',color=
"red")
plt.plot(x,stats.poisson.pmf(x,3),'o-',color=
"green")
plt.plot(x,stats.poisson.pmf(x,6),'o-',color=
"cyan")
plt.show()
```

实验 2——正态分布

请同学按以下步骤完成实验.

1. 固定 $\sigma=1$，取 $\mu=-2,0,2$，输入下面的 Python 语句，分别在同一坐标系下绘出正态分布 $N(\mu,\sigma^2)$ 的概率密度曲线，完成下面的填空，并考虑为什么称 μ 为位置参数.

（1）概率密度曲线关于_____对称；

（2）在_____处概率密度函数取得最大值；

（3）当 $|x|\to\infty$ 时，曲线以_____为渐近线；

（4）固定 σ 时，改变 μ 的值，概率密度函数图形_____不变，_____改变.

2. 固定 $\mu=0$，取 $\sigma=0.5,1,1.5$，输入下面的 Python 语句，分别在同一坐标系下绘出正态分布 $N(\mu,\sigma^2)$ 的概率密度曲线，完成下面的填空，并考虑为什么称 σ 为形状参数.

（1）固定 μ，改变 σ 时，当 σ _____（越大，越小），在 0 附近的概率密度图形就变得越尖，分布函数在 0 的附近增值越快；当 σ _____（越大，越小），在 0 附近的概率密度图形就变得越平坦，分布函数在 0 的附近增值越慢.

（2）固定 $\mu=0$，不管 σ 如何变化，分布函数在点 0 的值总是_____.

3. 自行选定 μ,σ^2，在同一坐标系下绘出正态分布 $N(\mu,\sigma^2)$ 和 $N(0,1)$ 的概率密度图形，试求变换，使对 $N(\mu,\sigma^2)$ 的概率密度曲线施行平移及伸缩变换后与 $N(0,1)$ 的概率密度曲线重合.

4. 验证 3σ 原则：自行选定 μ,σ^2，产生 n 个服从正态分布 $N(\mu,\sigma^2)$ 的随机数，分别统计落入 $[\mu-\sigma,\mu+\sigma]$，$[\mu-2\sigma,\mu+2\sigma]$，

$[\mu-3\sigma,\mu+3\sigma]$ 内的频率并与 0.6826，0.9544，0.9974 比较，你能得到什么结论?

下面是实验 2 的部分 Python 语句.

程序 5　固定 $\sigma=1$，取 $\mu=-2,0,2$ 时的正态分布 $N(\mu,\sigma^2)$ 的概率密度曲线.

```
import numpy as np
import scipy.stats as stats
import matplotlib.pyplot as plt

sigma=1
x=np.linspace(-6,6,1000)

plt.plot(x,stats.norm.pdf(x,-2,sigma),'-',color=
"blue")
plt.plot(x,stats.norm.pdf(x,0,sigma),'-',color=
"red")
plt.plot(x,stats.norm.pdf(x,2,sigma),'-',color=
"green")
plt.show()
```

程序 6　固定 $\mu=0$，取 $\sigma=0.5,1,1.5$ 时的正态分布 $N(\mu,\sigma^2)$ 的概率密度曲线.

```
import numpy as np
import scipy.stats as stats
import matplotlib.pyplot as plt

mu=0
x=np.linspace(-6,6,100)

plt.plot(x,stats.norm.pdf(x,mu,0.5),'-',color=
"blue")
plt.plot(x,stats.norm.pdf(x,mu,1),'-',color="red")
plt.plot(x,stats.norm.pdf(x,mu,1.5),'-',color=
"green")
plt.show()
```

知识纵横——有趣的概率分布

本章中我们学习了一些常见的重要的概率分布. 一个概率分

布是否重要，主要取决于以下几点：①分布是否应用广泛；②分布是否具有良好的理论性质；③分布是否具有一定的延展性，即是否可以导出其他的分布．下面我们所介绍的分布满足以上所有条件或其中几条．

1. 概率论中最重要的分布——正态分布

正态分布是我们必须掌握的分布，它是概率论与数理统计中最重要（不是之一）的分布．这一点在本章中已有详尽论述，这里不再赘述．正态分布又称为高斯分布．在概率论发展历史上，误差分析是概率论的重要生长点之一，19 世纪初德国数学家高斯（Gauss）在研究测量误差时引进了正态分布并发展了有广泛应用的最小二乘法（至今仍是概率论与实际生产有广泛联系的领域之一），从此，进入了正态分布在概率统计中占统治地位的时代，此时流行的还有拉普拉斯的中心极限定理．为纪念高斯在对正态分布的研究方面的贡献，人们把正态分布称为高斯分布（虽然早在高斯之前，拉普拉斯和棣莫弗已经把正态分布引入概率论中了）．正态分布将伴随我们本书学习的始终．

2. 几个基于同一概率模型的分布

伯努利概型是一种非常重要的概率模型，它是概率论历史上最早研究的模型之一，同时也是得到最多研究的模型之一．它是讨论在相同条件下可以重复进行试验的数学模型．在多重伯努利试验中，设每次试验成功的概率为 p，失败的概率为 $q=1-p$，考察以下随机变量服从的分布．

（1）X 表示直到首次试验成功为止的试验次数，则 X 服从参数为 p 的**几何分布**．其分布律为

$$P\{X=k\}=pq^{k-1}, \qquad k=1,2,\cdots.$$

几何分布给出了等待某个事件 A 发生时，所等待的次数为 k 的概率，作为一种等待分布，几何分布应用也很广泛．而且它具有一个非常独特的性质——无记忆性．假设在前 m 次试验中都未成功，我们用 Y 表示直到首次试验成功为止的试验次数，则

$$P\{Y=k\}=P\{X=m+k\mid Y>m\}=\frac{P\{X=m+k\}}{P\{Y>m\}}=\frac{pq^{m+k-1}}{q^m}=pq^{k-1}.$$

也就是说，此时 Y 仍然服从参数为 p 的几何分布，这就好像是说，它已经忘记了前面已经失败了 m 次．或者说，直到首次试验成功为止的试验次数与前面已经失败次数无关．在离散型分布中，只有几何分布具有这种无记忆性．

（2）X 表示直到 r 次试验成功为止的试验次数，则 X 服从参数为 r、p 的**帕斯卡分布**或**负二项分布**．其分布律为

$$P\{X=k\} = C_{r-1}^{k-1} p^r q^{k-r}, \qquad k=r,\ r+1,\ r+2,\ \cdots.$$

显然，当 $r=1$ 时，就是上面的几何分布. 负二项分布与几何分布的关系类似于二项分布与两点分布的关系. 现在，负二项分布的研究在逐步深入当中. 这里举一个可应用负二项分布的著名的问题：**巴拿赫火柴盒问题**.

有一个人左右两个衣袋中各装一盒火柴，每盒火柴都是 N 根，当他吸烟时，随机地取出一盒划着一根，求他的其中一盒火柴用完同时另一盒火柴正好剩下 M 根的概率(答案见本文最后).

（3）X 表示 n 次试验中成功的试验的次数，则 X 服从参数为 n、p 的二项分布. 其分布律为我们熟知的

$$P\{X=k\} = C_n^k p^k q^{n-k}, \qquad k=0,\ 1,\ 2,\ \cdots.$$

当 $k=1$ 就是两点分布. 两点分布又称为伯努利分布.

描述 n 重伯努利试验中某个事件发生的次数的随机变量就服从二项分布. 二项分布是离散型分布中非常重要的一种，尤其在抽样检查中被广泛使用. 它的计算相对麻烦，往往需要进行近似计算.

3. 应用广泛的泊松分布

泊松分布是由法国数学家泊松于 1837 年作为二项分布的近似引入的. 近年来，人们对这种分布的重要性的认识与日俱增. 已经发现许多的随机现象服从泊松分布. 主要集中在两个领域：一是社会服务性领域，如电话交换台收到的呼叫次数、车站到来的乘客人数都近似服从泊松分布，因此，运筹学和管理学中泊松分布占优重要地位；二是物理科学中，诸如热电子的发射、放射性物质发射的粒子数等也都服从泊松分布.

还有一个有趣的现象就是许多与"灾难"相联系的现象也与泊松分布相联系. 诸如某城市一天中发生的火灾数、发生的交通事故数、一天内邮递遗失的信件数、某医院一天内的急诊病人数、一本书中的印刷错误数等都服从泊松分布. 因此，有人称泊松分布是"不吉利"的分布.

4. "永远年轻"的指数分布

很多与寿命有关的随机现象服从的是指数分布. 诸如电子元件的寿命、动物的寿命、随机服务系统中的服务时间、电话问题中的通话时间等都假定服从指数分布. 所以，它在排队论和可靠性理论中应用很多. 与几何分布一样，指数分布也具有无记忆性，设随机变量 X 服从参数为 λ 的指数分布，$\forall s,\ t>0$，有

$$P\{X>s+t\ |\ X>s\} = P\{X>t\}.$$

仿照几何分布的做法很容易得到这个结论，读者可以作为练习自

已完成. 如果把 X 解释为寿命, 上式说明, 如果已知某人的年龄为 s, 那么他再活 t 年的概率与年龄 s 无关. 所以人们开玩笑地称指数分布是永远年轻的分布.

需要指出的是, 各种教材中所用的指数分布具有不同的表达式. 有的书中这样定义指数分布: 随机变量 X 具有密度函数

$$f(x) = \begin{cases} \dfrac{1}{\theta} e^{-\frac{1}{\theta}x}, & x > 0, \\ 0, & \text{其他}, \end{cases}$$

称 X 服从参数为 θ 的指数分布.

有的书中也把指数分布称为**负指数分布**.

5. 奇妙的 $[0,1]$ 区间上的均匀分布

作为 $[a,b]$ 区间上的均匀分布, 我们已知它具有独特的 "均匀" 的性质: 随机变量落在其中任何一个区间上的概率只与区间长度有关, 而与位置无关. 所以, $X \sim U[0,1]$, 则有

$$P\{X \leqslant x\} = x.$$

但是你考虑过这样的问题吗? 假设 X 是随机变量, 分布函数为 $F(x)$ (这里 $F(x)$ 连续), 将 X 代入分布函数中, 令 $\xi = F(X)$, 则可以证明 ξ 还是随机变量. 那么, ξ 服从什么分布呢? 答案是, ξ 在 $[0,1]$ 区间上服从均匀分布. 这是因为 $F(x)$ 是不降函数, 对任意 $0 \leqslant y \leqslant 1$, 可以定义

$$F^{-1}(y) = \inf\{x: F(x) > y\}$$

作为 $F(x)$ 的反函数, 这里, inf 表示集合的下确界 (最大的下界). 则对 $0 \leqslant x \leqslant 1$, 有

$$P\{\xi \leqslant x\} = P\{F(X) \leqslant x\} = P\{X \leqslant F^{-1}(x)\} = F(F^{-1}(x)) = x,$$

由均匀分布的性质可知 $\xi = F(X)$ 服从 $[0,1]$ 区间上的均匀分布. 这里, 我们再次看到分布函数法的重要应用.

反之, ξ 在 $[0,1]$ 区间上服从均匀分布, 对任意分布函数 $F(x)$, 令

$$X = F^{-1}(\xi)$$

则

$$P\{X \leqslant x\} = P\{F^{-1}(\xi) \leqslant x\} = P\{\xi \leqslant F(x)\} = F(x),$$

因此 X 的分布函数就是 $F(x)$.

这样, 我们只要能产生 $[0,1]$ 区间上服从均匀分布的随机变量的观察值, 就能通过变换 $X = F^{-1}(\xi)$ 产生分布函数为 $F(x)$ 的随机变量的观察值. 一般的做法是用数学的方法产生 $[0,1]$ 区间上服从均匀分布的随机变量的观察值, 称为均匀分布随机数, 再利用变换 $X = F^{-1}(\xi)$ 得到任意分布 $F(x)$ 的随机数. 这种思想在蒙特卡罗

方法中有重要应用.

概率论以及后面的数理统计中还有许多具有特殊性质的分布, 我们将在后面的章节中从不同的角度再做介绍.

巴拿赫火柴盒问题解答: 这里 $p = 1/2$, 不妨设右边盒空而左边剩 M 根, 应该右边盒摸过 $N+1$ 次, 前 N 次用掉 N 根火柴, 第 $N+1$ 次发现没火柴了; 左面盒应摸过 $N-M$ 次. 所以根据帕斯卡分布, 用 X 表示直到 $N+1$ 次试验成功为止的试验次数, 有

$$P\{X = 2N-M+1\} = C_{2N-M}^N \left(\frac{1}{2}\right)^{2N-M+1},$$

同样, 也可能出现左边盒空而右边剩 M 根, 概率相同, 所以, 所求概率为

$$2C_{2N-M}^N \left(\frac{1}{2}\right)^{2N-M+1} = C_{2N-M}^N \cdot 2^{-2N+M}.$$

习题二

1. 将一枚硬币连续抛三次, 观察正、反面出现的情况, 记 X 为正面出现的次数, 求 X 的分布律.

2. 有四个小球和两个杯子, 将小球随机地放入杯子中, 随机变量 X 表示有小球的杯子数, 求 X 的分布律.

3. 一袋中装有 5 个球, 编号为 1,2,3,4,5. 在袋中同时取 3 个, 随机变量 X 表示取出的 3 个球中的最大号码, 求 X 的分布律.

4. 一球队要经过四轮比赛才能出线. 设球队每轮被淘汰的概率为 $p = 0.5$, 记 X 表示球队结束比赛时的比赛次数, 求 X 的分布律.

5. 进行重复独立试验, 设每次试验成功的概率为 p, 失败的概率为 $q = 1-p$.

（1）将试验进行到出现一次成功为止, 以 X 表示所需的试验次数, 求 X 的分布律 (此时称 X 服从参数为 p 的几何分布).

（2）将试验进行到出现 r 次成功为止, 以 Y 表示所需的试验次数, 求 Y 的分布律 (此时称 Y 服从参数为 r, p 的负二项分布或帕斯卡分布).

6. 设离散型随机变量 X 的分布律为

$$P\{X = k\} = A\left(\frac{2}{3}\right)^k, \quad k = 1,2,\cdots,$$

求 A 的值及概率 $P\{1 \leqslant X \leqslant 3\}$.

7. 一大批电子元件有 10% 已损坏, 若从这批元件中随机选取 20 只来组成一个线路, 问这线路能正常工作的概率是多少?

8. 某高速公路每周发生的汽车事故数服从参数为 3 的泊松分布,

（1）求每周事故数超过 4 个的概率;

（2）求每周事故数不超过 3 个的概率.

9. 某城市在时间间隔 t (单位：h) 内发生火灾的次数 X 服从参数为 $0.5t$ 的泊松分布, 且与时间间隔的起点无关, 求下列事件的概率:

（1）某天中午 12 时至下午 15 时发生火灾;

（2）某天中午 12 时至下午 16 时至少发生两次火灾.

10. 一工厂有 20 台机器, 每台机器在某日发生故障的概率是 0.05, 每台机器是否发生故障相互独立.

（1）用二项分布计算其中有 2 台机器发生故障的概率;

（2）用泊松分布近似计算 2 台机器发生故障的概率.

11. 若一年中某类保险者里面每个人死亡的概率等于 0.005, 现有 10000 个人参加这类人寿保险, 试求在未来一年中在这些保险者里面,

（1）有 40 个人死亡的概率;

（2）死亡人数不超过 70 个人的概率.

12. 设随机变量 X 的分布律为

X	0	2	4
p_k	0.04	0.32	0.64

求随机变量 X 的分布函数.

13. 设随机变量 X 的概率密度

$$f(x) = \begin{cases} \dfrac{2}{\pi}\sqrt{1-x^2}, & -1<x<1, \\ 0, & \text{其他}, \end{cases}$$

求随机变量 X 的分布函数 $F(x)$.

14. 已知随机变量 X 的概率密度

$$f(x) = \begin{cases} \dfrac{c}{\sqrt{x}}, & 0<x<1, \\ 0, & \text{其他}. \end{cases}$$

（1）确定常数 c；

（2）求分布函数 $F(x)$；

（3）求概率 $P\{X \leqslant 0.5\}$ 和 $P\{X=0.5\}$.

15. 设随机变量 X 的概率密度

$$f(x) = \begin{cases} x, & 0 \leqslant x<1, \\ A-x, & 1 \leqslant x<2, \\ 0, & \text{其他}. \end{cases}$$

（1）确定常数 A；

（2）求分布函数 $F(x)$；

（3）求概率 $P\{0.5<X<1\}$.

16. 设连续型随机变量 X 的分布函数为 $F(x) = A+B\arctan x$. 求：

（1）常数 A, B；

（2）随机变量 X 的概率密度 $f(x)$.

17. 设随机变量 X 在 $[2,5]$ 上服从均匀分布，现

对 X 进行三次独立观测，试求至少有两次观测值大于 3 的概率.

18. 设某类荧光灯管的使用寿命 X（单位：h）服从参数为 $1/2000$ 的指数分布，

（1）任取一只这种灯管，求能正常使用 1000h 以上的概率；

（2）有一只这种灯管已经正常使用了 1000h 以上，求还能使用 1000h 以上的概率.

19. 从某地乘车往火车站有两条路线可走，第一条路线穿过市区，路程较短，但交通拥挤，所需时间 $X \sim N(50,100)$；第二条路线走环线，路程较远，但意外阻塞少，所需时间 $Y \sim N(60,16)$.

（1）若有 70min 时间可用，问应走哪条路线？

（2）若只有 65min 时间可用，问又应走哪条路线？

20. 设 $X \sim U(1,2)$，求 $Y=e^{2x}$ 的概率密度 $f_Y(y)$.

21. 设随机变量 X 的概率密度

$$f_X(x) = \begin{cases} 6x(1-x), & 0<x<1, \\ 0, & \text{其他}, \end{cases}$$

求随机变量 $Y=2X+1$ 的概率密度 $f_Y(y)$.

22. 设随机变量 X 的概率密度

$$f_X(x) = \begin{cases} e^{-x}, & x \geqslant 0, \\ 0, & x<0. \end{cases}$$

（1）求随机变量 $Y=e^X$ 的概率密度 $f_Y(y)$；

（2）求概率 $P\{1 \leqslant Y \leqslant 2\}$.

23. 设随机变量 X 与 Y 相互独立，且服从同一分布，X 的分布律为

$P\{X=0\} = P\{X=1\} = 1/2$，求 $Z=\max\{X, Y\}$ 的分布律.

第 3 章
多维随机变量及其分布

第 2 章讨论了仅有一个随机变量的情况，但在实际问题中，试验结果有时需要同时用两个或两个以上的随机变量来描述．例如，用温度和风力来描述天气情况；发射一枚炮弹，需要同时研究弹着点的几个坐标；通过对含碳、含硫、含磷量的测定来研究钢的成分；研究市场供给模型时，需要同时考虑商品供给量、消费者收入和市场价格等指标．一般来说，这些随机变量之间存在着某种联系，因而需要把它们作为一个整体来研究，这就引进了多维随机变量的概念．

本章将着重讨论二维随机变量及其联合分布的一些主要理论，如二维随机变量的联合分布函数与边缘分布函数、二维离散型随机变量的联合分布律与边缘分布律、二维连续型随机变量的联合概率密度与边缘概率密度等概念及其性质、相互独立的随机变量概念及其性质、两个随机变量的函数的分布．相对于二维随机变量，上一章讨论的随机变量称为一维随机变量．多维随机变量情况与二维随机变量的情况类似，其中大部分结果可以推广到任意 n 维情形．

3.1 二维随机变量

3.1.1 二维随机变量及其联合分布函数

定义 1 设随机试验的样本空间是 $S=\{e\}$．如果对于每一个样本点 $e \in S$，都有唯一的实数组 $(X(e), Y(e))$ 与之对应，则称 $(X(e), Y(e))$ 为二维随机向量或二维随机变量，简记为 (X, Y)．

应该注意二维随机变量 (X, Y) 是一个整体，它的性质不仅与随机变量 X 和 Y 的性质有关，还与 X 和 Y 的相互关系有关．

类似于一维随机变量的分布函数，我们也借助分布函数来研究二维随机变量.

> **定义 2**　设 (X,Y) 是二维随机变量，对于任意实数 x,y，二元函数
> $$F(x,y)=P\{X\leqslant x,Y\leqslant y\}$$
> 称为二维随机变量 (X,Y) 的分布函数，或称为 X 和 Y 的联合分布函数.

事件 $\{X\leqslant x,Y\leqslant y\}$ 表示事件 $\{X\leqslant x\}$ 与 $\{Y\leqslant y\}$ 的积事件，即
$$P\{X\leqslant x,Y\leqslant y\}=P\{(X\leqslant x)\cap(Y\leqslant y)\}.$$

因此，一般地，$P\{X\leqslant x,Y\leqslant y\}\neq P\{X\leqslant x\}P\{Y\leqslant y\}$，只有当事件 $\{X\leqslant x\}$ 与 $\{Y\leqslant y\}$ 独立时，才有 $P\{X\leqslant x,Y\leqslant y\}=P\{X\leqslant x\}P\{Y\leqslant y\}$.

如果将二维随机变量 (X,Y) 看成是平面上随机点的坐标，那么分布函数
$$F(x,y)=P\{X\leqslant x,Y\leqslant y\}$$

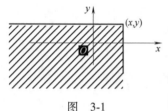

图　3-1

表示随机点 (X,Y) 落在以点 (x,y) 为顶点而位于该点左下方的无穷矩形域内的概率（见图 3-1）.

依照上述解释，借助于图 3-2 容易算出随机点 (X,Y) 落在矩形域
$$\{(x,y)\mid x_1<x\leqslant x_2,y_1<y\leqslant y_2\}$$
的概率为
$$P\{x_1<X\leqslant x_2,y_1<Y\leqslant y_2\}=F(x_2,y_2)-F(x_2,y_1)+F(x_1,y_1)-F(x_1,y_2).$$

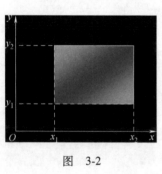

图　3-2

联合分布函数 $F(x,y)$ 的性质有：

（1）单调性：$F(x,y)$ 是变量 x 和 y 的不减函数，即对于任意固定的 y，当 $x_1<x_2$ 时，有 $F(x_1,y)\leqslant F(x_2,y)$；对于任意固定的 x，当 $y_1<y_2$ 时，有 $F(x,y_1)\leqslant F(x,y_2)$.

（2）值域：$0\leqslant F(x,y)\leqslant 1$，且

对于任意固定的 y，$F(-\infty,y)=0$，

对于任意固定的 x，$F(x,-\infty)=0$，

$F(-\infty,-\infty)=0,F(+\infty,+\infty)=1.$

（3）连续性：$F(x,y)$ 关于 x 右连续，即 $F(x+0,y)=F(x,y)$；$F(x,y)$ 关于 y 右连续，即 $F(x,y+0)=F(x,y)$.

（4）非负性：对于任意的 (x_1,y_1)，(x_2,y_2)，$x_1<x_2,y_1<y_2$，有
$$F(x_2,y_2)-F(x_2,y_1)+F(x_1,y_1)-F(x_1,y_2)\geqslant 0.$$

3.1.2 二维离散型随机变量

> **定义 3** 若二维随机变量 (X,Y) 所有可能取的值是有限对或可列无限多对，则称 (X,Y) 为离散型的二维随机变量. 设 (X,Y) 为二维离散型随机变量，所有可能取值为 (x_i,y_j)，$i,j=1,2,\cdots$，令
> $$p_{ij}=P\{X=x_i,Y=y_j\},i,j=1,2,\cdots,$$
> 则称 $p_{ij}(i,j=1,2,\cdots)$ 为 (X,Y) 的分布律，或称为 X 和 Y 的联合分布律.

X 和 Y 的联合分布律也可用表格形式给出：

Y \ X	x_1	x_2	$\cdots$	x_i	$\cdots$
y_1	p_{11}	p_{21}	$\cdots$	p_{i1}	$\cdots$
y_2	p_{12}	p_{22}	$\cdots$	p_{i2}	$\cdots$
$\vdots$	$\vdots$	$\vdots$		$\vdots$	
y_j	p_{1j}	p_{2j}	$\cdots$	p_{ij}	$\cdots$
$\vdots$	$\vdots$	$\vdots$		$\vdots$	

联合分布律的性质有：

（1）非负性：$0 \leqslant p_{ij} \leqslant 1$，$i$，$j=1$，2，$\cdots$；

（2）规范性：$\sum_i \sum_j p_{ij} = 1$.

例 3.1.1 某校新选出的学生会 6 名女委员，文、理、工科各占 1/6、1/3、1/2，现从中随机指定两人为学生会主席候选人. 令 X，Y 分别为候选人中来自文、理科的人数.

求 (X,Y) 的联合分布律.

解 X 与 Y 的可能取值分别为 0,1 与 0,1,2. 事件 $\{x=0,y=0\}$ 表示指定的两人既不是文科生也不是理科生（都是工科生），由古典概型，有

$$P\{X=0,Y=0\}=\frac{C_3^2}{C_6^2}=\frac{3}{15},$$

相仿可计算出其他事件的概率为

$$P\{X=0,Y=1\}=\frac{C_2^1 C_3^1}{C_6^2}=\frac{6}{15},$$

$$P\{X=0,Y=2\}=\frac{C_2^2}{C_6^2}=\frac{1}{15},$$

$$P\{X=1,Y=0\}=\frac{C_1^1 C_3^1}{C_6^2}=\frac{3}{15},$$

$$P\{X=1,Y=1\}=\frac{C_1^1 C_2^1}{C_6^2}=\frac{2}{15},$$

$$P\{X=1,Y=2\}=0.$$

(X,Y) 的联合分布律:

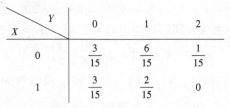

X \ Y	0	1	2
0	$\frac{3}{15}$	$\frac{6}{15}$	$\frac{1}{15}$
1	$\frac{3}{15}$	$\frac{2}{15}$	0

3.1.3　二维连续型随机变量

定义 4　对于二维随机变量 (X,Y) 的分布函数 $F(x,y)$,如果存在非负的函数 $f(x,y)$,使对于任意实数 x, y,有

$$F(x,y)=\int_{-\infty}^{x}\int_{-\infty}^{y}f(s,t)\mathrm{d}s\mathrm{d}t,$$

则称 (X,Y) 是连续型二维随机变量,称函数 $f(x,y)$ 为二维随机变量 (X,Y) 的概率密度,或称为随机变量 X 和 Y 的联合概率密度.

由定义可知,二维连续型随机变量就是具有概率密度的二维随机变量,概率密度 $f(x,y)$ 相当于物理学中的质量的面密度,而分布函数 $F(x,y)$ 相当于以 $f(x,y)$ 为质量密度分布在区域 $(-\infty,x;-\infty,y)$ 中的物质的总质量.

概率密度 $f(x,y)$ 具有以下性质:

(1) 非负性: $f(x,y)\geqslant 0$;

(2) 规范性: $\int_{-\infty}^{+\infty}\int_{-\infty}^{+\infty}f(x,y)\mathrm{d}x\mathrm{d}y=1$;

(3) 设 G 是 xOy 平面上的区域,点 (X,Y) 落在 G 内的概率为

$$P\{(X,Y)\in G\}=\iint\limits_{G}f(x,y)\mathrm{d}x\mathrm{d}y;$$

(4) 若 $f(x,y)$ 在点 (X,Y) 处连续,则有

$$\frac{\partial^2 F(x,y)}{\partial x\partial y}=f(x,y).$$

例 3.1.2　设二维随机变量 (X,Y) 的概率密度为

$$f(x,y)=\begin{cases}A\mathrm{e}^{-2(x+y)}, & x>0,y>0,\\ 0, & \text{其他}.\end{cases}$$

(1) 确定常数 A;

(2) 计算概率 $P\{X\leqslant 1,Y\leqslant 2\}$;

（3）计算概率 $P\{X+Y\le 1\}$.

解　（1）由联合密度的规范性，应有

$$\int_0^{+\infty}\int_0^{+\infty}A\mathrm{e}^{-2(x+y)}\mathrm{d}x\mathrm{d}y=1,$$

得 $A=4$.

（2） $P\{X\le 1,Y\le 2\}=\int_0^1\mathrm{d}x\int_0^2 4\mathrm{e}^{-2(x+y)}\mathrm{d}y=(1-\mathrm{e}^{-2})(1-\mathrm{e}^{-4})$.

（3） $P\{X+Y\le 1\}=\int_0^1\mathrm{d}x\int_0^{1-x}4\mathrm{e}^{-2(x+y)}\mathrm{d}y=1-3\mathrm{e}^{-2}$.

3.1.4　常用的二维连续型随机变量

下面介绍常用的二维连续型随机变量.

1. 二维均匀分布

> **定义 5**　若 (X,Y) 的概率密度为
>
> $$f(x,y)=\begin{cases}\dfrac{1}{A}, & (x,y)\in G,\\[2mm] 0, & 其他,\end{cases}$$
>
> 其中， A 为区域 G 的面积，则称 (X,Y) 服从区域 G 上的二维均匀分布，记为 $(X,Y)\sim U(G)$.

二维均匀分布是一种常见的分布，与第 2 章随机变量服从均匀分布相类似，服从 G 上均匀分布的 (X,Y) 落在 G 中某一区域 D 内的概率 $P\{(X,Y)\in D\}$ 与 D 的面积成正比，而与 D 的位置和形状无关. 如果 D 包含在 G 内的区域的面积为 S ，区域 G 的面积为 A ，那么

$$P\{(X,Y)\in D\}=\frac{S}{A}.$$

例 3.1.3　设 (X,Y) 服从圆域 $x^2+y^2\le 1$ 上的均匀分布，区域 D 是 $x=0$ ， $y=0$ 和 $x+y=1$ 三条直线所围成的三角形区域. 求概率 $P\{(X,Y)\in D\}$.

解　 X,Y 的联合概率密度为

$$f(x,y)=\begin{cases}\dfrac{1}{\pi}, & x^2+y^2\le 1,\\[2mm] 0, & x^2+y^2>1.\end{cases}$$

区域 D 是 $x=0$ ， $y=0$ 和 $x+y=1$ 三条直线所围成的三角形区域，包含在圆域 $x^2+y^2\le 1$ 之内，于是

$$P\{(X,\ Y)\in D\}=\iint_D\frac{1}{\pi}\mathrm{d}x\mathrm{d}y=\frac{1}{2\pi}.$$

2. 二维正态分布

二维正态分布是一种重要的分布.

> **定义 6**　若 (X,Y) 的概率密度为
>
> $$f(x,\ y)=\frac{1}{2\pi\sigma_1\sigma_2\sqrt{1-\rho^2}}\exp\left\{-\frac{1}{2(1-\rho^2)}\left[\frac{(x-\mu_1)^2}{\sigma_1^2}-\right.\right.$$
> $$\left.\left.2\rho\frac{(x-\mu_1)(y-\mu_2)}{\sigma_1\sigma_2}+\frac{(y-\mu_2)^2}{\sigma_2^2}\right]\right\},$$
>
> 其中 μ_1、μ_2、σ_1、σ_2、ρ 都是常数，且 $\sigma_1>0$，$\sigma_2>0$，$-1<\rho<1$，则称 (X,Y) 服从参数为 μ_1、μ_2、σ_1、σ_2、ρ 的二维正态分布，记为 $(X,Y)\sim N(\mu_1,\mu_2,\sigma_1^2,\sigma_2^2,\rho)$.

二维正态分布的概率密度图形如图 3-3 所示.

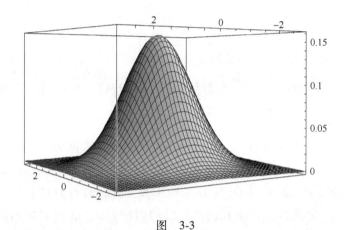

图　3-3

3.2　边缘分布

3.2.1　边缘分布函数

二维随机向量 (X,Y) 作为一个整体，具有分布函数 $F(x,y)$，其分量 X 和 Y 都是随机变量，也有自己的分布函数，将它们分别记为 $F_X(x)$，$F_Y(y)$，依次称为 X 和 Y 的边缘分布函数.

这里需要注意的是，X 和 Y 的边缘分布函数，本质上就是一维随机变量 X 和 Y 的分布函数. 我们现在之所以称其为边缘分布是相对于它们的联合分布函数而言的. 同样，联合分布函数 $F(x,y)$ 就是二维随机向量 (X,Y) 的分布函数，之所以称其为联合分布是相对于其分量 X 或 Y 的分布而言的.

边缘分布 $F_X(x)$，$F_Y(y)$ 可以由联合分布函数 $F(x,y)$ 确定，事实上，

$$F_X(x) = P\{X \leqslant x\} = P\{X \leqslant x, Y < +\infty\} = F(x, +\infty);$$

$$F_Y(y) = P\{Y \leqslant y\} = P\{X < +\infty, Y \leqslant y\} = F(+\infty, y).$$

例 3.2.1　设二维随机向量 (X,Y) 的联合分布函数为

$$F(x,y) = \begin{cases} (1-e^{-2x})(1-e^{-3y}), & x>0, y>0, \\ 0, & \text{其他}. \end{cases}$$

求边缘分布 $F_X(x)$，$F_Y(y)$.

解　当 $x>0$ 时，$F_X(x) = \lim_{y \to +\infty}(1-e^{-2x})(1-e^{-3y}) = 1-e^{-2x}$，于是，

$$F_X(x) = \begin{cases} 1-e^{-2x}, & x>0, \\ 0, & x \leqslant 0. \end{cases}$$

同理，

$$F_Y(y) = \begin{cases} 1-e^{-3y}, & y>0, \\ 0, & y \leqslant 0. \end{cases}$$

3.2.2　边缘分布律

设 (X,Y) 为二维离散型随机向量，其中分量 X 和 Y 的分布律分别称为 (X,Y) 对于 X 和 Y 的边缘分布律. 边缘分布律 $P\{X=x_i\} = p_i. (i=1,2,\cdots)$ 和 $P\{Y=y_j\} = p_{.j}(j=1,2,\cdots)$ 都可以由联合分布律 $P\{X=x_i, Y=y_j\} = p_{ij}$ 确定，事实上，

$$p_i. = \sum_{i=1}^{\infty} p_{ij}, i=1,2,\cdots; \quad p_{.j} = \sum_{j=1}^{\infty} p_{ij}, j=1,2,\cdots.$$

这里 $p_i.$ 表示对第二个下标 j 求和，$p_{.j}$ 表示对第一个下标 i 求和.

二维离散型随机变量 (X,Y) 的分布律及边缘分布律可用表格表示为

Y ＼ X	x_1	x_2	$\cdots$	x_i	$\cdots$	$p_{.j}$
y_1	p_{11}	p_{21}	$\cdots$	p_{i1}	$\cdots$	$p_{.1}$
y_2	p_{12}	p_{22}	$\cdots$	p_{i2}		$p_{.2}$
$\vdots$	$\vdots$	$\vdots$		$\vdots$		
y_j	p_{1j}	p_{2j}	$\cdots$	p_{ij}		$p_{.j}$
$\vdots$	$\vdots$	$\vdots$		$\vdots$		$\vdots$
$p_i.$	$p_1.$	$p_2.$	$\cdots$	$p_i.$	$\cdots$	1

表中最后一行表示 (X,Y) 关于 X 的边缘分布律，最后一列表示 (X,Y) 关于 Y 的边缘分布律. 由联合分布律"行值相加"是 Y 的边缘分布律，由联合分布律"列值相加"是 X 的边缘分布律.

例 3.2.2　求上一节例 3.1.1 中 X 和 Y 的边缘分布律.

解　上一节例 3.1.1 的联合分布律为

X ＼ Y	0	1	2
0	$\dfrac{3}{15}$	$\dfrac{6}{15}$	$\dfrac{1}{15}$
1	$\dfrac{3}{15}$	$\dfrac{2}{15}$	0

则 X 和 Y 的边缘分布律分别为

X	0	1
$p_{i\cdot}$	$\dfrac{2}{3}$	$\dfrac{1}{3}$

Y	0	1	2
$p_{\cdot j}$	$\dfrac{6}{15}$	$\dfrac{8}{15}$	$\dfrac{1}{15}$

3.2.3　边缘概率密度

设 (X,Y) 是二维连续型随机向量，其分量 X 和 Y 的概率密度分别称为 (X,Y) 的边缘概率密度. X 和 Y 的边缘概率密度 $f_X(x)$ 和 $f_Y(y)$ 都可以由联合概率密度 $f(x,y)$ 确定，由于

$$F_X(x) = F(x, +\infty) = \int_{-\infty}^{x} \left[\int_{-\infty}^{+\infty} f(x,y)\mathrm{d}y \right] \mathrm{d}x,$$

X 的边缘概率密度为

$$f_X(x) = \int_{-\infty}^{+\infty} f(x,y)\mathrm{d}y;$$

同样，Y 的边缘概率密度为

$$f_Y(y) = \int_{-\infty}^{+\infty} f(x,y)\mathrm{d}x.$$

二维随机变量 (X,Y) 的联合分布全面反映了 (X,Y) 的概率分布，而边缘分布只反映分量 X 或 Y 的概率分布，联合分布能确定边缘分布，边缘分布却不能确定联合分布.

例 3.2.3　设 (X,Y) 服从圆域 $x^2+y^2 \leqslant 1$ 上的均匀分布，求 X 和 Y 的边缘概率密度 $f_X(x)$ 和 $f_Y(y)$.

解　X,Y 的联合概率密度为

$$f(x,y) = \begin{cases} \dfrac{1}{\pi}, & x^2+y^2 \leqslant 1, \\ 0, & x^2+y^2 > 1, \end{cases}$$

则 X 的边缘概率密度为

$$f_X(x) = \int_{-\infty}^{+\infty} f(x,y)\mathrm{d}y = \begin{cases} \displaystyle\iint_{-\sqrt{1-x^2}}^{\sqrt{1-x^2}} \dfrac{1}{\pi}\mathrm{d}y, & -1 \leqslant x \leqslant 1, \\ 0, & \text{其他} \end{cases}$$

$$= \begin{cases} \dfrac{2}{\pi}\sqrt{1-x^2}, & -1 \leqslant x \leqslant 1, \\ 0, & \text{其他}. \end{cases}$$

由于 X 和 Y 在问题中的对称性，Y 的边缘概率密度为

$$f_Y(y) = \int_{-\infty}^{+\infty} f(x,y)\,\mathrm{d}x = \begin{cases} \dfrac{2}{\pi}\sqrt{1-y^2}, & -1 \leqslant y \leqslant 1, \\ 0, & \text{其他}. \end{cases}$$

我们看到，二维均匀分布的边缘分布不是一维均匀分布.

例 3.2.4　设 (X,Y) 服从二维正态分布，求 X 和 Y 的边缘概率密度 $f_X(x)$ 和 $f_Y(y)$.

解　X，Y 的联合概率密度为

$$f(x,y) = \frac{1}{2\pi\sigma_1\sigma_2\sqrt{1-\rho^2}}\exp\left\{-\frac{1}{2(1-\rho^2)}\left[\frac{(x-\mu_1)^2}{\sigma_1^2} - \right.\right.$$

$$\left.\left. 2\rho\,\frac{(x-\mu_1)(y-\mu_2)}{\sigma_1\sigma_2} + \frac{(y-\mu_2)^2}{\sigma_2^2}\right]\right\}$$

作变量代换 $t = \dfrac{1}{\sqrt{1-\rho^2}}\left(\dfrac{y-\mu_2}{\sigma_2} - \rho\,\dfrac{x-\mu_1}{\sigma_1}\right)$，则 X 的边缘概率密度为

$$f_X(x) = \int_{-\infty}^{+\infty} f(x,y)\,\mathrm{d}y = \frac{1}{2\pi\sigma_1}\mathrm{e}^{-\frac{(x-\mu_1)^2}{2\sigma_1^2}}\int_{-\infty}^{+\infty}\mathrm{e}^{-\frac{t^2}{2}}\mathrm{d}t$$

$$= \frac{1}{\sqrt{2\pi}\,\sigma_1}\mathrm{e}^{-\frac{(x-\mu_1)^2}{2\sigma_1^2}}, \quad -\infty < x < +\infty.$$

同理，Y 的边缘概率密度为

$$f_Y(y) = \frac{1}{\sqrt{2\pi}\,\sigma_2}\mathrm{e}^{-\frac{(y-\mu_2)^2}{2\sigma_2^2}}, \quad -\infty < y < +\infty.$$

我们看到，二维正态分布的两个边缘分布都是一维正态分布，并且都不依赖于参数 ρ. 而对于确定的参数 μ_1、μ_2、σ_1、σ_2，当取不同的 ρ 时，对应了不同的二维正态分布，但其中的分量 X 或 Y 却服从相同的正态分布. 这说明，单由边缘分布，一般不能确定联合分布.

3.3　相互独立的随机变量

随机变量的独立性是概率论与数理统计中的一个重要的概念，它是由随机事件的相互独立引申而来的. 我们知道，两个事件 A、B 当且仅当它们满足条件 $P(AB) = P(A)P(B)$ 时才相互独立. 由此，可引出两个随机变量相互独立的概念.

> **定义 1** 设 $F(x,y)$ 及 $F_X(x)$，$F_Y(y)$ 分别是二维随机变量 (X,Y) 的分布函数及边缘分布函数. 若对于任意的实数 x，y，有
> $$F(x,y) = F_X(x)F_Y(y), \qquad (3\text{-}1)$$
> 则称随机变量 X 和 Y 是相互独立的.

由分布函数的定义，式(3-1)可以写成
$$P\{X \le x, Y \le y\} = P\{X \le x\} \cdot P\{Y \le y\}. \qquad (3\text{-}2)$$
因此，随机变量 X 和 Y 相互独立是指对于任意的实数 x，y，随机事件 $\{X \le x\}$ 和 $\{Y \le y\}$ 都相互独立.

对于离散型与连续型随机变量的独立性，可分别用分布律与概率密度描述.

设 (X,Y) 是离散型随机向量，则 X 和 Y 相互独立的充要条件是对于 (X,Y) 的所有可能取的值 (x_i, y_j)，$i = 1$，2，$\cdots$，$j = 1$，2，$\cdots$，有
$$P\{X = x_i, Y = y_j\} = P\{X = x_i\} \cdot P\{Y = y_j\} \text{ 或者 } p_{ij} = p_i. \, p_{\cdot j} \quad (3\text{-}3)$$
设 (X,Y) 是连续型随机向量，则 X 和 Y 相互独立的充要条件是对于任意的实数 x，y，有
$$f(x,y) = f_X(x) \cdot f_Y(y) \qquad (3\text{-}4)$$
在平面上几乎处处成立.

几乎处处成立的含义是在平面上除去"面积"为零的集合以外，处处成立. 实际中使用式(3-3)或式(3-4)要比使用式(3-2)方便.

例 3.3.1 设 (X,Y) 的联合分布律及边缘分布律如下：

Y \\ X	0	1	$p_{\cdot j}$
1	$\dfrac{1}{6}$	$\dfrac{2}{6}$	$\dfrac{1}{2}$
2	$\dfrac{1}{6}$	$\dfrac{2}{6}$	$\dfrac{1}{2}$
$p_i.$	$\dfrac{1}{3}$	$\dfrac{2}{3}$	1

证明：X 与 Y 相互独立.

证明 因为
$$P\{X = 0, \ Y = 1\} = \frac{1}{6} = P\{X = 0\}P\{Y = 1\},$$

$$P\{X = 0, \ Y = 2\} = \frac{1}{6} = P\{X = 0\}P\{Y = 2\},$$

$$P\{X = 1, \ Y = 1\} = \frac{2}{6} = \frac{1}{3} = P\{X = 1\}P\{Y = 1\},$$

$$P\{X=1,Y=2\}=\frac{2}{6}=\frac{1}{3}=P\{X=1\}P\{Y=2\},$$

所以, X 与 Y 相互独立.

随机变量的独立性往往可由实际问题的直观背景判断出来. 例如, 甲袋中有 3 个红球 4 个白球; 乙袋中有 4 个红球 5 个白球. 从甲、乙两袋中各任取两球, 记 X, Y 分别表示取到白球的个数, 则 X 与 Y 相互独立. 由于从两袋中取球是相互独立的过程, X, Y 的取值是相互独立、互不相干的, 故 X, Y 相互独立. 随机变量相互独立的含义是, 随机变量 X 的取值对随机变量 Y 的取值的概率没有影响.

在独立的情况下, 边缘分布唯一确定联合分布, 这样就将多维随机变量的问题化为了一维随机变量的问题. 所以独立性是非常重要的概念. 至于不独立的变量, 则只有当我们具备充分的数学信息, 足以直接决定或通过分析推演来决定联合概率时, 才能导出它们的联合分布; 如果没有这种信息, 就必须依据复合事件的相对频率去做经验估计了.

例 3.3.2　设随机变量 X 与 Y 相互独立. 表中列出了二维随机变量 (X,Y) 的联合分布律及关于 X 和 Y 的边缘分布律中的部分数值, 试将其余数值填入表中空白处.

Y \\ X	x_1	x_2	$p_{\cdot j}$
y_1			
y_2	$\dfrac{1}{8}$		
$p_{i\cdot}$	$\dfrac{1}{3}$	$\dfrac{2}{3}$	1

解　由 $p_{11}+p_{12}=p_1\cdot$, 得 $p_{11}+\dfrac{1}{8}=\dfrac{1}{3}$, $p_{11}=\dfrac{5}{24}$;

由　　　　$p_{11}=p_1\cdot p_{\cdot 1}$, 得 $\dfrac{5}{24}=\dfrac{1}{3}p_{\cdot 1}$, $p_{\cdot 1}=\dfrac{5}{8}$;

易知, $p_{21}=\dfrac{10}{24}=\dfrac{5}{12}$, $p_{22}=\dfrac{2}{8}=\dfrac{1}{4}$, $p_{\cdot 2}=\dfrac{3}{8}$.

故得

Y \\ X	x_1	x_2	$p_{\cdot j}$
y_1	$\dfrac{5}{24}$	$\dfrac{5}{12}$	$\dfrac{5}{8}$
y_2	$\dfrac{1}{8}$	$\dfrac{1}{4}$	$\dfrac{3}{8}$
$p_{i\cdot}$	$\dfrac{1}{3}$	$\dfrac{2}{3}$	1

例 3.3.3 设 (X,Y) 服从二维正态分布，它的概率密度为

$$f(x,y)=\frac{1}{2\pi\sigma_1\sigma_2\sqrt{1-\rho^2}}\exp\left\{-\frac{1}{2(1-\rho^2)}\left[\frac{(x-\mu_1)^2}{\sigma_1^2}-\right.\right.$$

$$\left.\left.2\rho\frac{(x-\mu_1)(y-\mu_2)}{\sigma_1\sigma_2}+\frac{(y-\mu_2)^2}{\sigma_2^2}\right]\right\},$$

试证 X 与 Y 相互独立的充要条件是 $\rho=0$.

证明 如果 $\rho=0$，由上一节例 3.2.4，其边缘概率密度 $f_X(x)$，$f_Y(y)$ 的乘积为

$$f_X(x)f_Y(y)=\frac{1}{2\pi\sigma_1\sigma_2}\exp\left\{-\frac{1}{2}\left[\frac{(x-\mu_1)^2}{\sigma_1^2}+\frac{(y-\mu_2)^2}{\sigma_2^2}\right]\right\}=f(x,y),$$

即 X 与 Y 相互独立.

如果 X 与 Y 相互独立，由于 $f(x,y)$，$f_X(x)$，$f_Y(y)$ 都是连续函数，故对于任意的实数 x，y，有

$$f(x,y)=f_X(x)f_Y(y),$$

取 $x=\mu_1$，$y=\mu_2$，得

$$\frac{1}{2\pi\sigma_1\sigma_2\sqrt{1-\rho^2}}=\frac{1}{2\pi\sigma_1\sigma_2},$$

从而 $\rho=0$.

例 3.3.4 设二维随机变量 (X,Y) 的概率密度为

$$f(x,y)=\begin{cases}1, & 0<x<1,0<y<2x,\\0, & \text{其他},\end{cases}$$

判断 X 与 Y 是否相互独立.

解 (X,Y) 的边缘概率密度 $f_X(x)$，$f_Y(y)$ 分别为

$$f_X(x)=\int_{-\infty}^{+\infty}f(x,y)\mathrm{d}y=\begin{cases}\int_0^{2x}\mathrm{d}y, & 0<x<1,\\0, & \text{其他}\end{cases}=\begin{cases}2x, & 0<x<1,\\0, & \text{其他},\end{cases}$$

$$f_Y(y)=\int_{-\infty}^{+\infty}f(x,y)\mathrm{d}x=\begin{cases}\int_{\frac{y}{2}}^1\mathrm{d}x, & 0<y<2,\\0, & \text{其他}\end{cases}=\begin{cases}1-\frac{y}{2}, & 0<y<2,\\0, & \text{其他},\end{cases}$$

而 $f(x,y)$ 与 $f_X(x)f_Y(y)$ 不相等，X 与 Y 不独立.

定义 2 若对于所有 $x_1,x_2,\cdots,x_n$ 有

$$F(x_1,x_2,\cdots,x_n)=F_{X_1}(x_1)\cdot F_{X_2}(x_2)\cdots F_{X_n}(x_n),$$

则称随机变量 $X_1,X_2,\cdots,X_n$ 是相互独立的.

定义 3 若对于所有的 $x_1, x_2, \cdots, x_m$; $y_1, y_2, \cdots, y_n$ 有
$$F(x_1, x_2, \cdots, x_m, y_1, y_2, \cdots, y_n) = F_1(x_1, x_2, \cdots, x_m) \cdot F_2(y_1, y_2, \cdots, y_n),$$
其中 F_1、F_2、F 依次为随机向量 $(X_1, X_2, \cdots, X_m)$, $(Y_1, Y_2, \cdots, Y_n)$ 和 $(X_1, X_2, \cdots, X_m, Y_1, Y_2, \cdots, Y_n)$ 的分布函数, 则称随机向量 $(X_1, X_2, \cdots, X_m)$ 和 $(Y_1, Y_2, \cdots, Y_n)$ 是相互独立的.

以下定理在数理统计中很重要.

定理 设 $(X_1, X_2, \cdots, X_m)$ 和 $(Y_1, Y_2, \cdots, Y_n)$ 相互独立, 则 $X_i (i = 1, 2, \cdots, m)$ 和 $Y_i (i = 1, 2, \cdots, n)$ 相互独立. 又若 h, g 是连续函数, 则 $h(X_1, X_2, \cdots, X_m)$ 和 $g(Y_1, Y_2, \cdots, Y_n)$ 也相互独立.

注意, 反过来, 若 $h(X)$ 与 $g(Y)$ 相互独立, 但 X 与 Y 未必独立.

3.4 两个随机变量函数的分布

在第 2 章中我们讨论过一个随机变量的函数的分布, 本节讨论两个随机变量的函数的分布.

3.4.1 $Z = X + Y$ 的分布

设 (X, Y) 的概率密度为 $f(x, y)$, 则 $Z = X + Y$ 的分布函数为
$$F_Z(z) = P\{Z \leqslant z\} = P\{X + Y \leqslant z\} = \iint\limits_{X+Y \leqslant z} f(x, y) \mathrm{d}x\mathrm{d}y$$
$$= \int_{-\infty}^{+\infty} \left[\int_{-\infty}^{z-y} f(x, y) \mathrm{d}x \right] \mathrm{d}y,$$

固定 z 和 y, 对积分 $\int_{-\infty}^{z-y} f(x, y) \mathrm{d}x$ 作变量变换, 令 $x = u - y$, 得
$$\int_{-\infty}^{z-y} f(x, y) \mathrm{d}x = \int_{-\infty}^{z} f(u - y, y) \mathrm{d}u,$$

于是
$$F_Z(z) = \int_{-\infty}^{+\infty} \int_{-\infty}^{z} f(u - y, \ y) \mathrm{d}u\mathrm{d}y = \int_{-\infty}^{z} \left[\int_{-\infty}^{+\infty} f(u - y, \ y) \mathrm{d}y \right] \mathrm{d}u.$$

由概率密度的定义, 即得 Z 的概率密度为
$$f_Z(z) = \int_{-\infty}^{+\infty} f(z - y, y) \mathrm{d}y \tag{3-5}$$

由 X、Y 的对称性, $f_Z(z)$ 又可写成
$$f_Z(z) = \int_{-\infty}^{+\infty} f(x, z - x) \mathrm{d}x \tag{3-6}$$

特别地, 当 X、Y 相互独立时, 设 (X, Y) 关于 X、Y 的边缘概

率密度分别为 $f_X(x)$、$f_Y(y)$，则又有

$$f_Z(z) = \int_{-\infty}^{+\infty} f_X(z-y)f_Y(y)\mathrm{d}y = \int_{-\infty}^{+\infty} f_X(x)f_Y(z-x)\mathrm{d}x.$$

此公式称为卷积公式，记为 $f_X * f_Y$，即

$$f_X * f_Y = \int_{-\infty}^{+\infty} f_X(z-y)f_Y(y)\mathrm{d}y = \int_{-\infty}^{+\infty} f_X(x)f_Y(z-x)\mathrm{d}x. \quad (3\text{-}7)$$

例 3.4.1　设二维随机变量 (X,Y) 的概率密度为

$$f(x,y) = \begin{cases} 1, 0<x<1, & 0<y<2x, \\ 0, & \text{其他}. \end{cases}$$

求 $Z=X+Y$ 的概率密度 $f_Z(z)$.

解　易知

$$f(x,z-x) = \begin{cases} 1, & 0<x<1, x<z<3x, \\ 0, & \text{其他}, \end{cases}$$

由式(3-6)得，$Z=X+Y$ 的概率密度为

$$f_Z(z) = \int_{-\infty}^{+\infty} f(x,z-x)\mathrm{d}x = \begin{cases} \int_{\frac{z}{3}}^{z} \mathrm{d}x, & 0<z<3, \\ 0, & \text{其他} \end{cases} = \begin{cases} \dfrac{2z}{3}, & 0<z<3, \\ 0, & \text{其他}. \end{cases}$$

例 3.4.2　设 X 和 Y 是两个相互独立的随机变量，它们都服从 $N(0,1)$，其概率密度为

$$f_X(x) = \frac{1}{\sqrt{2\pi}}\mathrm{e}^{-\frac{x^2}{2}}, \quad f_Y(y) = \frac{1}{\sqrt{2\pi}}\mathrm{e}^{-\frac{y^2}{2}}.$$

求 $Z=X+Y$ 的概率密度.

解　由式(3-7)得

$$f_Z(z) = \int_{-\infty}^{+\infty} f_X(x)f_Y(z-x)\mathrm{d}x$$

$$= \frac{1}{2\pi}\int_{-\infty}^{+\infty} \mathrm{e}^{-\frac{x^2}{2}} \cdot \mathrm{e}^{-\frac{(z-x)^2}{2}}\mathrm{d}x$$

$$= \frac{1}{2\pi}\mathrm{e}^{-\frac{z^2}{4}}\int_{-\infty}^{+\infty} \mathrm{e}^{-\left(x-\frac{z}{2}\right)^2}\mathrm{d}x$$

$$= \frac{1}{2\pi}\mathrm{e}^{-\frac{z^2}{4}}\sqrt{\pi} = \frac{1}{2\sqrt{\pi}}\mathrm{e}^{-\frac{z^2}{4}}.$$

即 Z 服从 $N(0,2)$ 分布.

一般地，设 X、Y 相互独立，且 $X \sim N(\mu_1,\sigma_1^2)$，$Y \sim N(\mu_2,\sigma_2^2)$，由计算可知 $Z=X+Y$ 仍服从正态分布，且有 $Z \sim N(\mu_1+\mu_2,\sigma_1^2+\sigma_2^2)$. 这个结论还能推广到 n 个独立正态随机变量之和的情况，即若 $X_i \sim N(\mu_i,\sigma_i^2)$ $(i=1,2,\cdots,n)$，且它们相互独立，则它们的和 $Z=X_1+X_2+\cdots+X_n$ 仍然服从正态分布，且

$$Z \sim N(\mu_1 + \mu_2 + \cdots + \mu_n, \ \sigma_1^2 + \sigma_2^2 + \cdots + \sigma_n^2).$$

更一般地，可以证明有限个相互独立的正态随机变量的线性组合仍然服从正态分布.

3.4.2　最大值 $M = \max\{X, Y\}$ 及最小值 $N = \min\{X, Y\}$ 的分布

设 X、Y 是两个相互独立的随机变量，它们的分布函数分别为 $F_X(x)$ 和 $F_Y(y)$. 现在来求 $M = \max\{X, Y\}$ 及 $N = \min\{X, Y\}$ 的分布函数. 由于

$$P\{M \leqslant z\} = P\{X \leqslant z, Y \leqslant z\} = P\{X \leqslant z\} \cdot P\{Y \leqslant z\},$$

即有

$$F_{\max}(z) = F_X(z) \cdot F_Y(z),$$

类似地，可得

$$\begin{aligned} F_{\min}(z) &= P\{N \leqslant z\} = 1 - P\{N > z\} \\ &= 1 - P\{X > z, Y > z\} = 1 - P\{X > z\} \cdot P\{Y > z\} \\ &= 1 - (1 - F_X(z)) \cdot (1 - F_Y(z)). \end{aligned}$$

以上结果容易推广到 n 个相互独立的随机变量的情况.

特别地，当 X_1，X_2，$\cdots$，X_n 相互独立且具有相同分布函数 $F(x)$ 时有

$$F_{\max}(z) = (F(z))^n, \tag{3-8}$$

$$F_{\min}(z) = 1 - (1 - F(z))^n. \tag{3-9}$$

例 3.4.3　假设一电路装有三个同种电气元件，其工作状态相互独立，且无故障工作的时间服从参数为 λ 的指数分布. 当三个元件都无故障工作时，电路正常工作，否则整个电路不能正常工作. 试求该电路正常工作的时间 T 的概率分布.

解　由于三个电气元件有一个损坏时，电路就不能正常工作，所以该电路正常工作的时间 T 服从最小值分布. 三个电气元件无故障工作的时间都服从参数为 λ 的指数分布，指数分布的概率密度和分布函数分别为

$$f(t) = \begin{cases} \lambda e^{-\lambda t}, & t \geqslant 0, \\ 0, & t < 0, \end{cases} \qquad F(t) = \begin{cases} 1 - e^{-\lambda t}, & t \geqslant 0, \\ 0, & t < 0. \end{cases}$$

由式 (3-9) 得 T 的分布函数为

$$F_{\min}(t) = 1 - [1 - F(t)]^3 = \begin{cases} 1 - e^{-3\lambda t}, & t \geqslant 0, \\ 0, & t < 0. \end{cases}$$

于是 T 的概率密度为

$$f_{\min}(t) = \begin{cases} 3\lambda e^{-3\lambda t}, & t \geqslant 0, \\ 0, & t < 0. \end{cases}$$

由此可见，虽然指数分布不具有可加性，但此时具有可加性，一般的结论是，n 个相互独立同分布的指数分布，其最小值的分布还服从指数分布，参数为其参数的 n 倍.

3.5　条件分布

在第 1 章中我们讨论了条件概率，考察二维随机变量 (X,Y) 时，常常需要考虑已知其中一个随机变量取得某值的条件下，求另一个随机变量取值的概率，即条件概率分布问题.

3.5.1　离散型随机变量的条件分布律

设 (X,Y) 是一个二维离散型随机变量，其分布律为
$$P\{X=x_i, Y=y_j\}=p_{ij} \quad (i,j=1,2,\cdots),$$
(X,Y) 关于 X 和 Y 的边缘分布律分别为
$$P\{X=x_i\}=p_{i.}=\sum_{j=1}^{\infty} p_{ij} \quad (i=1,2,\cdots),$$
$$P\{Y=y_j\}=p_{.j}=\sum_{i=1}^{\infty} p_{ij} \quad (j=1,2,\cdots)$$
由事件的条件概率我们引入条件概率分布的定义.

> **定义 1**　设 (X,Y) 是一个二维离散型随机变量，对于固定的 j，若 $P\{Y=y_j\}>0$，则称
> $$P\{X=x_i \mid Y=y_j\} = \frac{P\{X=x_i, Y=y_j\}}{P\{Y=y_j\}} = \frac{p_{ij}}{p_{.j}} \quad (i=1,2,\cdots)$$
> 为在 $Y=y_j$ 条件下随机变量 X 的条件分布律，简称条件分布.

同样，在给定条件 $X=x_i$ 下随机变量 Y 的条件分布律为
$$P=\{Y=y_j \mid X=x_i\} = \frac{P\{X=x_i, Y=y_j\}}{P\{X=x_i\}} = \frac{p_{ij}}{p_{i.}} \quad (i, j=1,2,\cdots).$$
显然，条件分布也具有一般分布律的基本性质：
(1) 非负性：$P\{X=x_i \mid Y=y_j\} \geqslant 0, (i=1,2,\cdots)$；
(2) 规范性：$\sum_i P\{X=x_i \mid Y=y_j\} = 1$.

条件分布的定义 1 表明，二维离散型随机变量 (X,Y) 的联合分布律不但确定了其边缘分布，而且也确定了其条件分布.

利用条件分布的定义及离散型随机变量的独立性定义，容易得出下面的定理.

> **定理**　当且仅当下面条件之一成立时，离散型随机变量 X 与 Y 相互独立.

（1）$P\{X=x_i \mid Y=y_j\}=p_{i\cdot}, i,j=1,2,\cdots;$

（2）$P\{Y=y_j \mid X=x_i\}=p_{\cdot j}, i,j=1,2,\cdots.$

例 3.5.1　设某工厂每天工作时间 X 可分为 6h、8h、10h、12h，他们的工作效率 Y 可以按 50%、70%、90% 分为三类. 已知 (X,Y) 的概率分布律为

Y ＼ X	6	8	10	12
0.5	0.014	0.036	0.058	0.072
0.7	0.036	0.216	0.180	0.043
0.9	0.072	0.180	0.079	0.014

如果以工作效率不低于 70% 的概率越大越好作为评判标准，问每天工作时间以几个小时为最好？

解　先求 (X,Y) 的边缘分布

X	6	8	10	12
p_k	0.122	0.432	0.317	0.129

Y	0.5	0.7	0.9
p_k	0.18	0.475	0.345

下面分别考虑 X 等于 6、8、10、12 时 Y 的条件分布，即

$$P=\{Y=y_j \mid X=x_i\}=\frac{P\{X=x_i,Y=y_j\}}{P\{X=x_i\}} \quad (x_i=6,8,10,12, y_j=0.5,0.7,0.9)$$

可得

Y	0.5	0.7	0.9
$P\{Y=y_j \mid X=6\}$	0.115	0.295	0.590
$P\{Y=y_j \mid X=8\}$	0.083	0.500	0.417
$P\{Y=y_j \mid X=10\}$	0.183	0.568	0.249
$P\{Y=y_j \mid X=12\}$	0.558	0.333	0.109

从上表可以看出 $P\{Y \geqslant 0.7 \mid X=x_i\}$ 的值中，当 $x_i=8$ 时，概率为 $1-0.083=0.917$ 最大，即每天工作 8h，工作效率达到最优.

3.5.2　连续型随机变量的条件分布

定义 2　设 (X,Y) 是一个二维连续型随机变量，概率密度函数为 $f(x,y)$，(X,Y) 关于 Y 的边缘概率密度为 $f_Y(y)$. 若对于固定的 y，$f_Y(y)>0$，则称 $\dfrac{f(x,y)}{f_Y(y)}$ 为在 $Y=y$ 的条件下 X 的条件概率密度，记为

$$f_{X\mid Y}(x \mid y)=\frac{f(x,y)}{f_Y(y)}. \tag{3-10}$$

称 $\displaystyle\int_{-\infty}^{x} f_{X|Y}(x|y)\mathrm{d}x = \int_{-\infty}^{x} \frac{f(x,y)}{f_Y(y)}\mathrm{d}x$ 为在 $Y=y$ 的条件下 X 的条件分布函数, 记为 $F_{X|Y}(x|y)$ 或 $P\{X\leqslant x|Y=y\}$, 即

$$F_{X|Y}(x|y) = P\{X\leqslant x|Y=y\} = \int_{-\infty}^{x} \frac{f(x,y)}{f_Y(y)}\mathrm{d}x.$$

类似地, 可以定义在 $X=x$ 的条件下 Y 的条件概率密度 $f_{Y|X}(y|x) = \dfrac{f(x,y)}{f_X(x)}$ 和在 $X=x$ 的条件下 Y 的分布函数 $F_{Y|X}(y|x) = \displaystyle\int_{-\infty}^{y} \frac{f(x,y)}{f_X(x)}\mathrm{d}y$.

例 3.5.2　设 (X,Y) 服从区域 $x^2+y^2\leqslant 1$ 上的均匀分布. 求条件概率密度 $f_{X|Y}(x|y)$.

解　X, Y 的联合概率密度为

$$f(x,y) = \begin{cases} \dfrac{1}{\pi}, & x^2+y^2\leqslant 1, \\ 0, & x^2+y^2>1, \end{cases}$$

则 Y 的边缘概率密度

$$f_Y(y) = \int_{-\infty}^{+\infty} f(x,y)\mathrm{d}x = \begin{cases} \dfrac{2}{\pi}\sqrt{1-y^2}, & -1\leqslant y\leqslant 1, \\ 0, & \text{其他}, \end{cases}$$

于是当 $-1<y<1$ 时, 有条件概率密度

$$f_{X|Y}(x|y) = \frac{f(x,y)}{f_Y(y)} = \begin{cases} \dfrac{1}{2\sqrt{1-y^2}}, & -\sqrt{1-y^2}\leqslant x\leqslant \sqrt{1-y^2}, \\ 0, & \text{其他}. \end{cases}$$

例 3.5.3　设数 X 在区间 $(0,1)$ 上随机地取值, 当观察到 $X=x(0<x<1)$ 时, 数 Y 在区间 $(x,1)$ 上随机地取值. 求 Y 的概率密度 $f_Y(y)$.

解　按题意 X 服从区间 $(0,1)$ 上的均匀分布, 概率密度为

$$f_X(x) = \begin{cases} 1, & 0<x<1, \\ 0, & \text{其他}. \end{cases}$$

对于给定的 $x(0<x<1)$, 在 $X=x$ 的条件下 Y 服从区间 $(x,1)$ 上的均匀分布, 条件概率密度为

$$f_{Y|X}(y|x) = \begin{cases} \dfrac{1}{1-x}, & x<y<1, \\ 0, & \text{其他}. \end{cases}$$

由式 (3-10) 得 X, Y 的联合概率密度为

$$f(x,y) = f_{Y|X}(y \mid x) f_X(x) = \begin{cases} \dfrac{1}{1-x}, & 0 < x < y < 1, \\ 0, & \text{其他}. \end{cases}$$

于是, Y 的概率密度为

$$f_Y(y) = \int_{-\infty}^{+\infty} f(x,y) \, \mathrm{d}x = \begin{cases} \displaystyle\int_0^y \dfrac{1}{1-x} \mathrm{d}x, & 0 < y < 1, \\ 0, & \text{其他} \end{cases}$$

$$= \begin{cases} -\ln(1-y), & 0 < y < 1, \\ 0, & \text{其他}. \end{cases}$$

Python 实验——随机变量函数的分布

设 X, Y 相互独立, 都服从 $(0,1)$ 上的均匀分布, 求 $Z = X + Y$ 的概率密度. 首先, 利用卷积公式可求得 $Z = X + Y$ 的密度函数为

$$g(z) = \begin{cases} z, & 0 \le z \le 1, \\ 2 - z, & 1 < z \le 2, \\ 0, & \text{其他}. \end{cases}$$

下面用模拟方法来模拟它的概率密度.

（1）产生两组服从 $(0,1)$ 上均匀分布的相互独立的随机数 x_i, y_i, $i = 1, 2, \cdots, n$, 令 $n = 1000$, 计算 $z_i = x_i + y_i$;

（2）利用卷积公式求出 z 的密度函数, 在同一坐标系内画出该密度函数图以及数据 z_i 的频率直方图并进行比较.

注: 在利用密度函数画图时, 可令高为 $g(z) \cdot \Delta z \cdot n$, 其中 Δz 为画直方图时选择的区间长度, 请考虑一下这是为什么?

输入以下的 Python 语句, 可以实现这个模拟过程. 令 $n = 10000, 100000$ 重复上述试验, 并得出结论.

```
#导入需要的包
import numpy as np
import scipy.stats as stats
import matplotlib.pyplot as plt


n=1000
x3=np.linspace(0,2,20)
x=np.random.uniform(0,1,n)
y=np.random.uniform(0,1,n)
z=x+y
```

```
plt.hist(z,len(x3))

x1=np.linspace(0,1,100)
gz1=x1;
x2=np.linspace(1,2,100)
gz2=2-x2

plt.plot(x1,gz1*(n*0.1),'-',color="red")
plt.plot(x2,gz2*(n*0.1),'-',color="blue")
plt.show()
```

知识纵横——独立性与再生性

本章讨论的是多维随机变量. 从数学哲学的角度上讲, 从一维随机变量到二维随机变量, 将发生质的变化, 我们要做的是抓住它们之间的联系与区别. 联系是多方面的, 例如学习随机变量, 首先考虑分布函数是什么, 其次对于离散型随机变量, 考虑分布律; 对于连续型随机变量, 考虑概率密度函数, 考虑分布函数与概率密度函数之间的关系. 这一思路对于不论是一维还是多维随机变量都是一样的. 而区别也是明显的. 二维随机变量作为一个整体, 具有作为个体的两个一维随机变量所不具备的整体性质. 而且这两个一维随机变量之间的关系也错综复杂. 作为概率论中最重要的概念之一, 随机变量的独立性在概率论中占有举足轻重的地位. 由于从二维到三维乃至 n 维随机变量发生的仅仅是量的变化, 所以我们一般仅就两个随机变量的独立性问题加以讨论, 三维以上可以类推.

独立性是概率论中独有的一个概念. 这个概念的引入对概率论的发展影响巨大. 概率论的很多理论基本上都是在独立性的假定下建立发展起来的. 近代开始才有了对不独立的概率模型的研究, 但一般还需假定具有某种微弱的独立性. 关于这点, 在今后的学习中会有越来越深入的体会. 学习独立性时, 重要的是会使用独立性, 而不是判别独立性.

作为概率论中非常重要的一个问题, 若干个独立服从同类型分布的随机变量之和还是一个随机变量, 它会具有哪些性质呢? 首先讨论的当然还是它的分布函数. 如果它仍然服从原来的分布, 则称这个分布具有再生性或者可加性. 下面我们介绍一些具有再生性的分布.

1. 正态分布

设 $X \sim N(\mu_1, \sigma_1^2)$，$Y \sim N(\mu_2, \sigma_2^2)$ 且 X、Y 相互独立，则 $Z = X + Y$ 仍服从正态分布且有

$$Z \sim N(\mu_1 + \mu_2, \sigma_1^2 + \sigma_2^2).$$

推广到 n 个独立正态随机变量之和的情况，即若 $X_i \sim N(\mu_i, \sigma_i^2)$ $(i = 1, 2, \cdots, n)$，且它们相互独立，则 $Z = X_1 + X_2 + \cdots + X_n$ 仍然服从正态分布，且

$$Z \sim N(\mu_1 + \mu_2 + \cdots + \mu_n, \sigma_1^2 + \sigma_2^2 + \cdots + \sigma_n^2).$$

更一般地，可以证明有限个相互独立的正态随机变量的线性组合仍然服从正态分布.

2. 二项分布

设 $X \sim B(n, p)$，$Y \sim B(m, p)$ 且 X、Y 相互独立，则 $Z = X + Y$ 仍服从二项分布且有

$$Z \sim B(n + m, p).$$

3. 泊松分布

设 $X \sim P(\lambda_1)$，$Y \sim P(\lambda_2)$ 且 X、Y 相互独立，则 $Z = X + Y$ 仍服从泊松分布且有

$$Z \sim P(\lambda_1 + \lambda_2).$$

二项分布与泊松分布的可加性可以直接证明，建议读者作为练习.

4. 伽马分布

随机变量 X 具有密度函数

$$f(x) = \begin{cases} \dfrac{\lambda^\alpha}{\Gamma(\alpha)} x^{\alpha-1} \mathrm{e}^{-\lambda x}, & x > 0, \\ 0, & \text{其他}, \end{cases} \quad \alpha > 0, \lambda > 0,$$

则称 X 服从参数为 α，λ 的 Γ 分布. 记为 $X \sim \Gamma(\alpha, \lambda)$. 其中 $\Gamma(\alpha) = \int_0^{+\infty} \mathrm{e}^{-x} x^{\alpha-1} \mathrm{d}x$ 是所谓的 Γ 函数，满足 $\Gamma(1) = 1$，$\Gamma(n+1) = n!$，$\Gamma(t+1) = t\Gamma(t)$ $(t > 0)$.

设 $X \sim \Gamma(\alpha, \lambda)$，$Y \sim \Gamma(\beta, \lambda)$ 且 X、Y 相互独立，则 $Z = X + Y$ 仍服从 Γ 分布且有

$$Z \sim \Gamma(\alpha + \beta, \lambda).$$

作为伽马分布的特例，许多其他的分布也具有再生性. 例如：卡方分布等.

5. 卡方分布

当 $X \sim \Gamma(\alpha, \lambda)$ 时，令 $\alpha = n/2$，$\lambda = 1/2$，则随机变量 X 具有密度函数

$$f(x) = \begin{cases} \dfrac{1}{2^{n/2}\Gamma(n/2)} x^{n/2-1} e^{-x/2}, & x>0, \\ 0, & \text{其他,} \end{cases}$$

此时称 X 服从自由度为 n 的 χ^2 分布. 记为 $X \sim \chi^2(n)$.

设 $X \sim \chi^2(n)$，$Y \sim \chi^2(m)$ 且 X、Y 相互独立，则 $Z = X+Y$ 仍服从 χ^2 分布且有

$$Z \sim \chi^2(n+m).$$

6. 指数分布

当 $X \sim \Gamma(\alpha, \lambda)$，显然当 $\alpha=1$ 时，X 就服从参数为 λ 的指数分布. 也就是说，指数分布是伽马分布的特例，相当于 $X \sim \Gamma(1, \lambda)$. 虽然指数分布不具有可加性，但在伽马分布这个意义下，也可以讲指数分布具有可加性.

设 $X \sim \Gamma(1, \lambda)$，$Y \sim \Gamma(1, \lambda)$ 且 X、Y 相互独立，则 $Z = X+Y$ 仍服从 Γ 分布且有

$$Z \sim \Gamma(2, \lambda).$$

教材中还讲过指数分布的一个性质，重复一下，n 个相互独立同分布的指数分布，其最小值的分布还服从指数分布，参数为其参数的 n 倍.

习题三

1. 设随机变量 X 在 $1,2,3,4$ 四个整数中等可能地取一个值，另一个随机变量 Y 在 $1 \sim X$ 中等可能取一整数值. 试求 (X, Y) 的分布律.

2. 若甲袋中有 3 个黑球 2 个白球，乙袋中有 2 个黑球 8 个白球. 现抛掷一枚均匀硬币，若出现正面则从甲袋中任取一球，若出现反面则从乙袋中任取一球，设

$$X = \begin{cases} 0, & \text{反面向上,} \\ 1, & \text{正面向上,} \end{cases} \qquad Y = \begin{cases} 0, & \text{取到白球,} \\ 1, & \text{取到黑球,} \end{cases}$$

求：(1) (X, Y) 的联合分布律；

(2) 判断 X 与 Y 是否独立.

3. 将一枚均匀硬币抛掷三次，以 X 表示在 3 次中出现正面的次数，以 Y 表示在 3 次中出现正面的次数与出现反面次数之差的绝对值. 求：

(1) (X, Y) 的联合分布律；

(2) 判断 X 与 Y 是否独立.

4. 设二维随机变量 (X, Y) 的分布函数为

$$F(x, y) = A(B + \arctan x)(C + \arctan y),$$

求：(1) 常数 A、B、C；

(2) (X, Y) 的概率密度 $f(x, y)$；

(3) 边缘分布函数 $F_X(x)$，$F_Y(y)$.

5. 设二维随机变量 X，Y 的联合概率密度为

$$f(x) = \begin{cases} k(6-x-y), & 0<x<2, 2<y<4, \\ 0, & \text{其他,} \end{cases}$$

求：(1) 常数 k；

(2) 概率 $P\{X<1, Y<3\}$；

(3) 概率 $P\{X+Y<4\}$.

6. 设二维随机变量 X，Y 的联合概率密度

$$f(x, y) = \begin{cases} e^{-(x+y)}, & x>0, y>0, \\ 0, & \text{其他,} \end{cases}$$

求：(1) 随机变量 X 和 Y 的边缘概率密度 $f_X(x)$ 和 $f_Y(y)$；

(2) 概率 $P\{X<Y\}$.

7. 设二维随机变量 X，Y 的联合概率密度

$$f(x, y) = \begin{cases} 6e^{-(2x+3y)}, & x>0, y>0, \\ 0, & \text{其他,} \end{cases}$$

求：（1）随机变量 X 和 Y 的边缘概率密度 $f_X(x)$，$f_Y(y)$；

（2）随机变量 X 与 Y 是否独立？

8. 设随机变量 X，Y 的联合概率密度函数为

$$f(x,y) = \begin{cases} e^{-y}, & 0<x<y, \\ 0, & 其他, \end{cases}$$

求：（1）边缘密度函数 $f_X(x)$，$f_Y(y)$；

（2）概率 $P\{X+Y\leq 1\}$；

（3）X，Y 是否独立？

9. 甲、乙两艘轮船驶向一个不能同时停泊两艘轮船的码头，它们在一昼夜内到达的时刻是等可能的．如果甲船的停泊时间是 1h，乙船的停泊时间是 2h，求它们中的任何一艘都不需要等候码头空出的概率（结果保留三位小数）．

10. 一负责人到达办公室的时间均匀分布在 8~12 时，他的秘书到达办公室的时间均匀分布在 7~9 时，设他们两人到达的时间相互独立．求他们到达办公室的时间相差不超过 5min 的概率．

11. 设随机变量 $X \sim U[0,0.2]$，随机变量 Y 的概率密度为

$$f_Y(y) = \begin{cases} 5e^{-5y}, & y\geq 0, \\ 0, & y<0, \end{cases}$$

且 X 与 Y 相互独立．求：

（1）(X,Y) 的联合概率密度 $f(x,y)$；

（2）$P\{X>Y\}$．

12. 设 (X,Y) 的联合密度函数

$$f(x,y) = \frac{c}{(1+x^2)(1+y^2)}, -\infty<x,y<+\infty.$$

求：（1）常数 c；

（2）$P\{0<X<1,0\leq Y\leq 1\}$；

（3）$f_X(x)$、$f_Y(y)$；

（4）X、Y 是否独立？

13. 设随机变量 X，Y 相互独立，若 X 服从 $(0,1)$ 上的均匀分布，Y 服从参数为 1 的指数分布，求随机变量 $Z=X+Y$ 的概率密度．

14. 设随机变量 X，Y 相互独立，且都服从 $[0,2]$ 上的均匀分布，求：

（1）随机变量 $Z=X-Y$ 的概率密度；

（2）$P\{0\leq Z\leq 1\}$．

15. 在一电路中，两电阻 R_1 和 R_2 串联联接，设 R_1，R_2 相互独立，它们的概率密度均为

$$f(x) = \begin{cases} \dfrac{10-x}{50}, & 0\leq x\leq 10, \\ 0, & 其他. \end{cases}$$

求总电阻 $R=R_1+R_2$ 的概率密度．

16. 设随机变量 (X,Y) 的联合密度函数

$$f(x,y) = \begin{cases} A, & 0<x<2, |y|<x, \\ 0, & 其他, \end{cases}$$

求：（1）常数 A；

（2）条件密度函数 $f_{Y|X}(y|x)$．

第4章

数字特征

随机变量的分布函数是对随机变量概率性质的完整描述，但在实际问题中，有时不易确定随机变量的分布，有时也并不需要完全知道随机变量的分布，而只需知道它的某些特征就够了．这些特征就是随机变量的数字特征，是由随机变量的分布所决定的常数，刻画了随机变量某一方面的性质．

本章将介绍几个重要的数字特征：数学期望、方差、协方差、相关系数和矩，给出这些数字特征的定义、性质和计算方法．

4.1 数学期望

4.1.1 离散型随机变量的数学期望

例 4.1.1 某车间有两种机床，A 机床每小时能加工零件 20 个，B 机床每小时能加工零件 40 个，若该车间有 A 机床 9 台，B 机床 21 台，问该车间每台机床每小时生产零件的平均个数为多少？

这个问题可以采用加权平均法来求．把每种机床所生产的零件个数乘上每种机床的个数，然后相加，得到零件总数，最后除以机床总数，即

$$\frac{20\times9+40\times21}{9+21} = 20\times\frac{9}{30}+40\times\frac{21}{30}$$
$$= 20\times0.3+40\times0.7$$
$$= 34.$$

当两种机床数量不相等时，利用加权平均法是合理的，因为这种方法考虑了每种机床的个数．而比例数 0.3 和 0.7 称为每种机床所生产零件个数的权．

下面引进随机变量．若经调查，该车间任取一台机床是 A 机床的概率为 0.3，是 B 机床的概率为 0.7，则求每台机床每小时生产零件的平均个数时，可以用概率作为权．

定义 1 设离散型随机变量 X 的概率分布为

$$P\{X=x_i\}=p_i, i=1,2,\cdots,$$

若级数 $\sum_i x_i p_i$ 绝对收敛,即 $\sum_i |x_i| p_i$ 收敛,则称 $\sum_i x_i p_i$ 为随机变量 X 的数学期望,简称期望,记为 $E(X)$,即

$$E(X) = \sum_i x_i p_i. \tag{4-1}$$

在 X 取可列无穷个值时,级数 $\sum_i x_i p_i$ 绝对收敛可以保证级数的值不因级数各项次序的改变而变化,这样 $E(X)$ 与 X 取的值的人为排列次序无关.式(4-1)表明,数学期望就是随机变量 X 的取值 x_i 以它们的概率为权的加权平均.从这个意义上说,把 $E(X)$ 称为 X 的均值更能反映这个概念的本质.因此,有时我们也称 $E(X)$ 为 X 的均值.

例 4.1.2 有 4 只盒子,编号为 1,2,3,4,现有 3 个球,将球逐个独立地随机放入 4 只盒子中去.用 X 表示其中至少有一个球的盒子的最小号码,求 $E(X)$.

解 首先求 X 的概率分布. X 所有可能的取值是 1,2,3,4. $X=1$ 表示 1 号盒中至少有一个球,求这一事件的概率可以考虑它的对立事件,即 1 号盒中没有球,其概率为 $\dfrac{3^3}{4^3}$,因此

$$P\{X=1\} = 1-\frac{3^3}{4^3} = \frac{4^3-3^3}{4^3},$$

$X=2$ 表示 1 号盒中没有球,而 2 号盒中至少有一个球,同理可得到

$$P\{X=2\} = \frac{3^3-2^3}{4^3},$$

同理,

$$P\{X=3\} = \frac{2^3-1^3}{4^3},$$

最后

$$P\{X=4\} = 1-P\{X=1\}-P\{X=2\}-P\{X=3\} = \frac{1}{4^3},$$

于是

$$E(X) = 1\times\frac{4^3-3^3}{4^3}+2\times\frac{3^3-2^3}{4^3}+3\times\frac{2^3-1^3}{4^3}+4\times\frac{1}{4^3}$$

$$= \frac{25}{16}.$$

下面介绍几种常用离散型随机变量的期望.

1. 两点分布

设 X 服从参数为 p 的两点分布，即

$$P\{X=1\}=p,P\{X=0\}=1-p,0<p<1,$$

则

$$E(X)=1\times p+0\times(1-p)=p.$$

2. 二项分布

设 $X\sim B(n,p)$，概率分布为

$$P\{X=k\}=C_n^k p^k(1-p)^{n-k},k=0,1,2,\cdots,n,0<p<1,$$

则

$$
\begin{aligned}
E(X) &= \sum_{k=0}^{n} k C_n^k p^k(1-p)^{n-k} \\
&= \sum_{k=1}^{n} \frac{n!}{(k-1)!(n-k)!} p^k(1-p)^{n-k} \\
&= np \sum_{k=1}^{n} \frac{(n-1)!}{(k-1)![(n-1)-(k-1)]!} p^{k-1}(1-p)^{(n-1)-(k-1)} \\
&= np \sum_{k=1}^{n} C_{n-1}^{k-1} p^{k-1}(1-p)^{(n-1)-(k-1)}.
\end{aligned}
$$

因为

$$\sum_{k=1}^{n} C_{n-1}^{k-1} p^{k-1}(1-p)^{(n-1)-(k-1)}=[p+(1-p)]^{n-1}=1,$$

所以

$$E(X)=np.$$

二项分布的数学期望是 np，直观上也比较容易理解这个结果. 因为 X 是 n 次独立试验中事件 A 出现的次数，它在每次试验时出现的概率为 p，那么 n 次试验时当然平均出现 np 次. 另外，在学过数学期望的性质之后还有一种更简单的计算方法.

3. 泊松分布

设 $X\sim P(\lambda)$，概率分布为

$$P\{X=k\}=\frac{\lambda^k}{k!}e^{-\lambda},k=0,1,2,\cdots,\lambda>0$$

则

$$
\begin{aligned}
E(X) &= \sum_{k=0}^{\infty} k \frac{\lambda^k}{k!} e^{-\lambda} \\
&= \lambda e^{-\lambda} \sum_{k=1}^{\infty} \frac{\lambda^{k-1}}{(k-1)!},
\end{aligned}
$$

因为

$$\sum_{k=1}^{\infty} \frac{\lambda^{k-1}}{(k-1)!}=e^{\lambda},$$

从而
$$E(X) = \lambda.$$
这表明,参数 λ 就是泊松分布的数学期望.

4.1.2　连续型随机变量的数学期望

定义 2　设连续型随机变量 X 的概率密度函数为 $f(x)$,若积分 $\int_{-\infty}^{+\infty} xf(x)\mathrm{d}x$ 绝对收敛,则称积分 $\int_{-\infty}^{+\infty} xf(x)\mathrm{d}x$ 的值为随机变量 X 的数学期望,记为 $E(X)$,即
$$E(X) = \int_{-\infty}^{+\infty} xf(x)\,\mathrm{d}x.$$

例 4.1.3　设随机变量 X 的概率密度函数为
$$f(x) = \frac{1}{2}\mathrm{e}^{-|x|},\ -\infty < x < +\infty ,$$
求 $E(X)$.

解　概率密度函数 $f(x) = \frac{1}{2}\mathrm{e}^{-|x|}$ 在 $(-\infty,+\infty)$ 上为一偶函数,所以 $xf(x) = x\frac{1}{2}\mathrm{e}^{-|x|}$ 为奇函数,从而
$$E(X) = \int_{-\infty}^{+\infty} \frac{1}{2}x\mathrm{e}^{-|x|}\mathrm{d}x = 0.$$

下面介绍几种常用连续型随机变量的数学期望.

1. 均匀分布

设 $X \sim U(a,b)$,概率密度函数为
$$f(x) = \begin{cases} \dfrac{1}{b-a}, & a \leqslant x \leqslant b, \\ 0, & \text{其他}, \end{cases}$$
则
$$E(X) = \int_a^b \frac{x}{b-a}\mathrm{d}x = \frac{1}{2}(a+b).$$
所以均匀分布的数学期望为区间的中点.

2. 指数分布

设 X 服从参数为 λ 的指数分布,概率密度函数为
$$f(x) = \begin{cases} \lambda\mathrm{e}^{-\lambda x}, & x > 0, \\ 0, & \text{其他}, \end{cases}$$
则利用分部积分

$$E(X) = \int_0^{+\infty} x\lambda e^{-\lambda x} dx$$

$$= -xe^{-\lambda x}\Big|_0^{+\infty} + \int_0^{+\infty} e^{-\lambda x} dx$$

$$= 0 - \frac{1}{\lambda} e^{-\lambda x}\Big|_0^{+\infty}$$

$$= \frac{1}{\lambda}.$$

3. 正态分布

设 $X \sim N(\mu, \sigma^2)$，概率密度为

$$f(x) = \frac{1}{\sqrt{2\pi}\,\sigma} e^{-\frac{(x-\mu)^2}{2\sigma^2}}, \quad -\infty < x < +\infty,$$

则

$$E(X) = \frac{1}{\sqrt{2\pi}\,\sigma} \int_{-\infty}^{+\infty} x e^{-\frac{(x-\mu)^2}{2\sigma^2}} dx$$

作变量代换，令 $t = x - \mu$，上式为

$$E(X) = \frac{1}{\sqrt{2\pi}\,\sigma} \int_{-\infty}^{+\infty} (t+\mu) e^{-\frac{t^2}{2\sigma^2}} dt = \frac{1}{\sqrt{2\pi}\,\sigma} \int_{-\infty}^{+\infty} t e^{-\frac{t^2}{2\sigma^2}} dt +$$

$$\mu \cdot \frac{1}{\sqrt{2\pi}\,\sigma} \int_{-\infty}^{+\infty} e^{-\frac{t^2}{2\sigma^2}} dt$$

上式右端第一项被积函数为奇函数，因而积分为零；而第二项中 $\dfrac{1}{\sqrt{2\pi}\,\sigma} \displaystyle\int_{-\infty}^{+\infty} e^{-\frac{t^2}{2\sigma^2}} dt$ 是标准正态分布的概率密度在全空间上的积分，其值为 1，故 $E(X) = \mu$. 因此正态分布的参数 μ 就是该分布的数学期望.

4.1.3　随机变量函数的数学期望

在实际工作中，有时我们所面临的问题涉及一个或多个随机变量的函数. 例如，在一个电子系统中装有三个电子元件，每个电子元件的使用寿命都是一个随机变量，该系统的寿命就是这些随机变量的函数. 如果我们要求电子系统的平均寿命，就归结为计算随机变量函数的数学期望.

> **定理**　设 $g(x)$ 是连续函数，Y 是随机变量 X 的函数并且
> $$Y = g(X).$$
> （1）设 X 是离散型随机变量，概率分布为
> $$P\{X = x_i\} = p_i, \quad i = 1, 2, \cdots,$$
> 若 $\displaystyle\sum_i |g(x_i)| p_i$ 收敛，则有
> $$E(Y) = E[g(X)] = \sum_i g(x_i) p_i.$$

（2）设 X 是连续型随机变量，概率密度函数为 $f(x)$，若积分 $\int_{-\infty}^{+\infty} |g(x)| f(x) \mathrm{d}x$ 收敛，则有

$$E(Y) = E[g(X)] = \int_{-\infty}^{+\infty} g(x) f(x) \mathrm{d}x.$$

此定理的完整证明需要更深的数学知识，已超出了本书的范围. 这个定理的重要性在于它提供了计算随机变量 X 的函数 $g(X)$ 的数学期望的一个简便方法，当我们求 $E[g(X)]$ 时，不需要计算 $g(X)$ 的分布，直接利用 X 的分布就可以了. 因为有时求 $g(X)$ 的分布并不是一件容易的事.

这个定理的结论可以很容易地推广到两个或多个随机变量的情形. 以二维随机变量为例，对于离散型情形，设

$$P\{X = x_i, Y = y_j\} = p_{ij}, i = 1, 2, \cdots; j = 1, 2, \cdots,$$

$g(x, y)$ 是二元连续函数，$Z = g(X, Y)$，则

$$E(Z) = E[g(X, Y)] = \sum_i \sum_j g(x_i, y_j) p_{ij},$$

对于连续型情形，设 (X, Y) 的概率密度为 $f(x, y)$，$g(x, y)$ 是二元连续函数，$Z = g(X, Y)$，则

$$E(Z) = E[g(X, Y)] = \int_{-\infty}^{+\infty} \int_{-\infty}^{+\infty} g(x, y) f(x, y) \mathrm{d}x \mathrm{d}y.$$

这里要求等号右边的积分绝对收敛.

例 4.1.4 设随机变量 $X \sim N(0, 1)$，求 $E(X^2)$.

解 X 的密度函数为

$$f(x) = \frac{1}{\sqrt{2\pi}} \mathrm{e}^{-\frac{x^2}{2}}, -\infty < x < +\infty,$$

则

$$
\begin{aligned}
E(X^2) &= \int_{-\infty}^{+\infty} x^2 \frac{1}{\sqrt{2\pi}} \mathrm{e}^{-\frac{x^2}{2}} \mathrm{d}x \\
&= -\frac{1}{\sqrt{2\pi}} \int_{-\infty}^{+\infty} x \mathrm{d}(\mathrm{e}^{-\frac{x^2}{2}}) \\
&= -\frac{1}{\sqrt{2\pi}} x \mathrm{e}^{-\frac{x^2}{2}} \Big|_{-\infty}^{+\infty} + \frac{1}{\sqrt{2\pi}} \int_{-\infty}^{+\infty} \mathrm{e}^{-\frac{x^2}{2}} \mathrm{d}x = 1.
\end{aligned}
$$

例 4.1.5 设随机变量 X 和 Y 的联合分布律为

Y \ X	1	2
-1	$\frac{1}{4}$	$\frac{1}{2}$
1	0	$\frac{1}{4}$

求 $E(X)$，$E(XY)$.

解　求 $E(X)$ 时，可以先求出 X 的边缘分布律：

X	1	2
p_i	$\dfrac{1}{4}$	$\dfrac{3}{4}$

$$E(X)=1\times\frac{1}{4}+2\times\frac{3}{4}=\frac{7}{4}.$$

XY 是 (X,Y) 的连续函数，则

$$E(XY)=1\times(-1)\times\frac{1}{4}+1\times1\times0+2\times(-1)\times\frac{1}{2}+2\times1\times\frac{1}{4}=-\frac{3}{4}.$$

例 4.1.6　设随机变量 (X,Y) 的概率密度

$$f(x,y)=\begin{cases}\dfrac{3}{2x^3y^2}, & \dfrac{1}{x}<y<x,x>1,\\ 0, & \text{其他}.\end{cases}$$

求数学期望 $E(Y)$，$E\left(\dfrac{1}{XY}\right)$.

解

$$\begin{aligned}E(Y)&=\int_{-\infty}^{+\infty}\int_{-\infty}^{+\infty}yf(x,y)\mathrm{d}y\mathrm{d}x=\int_{1}^{+\infty}\int_{\frac{1}{x}}^{x}\frac{3}{2x^3y}\mathrm{d}y\mathrm{d}x\\ &=\frac{3}{2}\int_{1}^{+\infty}\frac{1}{x^3}\big[\ln y\big]_{\frac{1}{x}}^{x}\mathrm{d}x=3\int_{1}^{+\infty}\frac{\ln x}{x^3}\mathrm{d}x\\ &=\left[-\frac{3}{2}\frac{\ln x}{x^2}\right]_{1}^{+\infty}+\frac{3}{2}\int_{1}^{+\infty}\frac{1}{x^3}\mathrm{d}x=\frac{3}{4},\\ E\left(\frac{1}{XY}\right)&=\int_{-\infty}^{+\infty}\int_{-\infty}^{+\infty}\frac{1}{xy}f(x,y)\mathrm{d}y\mathrm{d}x=\int_{1}^{+\infty}\mathrm{d}x\int_{\frac{1}{x}}^{x}\frac{3}{2x^4y^3}\mathrm{d}y=\frac{3}{5}.\end{aligned}$$

例 4.1.7　市场对某种商品的需求是随机变量，记为 X(单位: t)，X 服从 $[2000,4000]$ 上的均匀分布. 每出售 1t 获利 3 万元，每囤积 1t 需付保养费 1 万元. 问组织多少货源可使平均收益最大？

解　设该公司组织货源 at，则显然应有 $2000\leqslant a\leqslant4000$. 记 Y 为在 at 货源条件下的收益额(万元)，则

$$Y=g(X)=\begin{cases}3a, & X\geqslant a,\\ 3X-(a-X), & X<a.\end{cases}$$

由随机变量函数的数学期望的计算方法得

$$\begin{aligned}E(Y)&=\int_{-\infty}^{+\infty}g(x)f(x)\mathrm{d}x=\int_{2000}^{4000}g(x)\frac{1}{2000}\mathrm{d}x\\ &=\frac{1}{2000}\Big[\int_{2000}^{a}(4x-a)\mathrm{d}x+\int_{a}^{4000}3a\mathrm{d}x\Big]\end{aligned}$$

$$= \frac{1}{2000}(-2a^2 + 14000a - 8 \times 10^6).$$

平均收益是 a 的函数, 关于 a 求一阶导, 得驻点 $a = 3500$. 因为这是唯一驻点, 并且函数关于 a 的二阶导为 -2, 所以函数在该点有最大值. 即公司应该组织货源 3500t 可使平均收益最大.

4.1.4　数学期望的性质

在本小节中我们给出数学期望的几条重要性质, 这里设所遇到的随机变量的数学期望都存在.

性质 1　设 c 是常数, 则
$$E(c) = c.$$

证明　对于常数 c, 可以看作离散型随机变量, 并且它只有一个可能的取值 c, 0 概率为 1, 因此
$$E(c) = c \times 1 = c.$$

性质 2　设 k 是常数, 则
$$E(kX) = kE(X).$$

证明　仅对连续型情形进行证明, 离散型情形类似(包括下面的性质 3 和性质 4). 设 X 的概率密度函数为 $f(x)$, 则有
$$E(kX) = \int_{-\infty}^{+\infty} kxf(x)\,\mathrm{d}x = k\int_{-\infty}^{+\infty} xf(x)\,\mathrm{d}x = kE(X).$$

性质 3　$E(X+Y) = E(X) + E(Y).$

证明　设 (X, Y) 是二维连续型随机向量, 概率密度函数为 $f(x,y)$, 则有
$$\begin{aligned}
E(X + Y) &= \int_{-\infty}^{+\infty}\int_{-\infty}^{+\infty}(x + y)f(x,y)\,\mathrm{d}x\mathrm{d}y \\
&= \int_{-\infty}^{+\infty}\int_{-\infty}^{+\infty} xf(x,y)\,\mathrm{d}x\mathrm{d}y + \int_{-\infty}^{+\infty}\int_{-\infty}^{+\infty} yf(x,y)\,\mathrm{d}x\mathrm{d}y \\
&= E(X) + E(Y).
\end{aligned}$$

推论　$E(X_1 + X_2 + \cdots + X_n) = E(X_1) + E(X_2) + \cdots + E(X_n).$

性质 4　设 X 和 Y 相互独立, 则
$$E(XY) = E(X)E(Y).$$

证明　设 (X, Y) 是二维连续型随机向量, 概率密度函数为

$f(x,y)$，X 和 Y 的边缘概率密度分别为 $f_X(x)$ 和 $f_Y(y)$，则有 $f(x,y)=f_X(x)f_Y(y)$．于是

$$E(XY) = \int_{-\infty}^{+\infty} \int_{-\infty}^{+\infty} xyf(x,y)\,\mathrm{d}x\mathrm{d}y$$

$$= \left(\int_{-\infty}^{\infty} xf_X(x)\,\mathrm{d}x\right)\left(\int_{-\infty}^{+\infty} yf_Y(y)\,\mathrm{d}y\right) = E(X)E(Y).$$

例 4.1.8　设随机变量 X 和 Y 相互独立，概率密度函数分别是

$$f_X(x) = \begin{cases} 4\mathrm{e}^{-4x}, & x > 0, \\ 0, & 其他; \end{cases} \qquad f_Y(y) = \begin{cases} 3\mathrm{e}^{-3y}, & y > 0, \\ 0, & 其他. \end{cases}$$

求 $E(X+Y)$ 和 $E(XY)$．

解　易知 X 服从参数为 4 的指数分布，Y 服从参数为 3 的指数分布，因此

$$E(X) = \frac{1}{4}, E(Y) = \frac{1}{3},$$

所以

$$E(X+Y) = E(X) + E(Y) = \frac{1}{4} + \frac{1}{3} = \frac{7}{12}.$$

由于 X 和 Y 相互独立，所以

$$E(XY) = E(X)E(Y) = \frac{1}{4} \times \frac{1}{3} = \frac{1}{12}.$$

例 4.1.9　由数学期望的性质求二项分布的数学期望．

解　设 $X \sim B(n,p)$，随机变量 X 表示 n 重伯努利试验中"成功"的次数．引入随机变量

$$X_i = \begin{cases} 1, & 第 i 次试验成功, \\ 0, & 第 i 次试验不成功, \end{cases} \quad i = 1, 2, \cdots, n,$$

则 $X = X_1 + X_2 + \cdots + X_n$．因为

$$P\{X_i = 1\} = p, \quad P\{X_i = 0\} = 1-p, \quad i = 1, 2, \cdots, n,$$

所以 $E(X_i) = p$，$i = 1, 2, \cdots, n$．于是

$$E(X) = E(X_1 + X_2 + \cdots + X_n) = E(X_1) + E(X_2) + \cdots + E(X_n) = np.$$

上面的解法是将随机变量 X 分解成数个随机变量之和，然后利用随机变量和的数学期望等于数学期望之和求数学期望，这种方法比直接按定义计算数学期望要简单得多，大大简化了计算．对于很多表示计数的随机变量，求其数学期望时大都可以使用这一方法．

例 4.1.10　将 n 个球放入 M 个盒子中，设每个球放入各个盒子的概率是等可能的，求有球的盒子数 X 的数学期望．

解　引入随机变量

$$X_i = \begin{cases} 1, & \text{若第 } i \text{ 个盒子中有球,} \\ 0, & \text{若第 } i \text{ 个盒子中无球,} \end{cases} \quad i = 1, 2, \cdots, M,$$

则
$$X = X_1 + X_2 + \cdots + X_M.$$

每个随机变量 X_i 都服从两点分布. 由于每个球放入到每个盒子中是等可能的, 均为 $\dfrac{1}{M}$, 则对第 i 个盒子, 一个球不落入这个盒子内的概率为 $1 - \dfrac{1}{M}$, n 个球都不落入这个盒子内的概率为 $\left(1 - \dfrac{1}{M}\right)^n$, 即

$$P\{X_i = 0\} = \left(1 - \frac{1}{M}\right)^n, \quad i = 1, 2, \cdots, M,$$

从而

$$P\{X_i = 1\} = 1 - \left(1 - \frac{1}{M}\right)^n, \quad i = 1, 2, \cdots, M,$$

$$E(X_i) = 1 - \left(1 - \frac{1}{M}\right)^n, \quad i = 1, 2, \cdots, M,$$

$$E(X) = M\left[1 - \left(1 - \frac{1}{M}\right)^n\right].$$

4.2　方差

方差是随机变量的又一个重要的数字特征, 它刻画了随机变量取值在其中心位置附近的分散程度, 也就是随机变量取值与平均值的偏离程度.

4.2.1　方差的定义

设随机变量 X 的数学期望为 $E(X)$, 偏离量 $X - E(X)$ 也是一个随机变量. 这个值有正有负, 如果直接求这个差的均值, 结果是零, 即

$$E[X - E(X)] = E(X) - E[E(X)] = E(X) - E(X) = 0.$$

为了避免正负彼此抵消, 可以使用 $E[\,|X - E(X)|\,]$ 作为描述 X 取值分散程度的数字特征, 称之为 X 的平均绝对差. 由于在数学上绝对值的处理很不方便, 因此常用 $[X - E(X)]^2$ 的平均值度量 X 与 $E(X)$ 的偏离程度, 这个平均值就是方差.

定义 1　设 X 为一随机变量, 如果 $E\{[X - E(X)]^2\}$ 存在, 则称之为 X 的方差, 记为 $D(X)$, 即

$$D(X) = E\{[X - E(X)]^2\}.$$

方差的算术平方根 $\sqrt{D(X)}$ 称为 X 的标准差. 有时也使用 $\mathrm{Var}(X)$ 或 σ^2 表示随机变量 X 的方差,用 σ 表示随机变量 X 的标准差.

由于标准差与 X 具有相同的度量单位,在实际问题中经常使用.

由定义知,方差是随机变量 X 的函数 $g(X)=[X-E(X)]^2$ 的数学期望,利用 4.1 节的定理就可以计算 $D(X)$. 若离散型随机变量 X 的分布律为

$$P\{X=x_i\}=p_i,\ i=1,2,\cdots,$$

则

$$D(X)=\sum_i [x_i-E(X)]^2 p_i.$$

若 X 为连续型随机变量,概率密度函数为 $f(x)$,则

$$D(X)=\int_{-\infty}^{\infty} [x-E(x)]^2 f(x)\,\mathrm{d}x.$$

用定义计算方差有时会比较麻烦,实际上由方差的定义及数学期望的性质可以推导出下面的方差的计算公式

$$\begin{aligned}
E\{[X-E(X)]^2\}&=E\{X^2-2XE(X)+[E(X)]^2\}\\
&=E(X^2)-2E(X)E(X)+[E(X)]^2\\
&=E(X^2)-[E(X)]^2,
\end{aligned}$$

即

$$D(X)=E(X^2)-[E(X)]^2.$$

这是计算方差的常用公式,它把计算方差归结为计算两个数学期望 $E(X^2)$ 和 $E(X)$.

下面介绍几种常用分布的方差.

1. 两点分布

设 X 服从参数为 p 的两点分布,即

$$P\{X=1\}=p,\ P\{X=0\}=1-p=q,\ 0<p<1,$$
$$E(X)=p,E(X^2)=1^2\cdot p+0^2\cdot(1-p)=p,$$

于是

$$D(X)=E(X^2)-[E(X)]^2=p-p^2=pq.$$

2. 二项分布

设 $X\sim B(n,p)$,概率分布为

$$P\{X=k\}=\mathrm{C}_n^k p^k (1-p)^{n-k}=\mathrm{C}_n^k p^k q^{n-k},\ k=0,1,2,\cdots,n,\ 0<p<1,$$

$$\begin{aligned}
E(X^2)&=\sum_{k=0}^{n} k^2 \mathrm{C}_n^k p^k q^{n-k}\\
&=\sum_{k=0}^{n} [k(k-1)+k]\mathrm{C}_n^k p^k q^{n-k}\\
&=\sum_{k=0}^{n} k(k-1)\frac{n!}{k!(n-k)!}p^k q^{n-k}+\sum_{k=0}^{n} k\mathrm{C}_n^k p^k q^{n-k}
\end{aligned}$$

$$= \sum_{k=2}^{n} \frac{n!}{(k-2)!(n-k)!} p^k q^{n-k} + E(X)$$

$$\xeq{\diamondsuit m = k-2} n(n-1)p^2 \sum_{m=0}^{n-2} \frac{(n-2)!}{m!(n-2-m)!} p^m q^{(n-2)-m} + E(X)$$

$$= n(n-1)p^2 + np.$$

于是

$$D(X) = E(X^2) - [E(X)]^2 = n(n-1)p^2 + np - n^2 p^2 = npq.$$

同二项分布的数学期望类似，利用方差的性质可以有一种更简单的方法计算二项分布的方差.

3. 泊松分布

设 $X \sim P(\lambda)$，已知 $E(X) = \lambda$，且

$$E(X^2) = \sum_{k=0}^{\infty} k^2 \frac{\lambda^k}{k!} e^{-\lambda} = \sum_{k=1}^{\infty} [k(k-1)+k] \frac{\lambda^k}{k!} e^{-\lambda}$$

$$= \sum_{k=2}^{\infty} \frac{\lambda^{k-2} \cdot \lambda^2}{(k-2)!} e^{-\lambda} + \sum_{k=1}^{\infty} \frac{\lambda^k}{(k-1)!} e^{-\lambda}$$

$$= \lambda^2 \sum_{l=0}^{\infty} \frac{\lambda^l}{l!} e^{-\lambda} + \lambda \sum_{m=0}^{\infty} \frac{\lambda^m}{m!} e^{-\lambda}$$

$$= \lambda^2 + \lambda,$$

于是

$$D(X) = E(X^2) - [E(X)]^2 = \lambda^2 + \lambda - \lambda^2 = \lambda.$$

得到泊松分布的方差为 λ.

4. 均匀分布

设 $X \sim U(a,b)$，已知

$$E(X) = \frac{1}{2}(a+b),$$

而

$$E(X^2) = \int_a^b x^2 \frac{1}{b-a} \mathrm{d}x = \frac{1}{3}(b^2 + ab + a^2),$$

于是

$$D(X) = E(X^2) - [E(X)]^2$$

$$= \frac{1}{3}(b^2 + ab + a^2) - \left[\frac{1}{2}(a+b)\right]^2$$

$$= \frac{1}{12}(b-a)^2.$$

5. 指数分布

设随机变量 X 服从参数为 λ 的指数分布，已知 $E(X) = \frac{1}{\lambda}$，而

$$E(X^2) = \int_0^{+\infty} x^2 \lambda e^{-\lambda x} \mathrm{d}x = \frac{2}{\lambda^2},$$

所以

$$D(X) = E(X^2) - [E(X)]^2 = \frac{2}{\lambda^2} - \frac{1}{\lambda^2} = \frac{1}{\lambda^2}.$$

6. 正态分布

设随机变量 $X \sim N(\mu, \sigma^2)$，已知 $E(X) = \mu$，而对于正态分布，利用定义计算方差更方便．

$$\begin{aligned}
D(X) &= \frac{1}{\sqrt{2\pi}\,\sigma} \int_{-\infty}^{+\infty} (x - \mu)^2 e^{-\frac{(x-\mu)^2}{2\sigma^2}} \mathrm{d}x \\
&= \frac{\sigma^2}{\sqrt{2\pi}} \int_{-\infty}^{+\infty} t^2 e^{-\frac{t^2}{2}} \mathrm{d}t \left(\diamondsuit\ t = \frac{x - \mu}{\sigma} \right) \\
&= -\frac{\sigma^2}{\sqrt{2\pi}} t e^{-\frac{t^2}{2}} \Big|_{-\infty}^{+\infty} + \frac{\sigma^2}{\sqrt{2\pi}} \int_{-\infty}^{+\infty} e^{-\frac{t^2}{2}} \mathrm{d}t
\end{aligned}$$

由于 $\dfrac{1}{\sqrt{2\pi}} \displaystyle\int_{-\infty}^{+\infty} e^{-\frac{t^2}{2}} \mathrm{d}t = 1$，故 $D(X) = \sigma^2$．

正态分布中的两个参数 μ 和 σ^2 分别是该分布的均值和方差，从而解释了为什么说 μ 决定了正态分布概率密度图像的位置，而 σ 决定了它的形状：σ 越大，X 取值越分散，密度函数的图形越平缓；σ 越小，X 取值越集中，密度函数的图形越陡峭．

4.2.2 方差的性质

设 X，Y 是两个随机变量，以下提及的方差都存在，则方差有以下性质．

性质 1 设 c 为常数，则
$$D(c) = 0,$$
$$D(X+c) = D(X),$$

证明
$$D(c) = E\{[c - E(c)]^2\} = 0.$$
$$D(X+c) = E\{[(X+c) - E(X+c)]^2\} = E\{[X - E(X)]^2\} = D(X).$$

性质 2 设 k 为常数，则 $D(kX) = k^2 D(X)$．

证明
$$D(kX) = E\{[kX - E(kX)]^2\} = k^2 D(X).$$

性质 3 设 X 和 Y 相互独立，则
$$D(X \pm Y) = D(X) + D(Y).$$

证明　这里只证明 $D(X+Y)$ 的情形.

$$D(X+Y) = E\{[(X+Y)-E(X+Y)]^2\}$$
$$= E\{[(X-E(X))+(Y-E(Y))]^2\}$$
$$= D(X)+D(Y)+2E\{[X-E(X)][Y-E(Y)]\},$$

由于 X 和 Y 相互独立, 从而 $X-E(X)$ 和 $Y-E(Y)$ 也相互独立, 则有

$$E\{[X-E(X)][Y-E(Y)]\}=0,$$

所以

$$D(X+Y)=D(X)+D(Y).$$

推论　设 X_1, X_2, $\cdots$, X_n 相互独立, 则

$$D(X_1+X_2+\cdots+X_n) = D(X_1)+D(X_2)+\cdots+D(X_n).$$

例 4.2.1　利用方差的性质计算二项分布的方差.

解　设 $X \sim B(n,p)$, X 表示 n 次试验中事件 A 发生的次数, 每次试验中事件 A 发生的概率为 p. 现将 X 分解为 n 个相互独立并且服从以 p 为参数的 0—1 分布的随机变量之和. 引入随机变量

$$X_i = \begin{cases} 1, & \text{第 } i \text{ 次试验成功}, \\ 0, & \text{第 } i \text{ 次试验不成功}, \end{cases} \quad i=1,2,\cdots,n,$$

X_i 相互独立, 并且服从 0—1 分布, 故有

$P\{X_i=1\}=p$, $P\{X_i=0\}=1-p$, $i=1,2,\cdots,n$, $D(X_i)=p(1-p)$,

则 $X=X_1+X_2+\cdots+X_n$, 由方差的性质知

$$D(X) = D\left(\sum_{i=1}^{n} X_i\right) = \sum_{i=1}^{n} D(X_i) = np(1-p).$$

利用上面方差的性质并结合数学期望的性质可知, 若 $X_i \sim N(\mu_i,\sigma_i^2)$, $i=1,2,\cdots,n$, 且它们相互独立, 则它们的线性组合 $C_1X_1+C_2X_2+\cdots+C_nX_n$($C_1,C_2,\cdots,C_n$ 是不全为 0 的常数)仍然服从正态分布, 即

$$C_1X_1 + C_2X_2 + \cdots + C_nX_n \sim N\left(\sum_{i=1}^{n} C_i\mu_i, \ \sum_{i=1}^{n} C_i^2\sigma_i^2\right).$$

性质 4　$D(X)=0$ 的充分必要条件是 $P\{X=c\}=1$.

此性质的证明已超出本书的范围, 略去.

定义 2　设 X 为随机变量, 数学期望 $E(X)$ 及方差 $D(X)$ 都存在, 则称

$$Y = \frac{X-E(X)}{\sqrt{D(X)}}$$

为 X 的标准化随机变量.

易知 $E(Y)=0$，$D(Y)=1$. 例如，正态分布的随机变量 $X \sim N(\mu,\sigma^2)$，则 X 的标准化随机变量为 $\dfrac{X-\mu}{\sigma}$.

4.3 协方差及相关系数

4.3.1 协方差与相关系数的定义

定义 1 若 (X,Y) 是二维随机变量，$E[(X-E(X))(Y-E(Y))]<\infty$，则称
$$E[(X-E(X))(Y-E(Y))]$$
为随机变量 X，Y 的协方差，记为 $\mathrm{Cov}(X,Y)$，即
$$\mathrm{Cov}(X,Y)=E[(X-E(X))(Y-E(Y))].$$

协方差的大小在一定程度上反映了 X 和 Y 相互间的关系，但它还受 X 与 Y 本身度量单位的影响. 例如，X，Y 同时乘以非零常数 k，则
$$\begin{aligned}\mathrm{Cov}(kX,kY)&=E[(kX-E(kX))(kY-E(kY))]\\&=k^2E[(X-E(X))(Y-E(Y))]=k^2\mathrm{Cov}(X,Y).\end{aligned}$$

由上述原因，当两个随机变量取不同的度量单位时，其协方差不同. 为了克服这一缺点，我们对随机变量标准化后再求协方差. 令
$$X^*=\frac{X-E(X)}{\sqrt{D(X)}}, Y^*=\frac{Y-E(Y)}{\sqrt{D(Y)}},$$
则 kX 与 kY 的标准化随机变量仍然是 X^* 和 Y^*，且
$$E(X^*)=E(Y^*)=0,\ D(X^*)=D(Y^*)=1,$$
于是
$$\begin{aligned}\mathrm{Cov}(X^*,Y^*)&=E[(X^*-E(X^*))(Y^*-E(Y^*))]\\&=E(X^*Y^*)=E\left[\frac{(X-E(X))}{\sqrt{D(X)}}\frac{(Y-E(Y))}{\sqrt{D(Y)}}\right]\\&=\frac{\mathrm{Cov}(X,Y)}{\sqrt{D(X)D(Y)}}.\end{aligned}$$

定义 2 设 (X,Y) 是二维随机变量，若
$$E\left[\frac{(X-E(X))}{\sqrt{D(X)}}\frac{(Y-E(Y))}{\sqrt{D(Y)}}\right]<\infty,$$

则称

$$\rho_{XY} = \frac{\mathrm{Cov}(X,Y)}{\sqrt{D(X)D(Y)}}$$

为随机变量 X 与 Y 的相关系数，也可以记为 $\rho(X,Y)$.

4.3.2　协方差与相关系数的性质

定理 1　协方差具有以下性质：

(1) $\mathrm{Cov}(X,Y) = E(XY) - E(X)E(Y)$；

(2) $\mathrm{Cov}(X,Y) = \mathrm{Cov}(Y,X)$，并且 $\mathrm{Cov}(X,X) = D(X)$；

(3) 对任意的常数 a，b，有 $\mathrm{Cov}(aX,bY) = ab\mathrm{Cov}(X,Y)$；

(4) $\mathrm{Cov}(X_1 + X_2, Y) = \mathrm{Cov}(X_1, Y) + \mathrm{Cov}(X_2, Y)$；

(5) $[\mathrm{Cov}(X,Y)]^2 \leqslant D(X)D(Y)$；

(6) X，Y 相互独立，则 $\mathrm{Cov}(X,Y) = 0$；反之不一定；

(7) $D(X \pm Y) = D(X) + D(Y) \pm 2\mathrm{Cov}(X,Y)$.

证明　性质(1)~性质(4)利用协方差的定义和数学期望的性质可以很容易证明，此处略去. 下面证明性质(5).

对任意实数 t，有

$$E\{[t(X-E(X)) + (Y-E(Y))]^2\} = t^2 E[X-E(X)]^2 + 2tE[(X-E(X))$$
$$(Y-E(Y))] + E[Y-E(Y)]^2$$
$$= t^2 D(X) + 2t\mathrm{Cov}(X,Y) + D(Y) \geqslant 0,$$

将 $t^2 D(X) + 2t\mathrm{Cov}(X,Y) + D(Y)$ 视为关于 t 的二次函数，此函数取值非负，必有判别式

$$4[\mathrm{Cov}(X,Y)]^2 - 4D(X)D(Y) \leqslant 0,$$

所以有 $[\mathrm{Cov}(X,Y)]^2 \leqslant D(X)D(Y)$ 成立.

对于性质(6)，由 X，Y 相互独立，可得 $E(XY) = E(X)E(Y)$，于是由性质(1)，

$$\mathrm{Cov}(X,Y) = E(XY) - E(X)E(Y) = 0.$$

反之不一定成立，反例可见后面的例 4.3.1 和例 4.3.2.

对于性质(7)，由方差的定义得

$$D(X+Y) = E\{[(X+Y) - E(X+Y)]^2\}$$
$$= E\{[(X-E(X)) + (Y-E(Y))]^2\}$$
$$= E\{[X-E(X)]^2\} + E\{[Y-E(Y)]^2\} + 2E\{[X-E(X)]$$
$$[Y-E(Y)]\}$$
$$= D(X) + D(Y) + 2\mathrm{Cov}(X,Y),$$

同理可得

$$D(X-Y) = D(X) + D(Y) - 2\text{Cov}(X,Y).$$

注意到性质(1)可以作为协方差的计算公式.

例 4.3.1　设二维连续型随机向量 (X,Y) 服从单位圆域 $x^2+y^2 \leqslant 1$ 上的均匀分布,其概率密度函数为

$$f(x,y) = \begin{cases} \dfrac{1}{\pi}, & x^2+y^2 \leqslant 1, \\ 0, & x^2+y^2 > 1, \end{cases}$$

求 $\text{Cov}(X,Y)$,并判断 X 与 Y 是否独立.

解　根据性质(1)我们首先计算 $E(X)$ 和 $E(Y)$,则有

$$E(X) = \iint_{x^2+y^2 \leqslant 1} \frac{x}{\pi} \mathrm{d}x\mathrm{d}y = \frac{1}{\pi} \int_{-1}^{1} \left(\int_{-\sqrt{1-y^2}}^{\sqrt{1-y^2}} x \mathrm{d}x \right) \mathrm{d}y = 0,$$

上式括号内的积分的被积函数为奇函数,于是它在关于原点对称的区间上的积分等于零.

由 X 和 Y 的对称性有 $E(Y) = 0$.

再求 $E(XY)$,得

$$E(XY) = \iint_{x^2+y^2 \leqslant 1} \frac{xy}{\pi} \mathrm{d}x\mathrm{d}y = \frac{1}{\pi} \int_{-1}^{1} \left(\int_{-\sqrt{1-y^2}}^{\sqrt{1-y^2}} xy \mathrm{d}x \right) \mathrm{d}y = 0,$$

从而有

$$\text{Cov}(X,Y) = E(XY) - E(X)E(Y) = 0.$$

例 4.3.1 中 X 与 Y 的协方差 $\text{Cov}(X,Y) = 0$,但 X 与 Y 并不独立,因为 X 的边缘概率密度为

$$f_X(x) = \int_{-\sqrt{1-x^2}}^{\sqrt{1-x^2}} \frac{1}{\pi} \mathrm{d}y = \frac{2}{\pi} \sqrt{1-x^2},\ -1 \leqslant x \leqslant 1,$$

同样

$$f_Y(y) = \int_{-\sqrt{1-y^2}}^{\sqrt{1-y^2}} \frac{1}{\pi} \mathrm{d}x = \frac{2}{\pi} \sqrt{1-y^2},\ -1 \leqslant y \leqslant 1,$$

所以 $f(x,y) \neq f_X(x)f_Y(y)$, X 与 Y 不独立.

相关系数有以下性质:

定理 2　设随机变量 X 和 Y 的相关系数为 ρ,则有

(1) $|\rho| \leqslant 1$,当且仅当 X 和 Y 以概率 1 线性相关时等号成立,即存在常数 a, $b(b \neq 0)$,使 $P\{Y = a+bX\} = 1$ 时,$|\rho| = 1$.

(2) X 和 Y 独立时有 $\rho = 0$,但其逆不真.

定义 3　若 X 与 Y 之间的相关系数 $\rho_{XY} = 0$,则称 X 与 Y 不相关.

相关系数 ρ_{XY} 刻画了 X 与 Y 之间线性关系的程度, 若 $|\rho_{XY}|=1$ 时, X 与 Y 存在着线性关系(除去一个零概率事件). 当 $0<|\rho_{XY}|<1$ 时, 若 $|\rho_{XY}|$ 越大, 表明 X 与 Y 之间的线性相关程度越高, 若 $|\rho_{XY}|$ 越小, 表明 X 与 Y 之间的线性相关程度越弱.

特别地, 当 $|\rho_{XY}|=0$ 时, X 与 Y 之间不存在线性关系, 即 X 与 Y 不相关. 不过请注意, X 与 Y 不相关只是表明 X 与 Y 之间没有线性关系, 但这时 X 与 Y 之间可能有某种别的函数关系, 见例 4.3.2.

例 4.3.2　设 $X \sim U(-\pi,\pi)$, 而 $Y=\cos X$, $Z=\sin X$, 求 ρ_{YZ}.

解　由对称性易知

$$E(Y)=0, \ E(Z)=0, \ E(YZ)=0,$$

于是 $\mathrm{Cov}(Y,Z)=0$, $\rho_{YZ}=0$. 所以 Y 与 Z 不相关, 但 Y 与 Z 有严格的函数关系: $Y^2+Z^2=1$, Y 与 Z 不独立.

由上面的分析可得以下推论.

推论　设随机变量 X 与 Y 的相关系数为 ρ, 如下四个命题等价:

(1) X 与 Y 不相关, 即 $\rho=0$;

(2) $\mathrm{Cov}(X,Y)=0$;

(3) $E(XY)=E(X)E(Y)$;

(4) $D(X+Y)=D(X)+D(Y)$.

例 4.3.3　设二维随机向量 $(X,Y) \sim N(\mu_1,\mu_2,\sigma_1^2,\sigma_2^2,\rho)$, 求 ρ_{XY}.

解　因为

$$E(X)=\mu_1, \ E(Y)=\mu_2, \ D(X)=\sigma_1^2, \ D(Y)=\sigma_2^2,$$

所以协方差

$$\mathrm{Cov}(X,Y)=\int_{-\infty}^{+\infty}\int_{-\infty}^{+\infty}(x-\mu_1)(y-\mu_2)f(x,y)\,\mathrm{d}x\mathrm{d}y,$$

作变量代换

$$u_1=\frac{x-\mu_1}{\sigma_1}, \ u_2=\frac{y-\mu_2}{\sigma_2},$$

则

$$\mathrm{Cov}(X,Y)=\frac{\sigma_1\sigma_2}{2\pi\sqrt{1-\rho^2}}\int_{-\infty}^{+\infty}\int_{-\infty}^{+\infty}u_1u_2\mathrm{e}^{\frac{u_1^2-2\rho u_1u_2+u_2^2}{2(1-\rho^2)}}\,\mathrm{d}u_1\mathrm{d}u_2$$

$$=\frac{\sigma_1\sigma_2}{2\pi\sqrt{1-\rho^2}}\int_{-\infty}^{+\infty}\int_{-\infty}^{+\infty}u_1u_2\mathrm{e}^{-\frac{1}{2}\left[\frac{(u_1-\rho u_2)^2}{1-\rho^2}+u_2^2\right]}\,\mathrm{d}u_1\mathrm{d}u_2.$$

再作变量代换, $t_1=\dfrac{u_1-\rho u_2}{\sqrt{1-\rho^2}}$, $t_2=u_2$, 则

$$\text{Cov}(X, Y) = \frac{\sigma_1 \sigma_2 \rho}{2\pi} \int_{-\infty}^{+\infty} \int_{-\infty}^{+\infty} t_2^2 e^{-\frac{1}{2}(t_1^2 + t_2^2)} dt_1 dt_2$$

$$= \sigma_1 \sigma_2 \rho,$$

所以，X 与 Y 的相关系数为

$$\rho_{XY} = \rho.$$

由此可知，二维正态分布中的参数 ρ 就是 X 与 Y 的相关系数，并可得下面的定理.

> **定理 3**　若 (X, Y) 服从二维正态分布，则 X 与 Y 独立当且仅当 X 与 Y 不相关.

4.4　矩

随机变量的另一个数字特征是矩，包括原点矩和中心矩，它们在数理统计中有重要的作用，下面介绍几种矩的定义.

> **定义 4**　对于随机变量 X，若 $E(X^k)$ 存在，则称之为 X 的 k 阶原点矩，简称 k 阶矩；若 $E\{[X - E(X)]^k\}$ 存在，则称之为 X 的 k 阶中心矩.

例如，随机变量 X 的数学期望 $E(X)$ 是 X 的一阶原点矩，方差 $D(X)$ 是 X 的二阶中心矩.

> **定义 5**　二维随机变量 (X_1, X_2)，令
>
> $$c_{11} = \text{Cov}(X_1, X_1) = D(X_1),$$
>
> $$c_{12} = \text{Cov}(X_1, X_2),$$
>
> $$c_{21} = \text{Cov}(X_2, X_1) = c_{12},$$
>
> $$c_{22} = \text{Cov}(X_2, X_2) = D(X_2),$$
>
> 则它们排列成矩阵
>
> $$\begin{pmatrix} c_{11} & c_{12} \\ c_{21} & c_{22} \end{pmatrix},$$
>
> 称此矩阵为 (X_1, X_2) 的协方差阵.

可以类似定义 n 维随机变量 $(X_1, X_2, \cdots, X_n)$ 的协方差阵. 若 $c_{ij} = \text{Cov}(X_i, X_j)$，$i, j = 1, 2, \cdots, n$ 都存在，则称矩阵

$$\begin{pmatrix} c_{11} & c_{12} & \cdots & c_{1n} \\ c_{21} & c_{22} & \cdots & c_{2n} \\ \vdots & \vdots & & \vdots \\ c_{n1} & c_{n2} & \cdots & c_{nn} \end{pmatrix}$$

为 $(X_1, X_2, \cdots, X_n)$ 的协方差阵.

Python 实验

实验 1——数学期望

箱中装有大小、形状相同的 10 个球，三个标有号码 0，三个标有号码 1，两个标有号码 2，两个标有号码 3. 从箱中任取一球，记下号码后再放回箱中为一次试验. 记 X 为所得号码，则 X 是随机变量，其概率分布为

X	0	1	2	3
p_k	0.3	0.3	0.2	0.2

（1）进行 $N=100$ 次试验，统计试验中取得 0 号球、1 号球、2 号球、3 号球的次数 N_0, N_1, N_2, N_3，算出 N 次试验所得号码的平均值

$$\overline{X} = 0 \cdot \frac{N_0}{N} + 1 \cdot \frac{N_1}{N} + 2 \cdot \frac{N_2}{N} + 3 \cdot \frac{N_3}{N},$$

并与数学期望

$$E(X) = 0 \cdot p_0 + 1 \cdot p_1 + 2 \cdot p_2 + 3 \cdot p_3 = 1.3$$

做比较.

（2）分别取 $N=50$，200，2000，5000 重复实验，观察 N 的取值对 $\overline{X} - E(X)$ 的影响.

结论：每组试验结果均在数学期望 1.3 附近波动，一般来说，随着 N 增大，$\overline{X}$ 越来越稳定在 $E(X)$ 附近.

练习 1 自行选定参数，分别绘出二项分布、泊松分布，均匀分布、指数分布、正态分布的概率分布曲线或概率密度曲线，观察数学期望对应曲线上的点. 你发现了什么？

练习 2 轰炸效果问题.

假设有 100 个目标需要摧毁，模拟飞机轰炸，每次随机地击中一个目标，且必击中一个目标（可以重复地击中）. 计算摧毁全部 100 个目标平均所需的飞机轰炸次数，并进行模拟（用 1~100

可以重复的随机整数模拟试验结果），输入下面的 Python 语句，完成模拟实验.

```
import numpy as np


n=np.zeros(1000)
for i in range(1000):
    n[i]=0
    pd=np.zeros(100)
    while sum(pd)<100:
        index=np.arange(100)
        np.random.shuffle(index)
        pd[index[1]]=1
        n[i]=n[i]+1


m=np.mean(n)
print(m) #输出全部摧毁100个目标平均所需的飞机轰炸次数
```

实验 2——方差对随机变量取值的影响

设 X，Y 都是连续型随机变量，均服从正态分布：$X \sim N(\mu, \sigma_1^2)$，$Y \sim N(\mu, \sigma_2^2)$，其中 $\sigma_1 < \sigma_2$，输入后面的 Python 语句，完成以下实验.

（1）画出两个分布的概率密度图形.

（2）取 $N=2000$，分别产生服从两个分布的二组随机数，并画直方图.

任选常数 $a > 0$（注意大小适中），计算 $P\{|X-\mu|>a\}$，$P\{|X-\mu|>2a\}$，$P\{|Y-\mu|>a\}$，$P\{|Y-\mu|>2a\}$，同时统计两组随机数落入到区间 $[\mu-a, \mu+a]$、$[\mu-2a, \mu+2a]$ 内和区间外的频率.

通过以上的实验，你会得到什么结论？

练习 3　设 $X \sim P(2)$，$Y \sim P(20)$，分别产生两组随机数，完成类似上面的实验，观察参数对随机数取值的影响，并解释原因.

练习 4　设 X 服从参数为 2 的指数分布，Y 服从参数为 1 的指数分布，分别产生两组随机数，观察参数对随机数取值的影响，并解释原因.

实验 2 的 Python 语句为

```
#导入需要的包
import numpy as np
```

```
import matplotlib.pyplot as plt#绘图模块
import scipy.stats as stats #该模块包含了所有的统计分析函数
mu=3
sig1,sig2=1,2
a,n=1,2000

x1=np.linspace(mu-4*sig2,mu+4*sig2,100)
y1=stats.norm.pdf(x1,mu,sig1)
plt.plot(x1,y1)     #随机变量的概率密度图形

y2=stats.norm.pdf(x1,mu,sig2)
plt.plot(x1,y2,color="red")
plt.show()
```

知识纵横——概率统计先驱

　　蒲丰（**Buffon，1707—1788**），法国数学家、自然科学家.
1733年当选为法国科学院院士，1739 年任巴黎皇家植物园园长，
1753 年进入法兰西学院. 1771 年接受法国国王路易十五的爵封.

　　蒲丰是几何概率的开创者，并以蒲丰投针问题闻名于世，发
表在其 1777 年的论著《或然性算术试验》中. 其中首先提出并解决
下列问题：把一个小薄圆片投入被分为若干个小正方形的矩形域
中，求使小圆片完全落入某一小正方形内部的概率是多少，接着
讨论了投掷正方形薄片和针形物时的概率问题. 这些问题都称为
蒲丰问题. 其中投针问题可表述为：设在平面上有一组平行线，
其间距都等于 D，把一根长 $l<D$ 的针随机投上去，则这根针和一
条直线相交的概率是 $2l/(\pi D)$. 由于通过他的投针试验法可以利
用很多次随机投针试验算出 π 的近似值，所以特别引人瞩目.

　　贝叶斯（**Bayes，1702—1761**），英国牧师、数学家. 生活在 18 世纪的贝叶斯生前是位受人尊敬的英格兰长老会牧师. 为了证明上帝的存在，他发明了概率统计学原理，遗憾的是，他的这一美好愿望至死也未能实现. 贝叶斯在数学方面主要研究概率论. 他首先将归纳推理法用于概率论基础理论，并创立了贝叶斯统计理论，对于统计决策函数、统计推断、统计的估算等做出了贡献. 1763 年发表了这方面的论著，对于现代概率论和数理统计都有很重要的作用. 贝叶斯的另一著作《机会的学说概论》发表于 1758 年. 贝叶斯所采用的许多术语被沿用至今. 贝叶斯思想和方法对概率统计的发展产生了深远的影响. 今天，贝叶斯思想和方法在许多领域都获得了广泛的应用. 从 20 世纪二三十年代开始，概率统计学出现了"频率学派"和"贝叶斯学派"的争论.

　　柯尔莫哥洛夫（**Kolmogorov 1903—1987**），1954 年担任莫斯科大学数学力学系主任. 1966 年当选为苏联教育科学院院士.

　　在 1924 年他念大学四年级时就和当时的苏联数学家辛钦一起建立了关于独立随机变量的三级数定理. 1934 年他出版了《概率论基本概念》一书，在世界上首次以测度论和积分论为基础建立了概率论公理结论，这是一部具有划时代意义的巨著，在科学史上写下了苏联数学最光辉的一页. 他是一位伟大的教育家. 他热爱学生，对学生严格要求，指导有方，直接指导的学生有 67 人，他们大多数成为世界级的数学家，其中 14 人成为苏联科学院院士．他的研究范围广泛，具体包括：基础数学、数理逻辑、实变函数论、微分方程、概率论、数理统计、信息论、泛函分析力学、拓扑学以及数学在物理、化学、生物、地质、冶金、结晶学、人工神经网络中的广泛应用．他创建了一些新的数学分支——信息算法论、概率算法论和语言统计学等.

　　高斯（**Gauss，1777—1855**），生于不伦瑞克，卒于哥廷根，德国著名数学家、物理学家、天文学家、大地测量学家. 从 1807 年起担任哥廷根大学教授兼哥廷根天文台台长直至逝世. 高斯是近代数学奠基者之一，在历史上影响很大，有"数学王子"之称. 18 岁的高斯发现了质数分布定理和最小二乘法. 通过对足够多的测量数据的处理后，可以得到一个新的、概率性质的测量结果. 在这些基础之上，高斯随后专注于曲面与曲线的计算，并成功得到高斯钟形曲线（正态分布曲线）. 其函数被命名为标准正态分布（或高斯分布），并在概率计算中大量使用. 高斯的肖像已经被印在从 1989 年至 2001 年流通的 10 马克的德国纸币上.

　　泊松（**Poisson，1781—1840**），法国数学家，1798 年入巴黎综合工科学校深造. 1806 年任该校教授，1812 年当选为巴黎科学院

院士. 泊松的科学生涯开始于研究微分方程及其在摆的运动和声学理论中的应用. 他工作的特色是应用数学方法研究各类物理问题，并由此得到数学上的发现. 他对积分理论、行星运动理论、热物理、弹性理论、电磁理论、位势理论和概率论都有重要贡献. 泊松也是 19 世纪概率统计领域里的卓越人物. 他改进了概率论的运用方法，特别是用于统计方面的方法，建立了描述随机现象的一种概率分布——泊松分布. 他推广了"大数定律"，并导出了在概率论与数理方程中有重要应用的泊松积分. 他是从法庭审判问题出发研究概率论的，1837 年出版了他的专著《关于刑事案件和民事案件审判概率的研究》.

雅各布·伯努利（Jakob Bernoulli，1654—1705），17 世纪瑞士著名数学家，伯努利家族代表人物之一，数学家，被公认的概率论的先驱之一. 他是最早使用"积分"这个术语的人，也是较早使用极坐标系的数学家之一. 年轻时根据父亲的意愿学习神学，曾获巴塞尔大学文学硕士和神学硕士学位，同时怀着浓厚的兴趣研习数学和天文学. 1687 年起任巴塞尔大学教授，在多方面做出重要贡献. 对概率论也有深入研究，建立了描述独立试验序列的"伯努利概型"，提出并证明了随着试验次数的增加，频率稳定在概率附近的"伯努利大数定律". 值得一提的是，伯努利家族是一个数学家辈出的家族. 除了雅各布·伯努利外，在概率论方面比较著名的还有约翰·伯努利（Johann Bernoulli，1667—1748），丹尼尔·伯努利（Daniel Bernoulli，1700—1782）. 其中丹尼尔·伯努利在概率论中引入正态分布误差理论，发表了第一个正态分布表.

　　切比雪夫（**Chebyshev**，**1821—1894**），俄国数学家、机械学家、教育学家. 莫斯科大学毕业，1849 年获彼得堡大学博士学位. 长期担任彼得堡大学教授，1853 年当选为彼得堡科学院院士. 在数论、概率论、机械论方面有重要贡献，是彼得堡学派奠基人之一. 他证明了伯特兰公式、关于自然数中素数分布的定理、概率论中的切比雪夫不等式、大数定律及中心极限定理. 他从研究机械原理出发，利用多项式来逼近连续函数，创立了"函数逼近论"这一新的数学分支. 他先后发表论文 70 余篇，主要数学著作有《论素数》《几何作图》等. 他在概率论、解析数论和函数逼近论领域的开创性工作从根本上改变了法国、德国等传统数学大国的数学家们对俄国数学的看法，使得俄国步入世界数学强国之列.

　　切比雪夫在大学执教 35 年，功勋卓著，著作等身，高徒辈出，桃李满天下. 他身有残疾，但矢志不渝，为科学、教育事业努力奋斗；他终生未娶，为科学、教育事业洒尽了全部心血.

　　辛钦（**1894—1959**），苏联数学家、教育家. 1916 年毕业于莫斯科大学，1935 年获物理-数学博士学位. 曾任莫斯科大学教授、数学力学研究所所长. 1939 年当选苏联科学院通讯院士，1944 年当选俄罗斯联邦教育科学院院士. 苏联概率论学派的代表人物之一. 1933 年创立平稳随机过程理论，并取得极限定理等重要成果. 对函数论、丢番图逼近论、连分数度量论等也有贡献. 致力于教

育工作，对改进苏联的数学教育做出了显著成绩. 著有《概率论的极限理论》《数学分析简明教程》《连分数》等. 曾获列宁勋章和劳动红旗勋章. 著名的辛钦大数定律是他的第一本著作《概率论的极限理论》中的内容.

棣莫弗(**De Moivre，1667—1754**)，数学家，主要贡献在概率论和代数方面. 开创以正态分布为极限的中心极限定理的研究，提出关于复数 n 次乘方或开方的所谓棣莫弗公式. 1685 年棣莫弗迁居伦敦，并成为牛顿的亲密朋友. 棣莫弗与牛顿、天文学家哈雷为友，专心研究科学. 在早期所学的数学著作中，他最感兴趣的是惠更斯(Huygens)关于赌博的著作，特别是惠更斯于 1657 年出版的《论赌博中的计算》一书，启发了他的灵感. 1711 年，他写了《抽签的计量》，并在七年后修改扩充为《机会的学说》发表. 这是早期概率论的专著之一，其中首次定义了独立事件的乘法定理，给出了二项分布公式，更讨论了许多掷骰和其他赌博的问题. 棣莫弗的天才及成就逐渐受到了人们广泛的关注和尊重. 哈雷将棣莫弗的重要著作《机会的学说》呈送牛顿，牛顿对棣莫弗十分欣赏. 据说，后来遇到学生向牛顿请教概率方面的问题时，他就说："这样的问题应该去找棣莫弗，他对这些问题的研究比我深入得多".

拉普拉斯(**Laplace，1749—1827**)，法国数学家、天文学家、物理学家. 曾任巴黎军事学校教授. 1816 年被选为法兰西学院院

士，1817 年任该院院长. 1812 年出版《概率论的解析理论》一书，在该书中总结了前人在概率论方面的工作，证明了重要的极限定理，论述了概率在选举审判调查、气象等方面的应用，发展了误差理论，引进了概率加法与乘法定理以及生成函数、数学期望等概念，还引进了现被广泛应用的"拉普拉斯变换".

他致力于挽救世袭制的没落：他当了六个星期的拿破仑的内政部长，后来成为元老院的掌玺大臣，并在拿破仑皇帝时期和路易十八时期两度获颁爵位，后被选为法兰西学院院长. 拉普拉斯曾任拿破仑的老师，所以和拿破仑结下了不解之缘.

习题四

1. 袋中有 5 个球，编号为 1,2,3,4,5，现从中任意抽取 3 个球，用 X 表示取出的 3 个球中的最大编号，求 $E(X)$.

2. 掷一枚均匀的 6 面骰子：掷出 1 点，输 10 元；掷出 2，3 或 4 点赢 2 元；掷出 5 或 6 点，不赢也不输. 问此赌博对参加者是否有利？

3. 某人每次射击命中目标的概率为 p，现连续向目标射击，直到第一次命中目标为止，求射击次数的数学期望.

4. 在射击比赛中，每人射击 4 次，每次一发子弹. 规定 4 弹全未中得 0 分，只中 1 弹得 15 分，中 2 弹得 30 分，中 3 弹得 55 分，中 4 弹得 100 分. 某人每次射击的命中率为 0.6，此人期望能得多少分？

5. 设随机变量 X 的概率分布为

$$P\left\{X=(-1)^{k+1}\frac{3^k}{k}\right\}=\frac{2}{3^k},k=1,2,\cdots,$$

说明 X 的数学期望不存在.

6. 设从学校乘汽车到火车站的途中有 3 个交通岗，在各交通岗遇到红灯是相互独立的，其概率均为 0.4，求途中遇到红灯次数的数学期望.

7. 假设一部机器在一天内发生故障的概率为 0.2，机器发生故障时全天停止工作，若一周 5 个工作日无故障，可获利 10 万元；发生一次故障仍可获利 5 万；发生两次故障获利为 0；发生三次或三次以上故障亏本 2 万元. 求一周内利润的数学期望.

8. 设随机变量 X 的概率密度函数为

$$f(x)=\begin{cases}\dfrac{1}{1500^2}x, & 0\leqslant x\leqslant 1500,\\ -\dfrac{1}{1500^2}(x-3000), & 1500<x\leqslant 3000,\\ 0, & 其他,\end{cases}$$

求 $E(X)$.

9. 设随机变量 X 的概率密度函数为

$$f(x)=\begin{cases}ax, & 0<x<2,\\ bx+c, & 2\leqslant x\leqslant 4,\\ 0, & 其他,\end{cases}$$

又 $E(X)=2$，$P\{1<X<3\}=\dfrac{3}{4}$，求常数 a，b，c 的值.

10. 设随机变量 X 的概率密度函数为

$$f(x)=\frac{1}{\pi(1+x^2)},\ -\infty<x<+\infty,$$

说明 $E(X)$ 不存在.

11. 设随机变量 X 的分布律为

X	-2	0	2
p_k	0.4	0.3	0.3

求 $E(X)$，$E(X^2)$，$E(3X^2+5)$.

12. 设 $X\sim P(\lambda)$，求 $E\left(\dfrac{1}{X+1}\right)$.

13. 设随机变量 X 的概率密度函数为

$$f(x)=\begin{cases}e^{-x}, & x>0,\\ 0, & x\leqslant 0,\end{cases}$$

分别求 $2X$ 和 e^{-2X} 的数学期望.

14. 设二维随机向量 (X,Y) 的概率密度函数为

$$f(x) = \begin{cases} 12y^2, & 0 \leq y \leq x \leq 1, \\ 0, & \text{其他,} \end{cases}$$

求 $E(X)$，$E(Y)$，$E(XY)$ 和 $E(X^2+Y^2)$.

15. 设随机变量 X 和 Y 相互独立，概率密度函数分别为

$$f_X(x) = \begin{cases} 2x, & 0 \leq x \leq 1, \\ 0, & \text{其他,} \end{cases} \quad f_Y(y) = \begin{cases} 4e^{-4y}, & y>0, \\ 0, & y \leq 0, \end{cases}$$

求 $E(XY)$.

16. 设随机变量 X 和 Y 相互独立，并且都服从 $U(0,\theta)$，求 $E(\max\{X,Y\})$.

17. 一工厂生产的某种设备的寿命 X（以年计）服从指数分布，概率密度为

$$f(x) = \begin{cases} \dfrac{1}{4}e^{-x/4}, & x>0, \\ 0, & x \leq 0, \end{cases}$$

工厂规定，出售的设备若在一年之内损坏可予以调换. 若工厂售出一台设备可赢利 100 元，调换一台设备厂方需花费 300 元. 试求厂方出售一台设备净赢利的数学期望.

18. 有 n 把看上去样子相同的钥匙，其中只有一把能打开门上的锁，用它们去试开门上的锁. 设取到每把钥匙是等可能的，若每把钥匙试开一次后除去，求试开次数 X 的数学期望.

19. 将一枚均匀的骰子连掷 10 次，求所得点数之和的数学期望.

20. 求习题 1 中随机变量 X 的方差.

21. 求习题 9 中随机变量 X 的方差.

22. 设二维随机变量 (X,Y) 的概率密度函数为

$$f(x,y) = \begin{cases} \dfrac{1+xy}{4}, & -1<x<1, -1<y<1, \\ 0, & \text{其他,} \end{cases}$$

求 $D(X)$ 和 $D(Y)$.

23. 设随机变量 $X \sim N(0,4)$，$Y \sim U(0,4)$，并且 X 和 Y 相互独立，求 $D(X+Y)$ 和 $D(2X-3Y)$.

24. 设随机变量 (X,Y) 的分布律为

Y ＼ X	-1	0	1
-1	$\dfrac{1}{8}$	$\dfrac{1}{8}$	$\dfrac{1}{8}$
0	$\dfrac{1}{8}$	0	$\dfrac{1}{8}$
1	$\dfrac{1}{8}$	$\dfrac{1}{8}$	$\dfrac{1}{8}$

验证 X 和 Y 是不相关的，但 X 和 Y 不是相互独立的.

25. 设随机变量 $X_1, X_2, \cdots, X_n$ 相互独立，且 $E(X_i) = \mu$，$D(X_i) = \sigma^2$，$i = 1, 2, \cdots, n$，求 $Z = \dfrac{X_1+X_2+\cdots+X_n}{n}$ 的数学期望和方差.

26. 设二维随机变量 (X, Y) 的概率密度函数为

$$f(x,y) = \begin{cases} \dfrac{1}{8}(x+y), & 0 \leq x \leq 2, 0 \leq y \leq 2, \\ 0, & \text{其他,} \end{cases}$$

求 ρ_{XY}.

27. 设二维随机变量 (X, Y) 的概率密度函数为

$$f(x,y) = \begin{cases} e^{-(x+y)}, & 0<x, 0<y, \\ 0, & \text{其他,} \end{cases}$$

求 $\mathrm{Cov}(X,Y)$ 和 ρ_{XY}.

28. 设随机变量 $X \sim N(\mu,\sigma^2)$，$Y \sim N(\mu,\sigma^2)$，且 X 和 Y 相互独立，试求 $Z_1 = \alpha X + \beta Y$ 和 $Z_2 = \alpha X - \beta Y$ 的相关系数（其中 α，$\beta \neq 0$ 为常数）.

29. 设随机变量 X 和 Y 的方差分别为 $D(X) = 25$，$D(Y) = 36$，并且相关系数 $\rho_{XY} = 0.4$，求 $\mathrm{Cov}(X,Y)$，$D(X+Y)$ 和 $D(X-Y)$.

30. 设随机变量 $X \sim U\left(-\dfrac{1}{2}, \dfrac{1}{2}\right)$，$Y = \cos X$，求 ρ_{XY}.

极限定理是概率论的基本理论之一，在概率论和数理统计的理论研究和实际应用中都具有重要意义．在这一章中，我们将介绍有关随机变量序列的最基本的两类极限定理，即大数定律和中心极限定理．

5.1 大数定律

5.1.1 切比雪夫不等式

定理 1 设随机变量 X 具有数学期望 $E(X) = \mu$，方差 $D(X) = \sigma^2$，则对于任意正数 ε，有

$$P\{|X-\mu| \geqslant \varepsilon\} \leqslant \frac{\sigma^2}{\varepsilon^2}.$$

证明 只对 X 是连续型随机变量的情形加以证明．设 X 的概率密度函数为 $f(x)$，则有

$$
\begin{aligned}
P\{|X-\mu| \geqslant \varepsilon\} &= \int_{|x-\mu| \geqslant \varepsilon} f(x)\,\mathrm{d}x \\
&\leqslant \int_{|x-\mu| \geqslant \varepsilon} \frac{|x-\mu|^2}{\varepsilon^2} f(x)\,\mathrm{d}x \\
&\leqslant \frac{1}{\varepsilon^2} \int_{-\infty}^{+\infty} (x-\mu)^2 f(x)\,\mathrm{d}x = \frac{\sigma^2}{\varepsilon^2},
\end{aligned}
$$

定理证毕．

切比雪夫不等式也可以写为

$$P\{|X-\mu| < \varepsilon\} \geqslant 1 - \frac{\sigma^2}{\varepsilon^2}.$$

切比雪夫不等式说明，X 的方差越小，则事件 $\{|x-\mu| < \varepsilon\}$ 发生的概率就越大，即 X 取的值越集中于它的期望 μ 附近．这进一步说明了方差的意义．

用切比雪夫不等式可以在 X 的分布未知的情形下，估计概率 $P\{|x-\mu|<\varepsilon\}$ 或 $P\{|x-\mu|\geqslant\varepsilon\}$. 例如，

$$P\{|x-\mu|<3\sigma\}\geqslant 1-\frac{\sigma^2}{9\sigma^2}=0.8889,$$

相比较于分布已知时所计算出的概率而言，这个估计是比较粗糙的.

5.1.2　大数定律

若随机变量序列 $X_1,X_2,\cdots,X_n,\cdots$，对于任意 $n>1$，$X_1,X_2,\cdots,$ $X_n,\cdots$相互独立，则称随机变量 $X_1,X_2,\cdots,X_n,\cdots$相互独立.

定理 2(辛钦大数定律)　设 $X_1,X_2,\cdots,X_n,\cdots$是相互独立的，服从同一分布的随机变量序列，并且具有数学期望和方差

$$E(X_i)=\mu,\ D(X_i)=\sigma^2,\ i=1,2,\cdots,$$

作前 n 个变量的算术平均 $Y_n=\dfrac{1}{n}\sum\limits_{i=1}^n X_i$，则对任意正数 ε 有

$$\lim_{n\to\infty}P\{|Y_n-\mu|<\varepsilon\}=1. \tag{5-1}$$

证明　因为

$$E(Y_n)=\frac{1}{n}\sum_{i=1}^n E(X_i)=\mu,\ D(Y_n)=\frac{1}{n^2}\sum_{i=1}^n D(X_i)=\frac{\sigma^2}{n},$$

由切比雪夫不等式，得

$$P\{|Y_n-\mu|<\varepsilon\}\geqslant 1-\frac{\sigma^2}{n\varepsilon^2},$$

令 $n\to\infty$，注意到概率不可能大于 1，得到式(5-1)，定理证毕.

式(5-1)表明，无论正数 ε 多小，当 n 充分大时，事件$\{Y_n\in(\mu-\varepsilon,\mu+\varepsilon)\}$发生的概率可任意接近于 1. 在概率论中把这种收敛性称为依概率收敛.

定义　设 $Y_1,Y_2,\cdots,Y_n,\cdots$为一随机变量序列，$a$ 是一个常数. 若对于任意正数 ε，有

$$\lim_{n\to\infty}P\{|Y_n-a|<\varepsilon\}=1,$$

则称随机变量序列 $Y_1,Y_2,\cdots,Y_n,\cdots$依概率收敛于 a，记为

$$Y_n\xrightarrow{P}a.$$

定理 3(伯努利大数定律) 设 n 次独立重复试验中事件 A 发生的次数为 n_A,在每次试验中事件 A 发生的概率为 p,则对于任意正数 ε,有

$$\lim_{n\to\infty}P\left\{\left|\frac{n_A}{n}-p\right|<\varepsilon\right\}=1. \tag{5-2}$$

证明 令

$$X_i=\begin{cases}1, & \text{若在第 }i\text{ 次试验中事件 }A\text{ 发生,}\\ 0, & \text{若在第 }i\text{ 次试验中事件 }A\text{ 不发生,}\end{cases} i=1,2,\cdots,$$

则 X_1,X_2,$\cdots$,X_n,$\cdots$是相互独立的随机变量序列,并且 $X_i(i=1,2,\cdots)$ 均服从两点分布,从而

$$E(X_i)=p,D(X_i)=p(1-p),i=1,2,\cdots,$$

注意到 $\dfrac{1}{n}\sum_{i=1}^{n}X_i=\dfrac{n_A}{n}$,由定理 2 得到式(5-2).

该定理表明事件 A 发生的频率 $\dfrac{n_A}{n}$ 依概率收敛于事件 A 的概率 p,以严格的数学形式表达了频率的稳定性,即随着试验次数的增加,事件发生的频率逐渐稳定于事件发生的概率. 这个事实为在实际应用中用频率去估计概率提供了一个理论依据.

5.2 中心极限定理

在实际中有许多随机变量,它们是由大量的相互独立的随机因素的综合影响所形成的,而其中每一个因素在总的影响中所起的作用都是很小的,这种随机变量往往近似地服从正态分布.

定理 1(独立同分布中心极限定理) 设随机变量 $X_1,X_2,\cdots,X_n,\cdots$相互独立,服从同一分布,并且具有期望和方差:$E(X_i)=\mu$,$D(X_i)=\sigma^2>0$,$i=1,2,\cdots$,则随机变量

$$Y_n=\frac{\sum_{i=1}^{n}X_i-n\mu}{\sqrt{n}\,\sigma}$$

的分布函数 $F_n(x)$ 收敛到标准正态分布函数,即对于任意实数 x 满足

$$\lim_{n\to\infty}F_n(x)=\lim_{n\to\infty}P\{Y_n\leqslant x\}=\int_{-\infty}^{x}\frac{1}{\sqrt{2\pi}}e^{-\frac{t^2}{2}}dt=\Phi(x),$$

其中,$\Phi(x)$ 为标准正态分布 $N(0,1)$ 的分布函数.

定理 1 就是说，独立同分布的随机变量 $X_1, X_2, \cdots, X_n$ 之和 $\sum_{i=1}^{n} X_i$ 的标准化变量，当 n 充分大时，近似地服从标准正态分布 $N(0,1)$. 在一般情况下，很难求出 n 个随机变量之和 $\sum_{i=1}^{n} X_i$ 的分布函数，该定理说明，当 n 充分大时，可以通过 $\Phi(x)$ 给出其近似分布，这样，就可以利用正态分布对 $\sum_{i=1}^{n} X_i$ 做理论分析或实际计算. 所以正态分布在概率统计中占有重要地位.

记 $\overline{X} = \dfrac{1}{n} \sum_{i=1}^{n} X_i$ ，则有

$$\frac{\sum\limits_{i=1}^{n} X_i - n\mu}{\sqrt{n}\,\sigma} = \frac{\dfrac{1}{n}\sum\limits_{i=1}^{n} X_i - \mu}{\sigma/\sqrt{n}} = \frac{\overline{X} - \mu}{\sigma/\sqrt{n}},$$

这样当 n 充分大时有，$\dfrac{\overline{X}-\mu}{\sigma/\sqrt{n}}$ 近似地服从标准正态分布 $N(0,1)$ 或 $\overline{X}$ 近似地服从正态分布 $N(\mu, \sigma^2/n)$. 这是独立同分布中心极限定理的另一种常用形式，并且这一结果也是数理统计中大样本统计推断的基础.

例 5.2.1　　已知在某十字路口，一周事故发生数的数学期望为 2.2，标准差为 1.3.

(1) 以 $\overline{X}$ 表示一年(以 52 周计)此十字路口事故发生数的算术平均，试用中心极限定理求 $\overline{X}$ 的近似分布，并求 $P\{\overline{X}<2\}$；

(2) 求一年事故发生数小于 100 的概率.

解　令随机变量 X_i 表示第 i 周发生事故的次数，X_i 独立同分布且有

$$E(X_i) = 2.2, D(X_i) = 1.3^2, i = 1, 2, \cdots, 52.$$

(1) $\overline{X} = \dfrac{1}{52}\sum\limits_{i=1}^{52} X_i$ ，所以 $\dfrac{\overline{X}-2.2}{1.3/\sqrt{52}}$ 近似服从标准正态分布 $N(0,1)$，即 $\overline{X}$ 近似服从正态分布 $N(2.2, 1.3^2/52)$，于是

$$P\{\overline{X}<2\} = P\left\{\frac{\overline{X}-2.2}{1.3/\sqrt{52}} < \frac{2-2.2}{1.3/\sqrt{52}}\right\} \approx \Phi(-1.1094) = 0.1336.$$

(2) $P\left\{\sum\limits_{i=1}^{52} X_i < 100\right\} = P\left\{\dfrac{\sum\limits_{i=1}^{52} X_i - 52 \times 2.2}{\sqrt{52} \times 1.3} < \dfrac{100 - 52 \times 2.2}{\sqrt{52} \times 1.3}\right\}$

$$\approx \Phi(-0.4267) = 0.3348.$$

例 5.2.2 计算机在进行加法计算时，把每个加数取为最接近于它的整数来计算，设所有的取整误差是相互独立的随机变量，并且都在区间 $[-0.5,0.5]$ 上服从均匀分布，求 300 个数相加时误差总和的绝对值小于 10 的概率.

解 设随机变量 X_i 表示第 i 个加数的取整误差，则有 X_i, $i=1,2,\cdots,300$，独立同分布，X_i 在区间 $[-0.5,0.5]$ 上服从均匀分布，并且有

$$E(X_i)=0, D(X_i)=\frac{1}{12}, i=1,2,\cdots,300.$$

于是

$$P\left\{\left|\sum_{i=1}^{300}X_i\right|<10\right\}=P\left\{\left|\frac{\sum_{i=0}^{300}X_i}{\sqrt{300/12}}\right|<\frac{10}{\sqrt{300/12}}\right\}$$

$$\approx \Phi(2)-\Phi(-2)=0.9544.$$

所以 300 个数相加时误差总和的绝对值小于 10 的概率约为 0.9544.

定理 2(李雅普诺夫定理) 设随机变量 $X_1,X_2,\cdots,X_n,\cdots$ 相互独立，它们具有期望和方差：

$$E(X_i)=\mu_i, D(X_i)=\sigma_i^2>0, i=1,2,\cdots,$$

记

$$B_n^2=\sum_{i=1}^{n}\sigma_i^2,$$

若存在正数 δ，使得当 $n\to\infty$ 时，

$$\frac{1}{B_n^{2+\delta}}\sum_{i=1}^{n}E\{|X_i-\mu_i|^{2+\delta}\}\to 0,$$

则随机变量

$$Y_n=\frac{\sum_{i=1}^{n}X_i-\sum_{i=1}^{n}\mu_i}{B_n}$$

的分布函数 $F_n(x)$ 收敛到标准正态分布函数，即对于任意实数 x 满足

$$\lim_{n\to\infty}F_n(x)=\lim_{n\to\infty}P\{Y_n\leq x\}=\int_{-\infty}^{x}\frac{1}{\sqrt{2\pi}}e^{-\frac{t^2}{2}}dt=\Phi(x),$$

其中，$\Phi(x)$ 为标准正态分布 $N(0,1)$ 的分布函数.

这个定理说明，无论各个随机变量 $X_i(i=1,2,\cdots)$ 服从什么分

布，只要满足条件，那么它们的和 $\sum_{i=1}^{n} X_i$ ，当 n 很大时，就近似地服从正态分布. 在很多问题中，所考虑的随机变量可以表示成很多独立的随机变量之和，例如，一个城市的耗电量是大量用户耗电量的总和；一个物理实验的测量误差是由许多观察不到的、可加的微小误差所合成的，它们往往近似地服从正态分布. 这就是为什么正态分布在概率论中占有重要地位的一个基本原因.

下面的定理是定理 1 的一个重要特例.

> **定理 3(棣莫弗-拉普拉斯定理)**　设随机变量 $X_1, X_2, \cdots, X_n, \cdots$ 相互独立，并且都服从参数为 p 的两点分布，则对任意实数 x 有
>
> $$\lim_{n \to \infty} P\left\{ \frac{\sum_{i=1}^{n} X_i - np}{\sqrt{np(1-p)}} \leqslant x \right\} = \Phi(x),$$
>
> 其中，$\Phi(x)$ 为标准正态分布 $N(0,1)$ 的分布函数.

由于 $\sum_{i=1}^{n} X_i \sim B(n,p)$ ，所以当二项分布中的参数 n 很大时，可以通过近似到正态分布来计算概率.

例 5.2.3　某保险公司开办一年人身保险业务，被保险人每年需交付保险费 160 元，若一年内发生重大人身事故，其本人或家属可获 2 万元赔偿金. 已知该市人员一年内发生重大事故的概率为 0.005，现有 5000 人参加此项保险，问保险公司一年内从此项业务得到的总收益在 20 万到 40 万之间的概率是多少？

解　记

$$X_i = \begin{cases} 1, & \text{若第 } i \text{ 个被保险人发生重大事故,} \\ 0, & \text{若第 } i \text{ 个被保险人未发生重大事故} \end{cases} \quad i = 1, 2, \cdots, 5000,$$

于是 X_i 均服从参数为 $p = 0.005$ 的两点分布，$P\{X_i = 1\} = 0.005$，$np = 25$.

$\sum_{i=1}^{5000} X_i$ 是 5000 个被保险人中一年内发生重大人身事故的人数，保险公司一年内从此项业务所得到的总收益为 $0.016 \times 5000 - 2 \times \sum_{i=1}^{5000} X_i$ 万元，则有

$$P\left\{ 20 \leqslant 0.016 \times 5000 - 2 \sum_{i=1}^{5000} X_i \leqslant 40 \right\}$$

$$= P\left\{ 20 \leqslant \sum_{i=1}^{5000} X_i \leqslant 30 \right\}$$

$$= P\left\{ \frac{20 - 25}{\sqrt{25 \times 0.995}} \leqslant \frac{\sum\limits_{i=1}^{5000} X_i - 25}{\sqrt{25 \times 0.995}} \leqslant \frac{30 - 25}{\sqrt{25 \times 0.995}} \right\}$$

$$\approx \varPhi(1.0025) - \varPhi(-1.0025) = 0.6839.$$

Python 实验

实验 1——伯努利大数定律的直观演示

(1) 自行选定参数 p, 产生 n 个服从两点分布 $B(1,p)$ 的随机数, 统计实验中数字 1 出现的个数 n_A, 计算 $\left|\dfrac{n_A}{n}-p\right|$;

(2) 将(1)重复 $m = 100$ 组, 对给定的 $\varepsilon = 0.05$, 统计 m 组中 $\left|\dfrac{n_A}{n}-p\right| \geqslant \varepsilon$ 成立的次数及 $\left|\dfrac{n_A}{n}-p\right| \geqslant \varepsilon$ 的频率, 并填入表 5-1.

表 5-1　伯努利大数定律的直观演示结果

n	$\left\|\dfrac{n_A}{n}-p\right\| \geqslant \varepsilon$ 出现的次数	$\left\|\dfrac{n_A}{n}-p\right\| \geqslant \varepsilon$ 出现的频率
10		
30		
90		
270		
810		

从表中看出: 随着 n 的增大, 伯努利试验中事件 A 发生的频率与概率的偏差不小于 ε 的概率越来越接近于 0. 当 n 很大时, 事件发生的频率与概率有较大的偏差的可能性很小, 在实际应用中, 当试验次数很大时, 便可以用事件发生的频率来代替概率.

练习 1　给定 N, 取 $p = 0.5$, $\varepsilon = 0.3$, 观察 n 从 N 到 $N+50$ 变化时, $f_n = \dfrac{n_A}{n}$ 在 p 的 ε 邻域内变化的过程.

练习 2　辛钦大数定律的直观演示.

(1) 产生服从参数为 2 的指数分布的 n 个随机数, 计算 n 个随机数的平均值 $\overline{X}$;

(2) 将(1)重复 $m = 100$ 组, 对给定的 $\varepsilon = 0.05$, 统计 m 组中 $\left|\overline{X}-1/\lambda\right| < \varepsilon$ 成立的次数及 $\left|\overline{X}-1/\lambda\right| < \varepsilon$ 出现的频率, 并填入表 5-2.

表 5-2   辛钦大数定律的直观演示结果

n	$\left| \overline{X} - 1/\lambda \right| < \varepsilon$ 出现的频数	$\left| \overline{X} - 1/\lambda \right| < \varepsilon$ 出现的频率
100		
500		
1000		
2000		

从表中你能得到什么结论，从中体会辛钦大数定律的含义.

实验的部分 Python 语句为

```python
import numpy as np
import matplotlib.pyplot as plt

m,n,p=100,500,0.7
xr=np.random.binomial(1,p,[m,n])
xr=xr.sum(axis=1)/n-p
c=abs(xr)

fxc=sum(c<=0.05)
fre=1-fxc/m #输出的频率
print(fre)
```

实验 2——中心极限定理的直观演示：独立同分布中心极限定理

实验步骤：

（1）产生服从均匀分布 $U(0,1)$ 的 n 个随机数 x_i，取 $n=50$，

计算 $y = \sum\limits_{i=1}^{50} x_i$ 以及 $\dfrac{y-\dfrac{n}{2}}{\sqrt{n/12}}$；

（2）将（1）重复 $m=1000$ 组，用 m 组 $\dfrac{y-\dfrac{n}{2}}{\sqrt{n/12}}$ 的数据作频率直方图.

练习 3   改变原始分布为指数分布，完成上述实验，从中体会中心极限定理的含义.

练习 4   中心极限定理的直观演示——棣莫弗-拉普拉斯定理.

实验步骤：

（1）产生服从二项分布 $B(n,p)$ 的随机数 x，取 $p=0.2$，$n=30$，

计算 $y = \dfrac{x-np}{\sqrt{np(1-p)}}$；

（2）将（1）重复 $m = 1000$ 次，用 m 个 $y = \dfrac{x-np}{\sqrt{np(1-p)}}$ 数据作频率直方图.

实验的部分 Python 语句为

```
import numpy as np
import scipy.stats as stats
import matplotlib.pyplot as plt


m,n,p=1000,50,0.7
xr=np.random.uniform(0,1,[m,n])
a=xr.sum(axis=1)-(n/2)
b=np.sqrt(n/12)
c=a/b

x2=np.arange(-4,4,0.01)
y2=stats.norm.pdf(x2,0,1)
plt.hist(c,bins=40,range=None,density=True)
                                #直方图
plt.plot(x2,y2,color="red")    #标准正态概率密度图
plt.show()
```

知识纵横——大数定律与中心极限定理

目前，以概率理论作为基础的学科有很多，而最典型的莫过于统计学. 各大高校非数学系本科生使用的概率统计教材都是建立在随机变量基础上的理论，很少有非数学类的学习以测度论为基础的概率理论. 通过引入"随机变量"的定义，可以将抽象的样本空间映射到实空间中，方便我们能较好地用数学方法处理任何数据格式（例如实数数据和名义数据等）. 概率论中另一个重要的定义则是"条件数学期望"，让人们在做推断的时候想到了利用经验信息（先验信息），由此发展出来的贝叶斯思想（贝叶斯统计）现在可以用到任何领域.

独立同分布场合的大数定律（辛钦大数定律）为一类参数估计奠定了理论基础，因为在简单随机抽样下得到的样本正好是独立同分布的，按照"样本矩依概率收敛到总体矩"的思想，矩估计方

法诞生了. 这正是为什么我们用样本均值去估计总体期望的原因，它也启发了人们用概率论的想法构造模型从而实现数值计算，如蒙特卡罗方法. 此外，参数估计中最著名的极大似然估计法则是目前十分流行的参数估计方法，其来源于对已经发生的随机事件的概率的假定，通过若干次实验，观察其结果，利用实验结果得到某个参数值能够使得样本出现的概率最大，则将此值作为参数的估计值. 反过来，利用"小概率事件在一次试验中实际不发生"的原理，人们实现了假设检验，方差分析、相关分析、卡方检验、秩和检验等都是基本的假设检验方法.

中心极限定理则解释了为什么正态分布在统计中占有不可替代的地位，也告诉我们现实当中什么样的数据可以认为是正态的. 自从高斯认为误差服从正态分布以后，到今天，在正态总体下建立的许多估计方法和检验方法非常成熟，例如回归分析、判别分析、因子分析等. 同时，在非正态总体下，许多参数估计和检验也是稳健的，基于样本均值渐近无分布的参数方法的理论基础正是中心极限定理. 但是，没有参数方法适用于处理名义变量或次序数据，因此而发展起来的就是非参数统计，典型的方法如：列联表、秩检验、核密度估计、局部多项式等. 介于二者之间则是半参数统计了.

习题五

1. 已知正常男性成人每毫升的血液中，含白细胞平均数是 7300，均方差是 700，试用切比雪夫不等式估计每毫升血液中含白细胞数在 5200 到 9400 之间的概率.

2. 对于一个学生而言，来参加家长会的家长人数是一个随机变量，设一个学生无家长、1 名家长、2 名家长来参加会议的概率分别为 0.05、0.8、0.15. 若学校共有 400 名学生，设各学生参加会议的家长人数相互独立，且服从同一分布.

（1）求参加会议的家长人数超过 450 的概率；

（2）求有 1 名家长来参加会议的学生人数不多于 340 的概率.

3. 一工人修理一台机器需要两个阶段，第一阶段所需时间（单位：h）服从均值为 0.2 的指数分布，第二阶段服从均值为 0.3 的指数分布，且与第一阶段独立. 现有 20 台机器需要修理，求他在 8h 内完成的概率.

4. 设备零件的重量都是随机变量，它们相互独立，且服从相同的分布，其数学期望为 0.5kg，标准差为 0.1kg，问 5000 只零件的总重量超过 2510kg 的概率是多少？

5. 一公寓有 200 户住户，一户住户拥有汽车辆数 X 的分布律为

X	0	1	2
p_k	0.1	0.6	0.3

问需要多少车位，才能使每辆车都有一个车位的概率至少为 0.95？

6. 一复杂的系统由 100 个相互独立起作用的部件所组成，在整个运行期间每个部件损坏的概率为 0.1，为了使整个系统起作用，至少必须有 85 个部件正常工作，求整个系统起作用的概率.

第 6 章
样本与统计量

从本章起,进入本课程的第 2 部分——数理统计. 数理统计是以概率论为理论基础的具有广泛应用的一个数学分支,是一门分析带有随机影响数据的学科. 它研究如何有效地收集数据,并利用一定的统计模型对这些数据进行分析,提取数据中的有用信息,形成统计结论,为决策提供依据.

在这一章中,介绍一些数理统计的基本概念,包括总体、样本与统计量等,并介绍几个常用统计量及抽样分布.

6.1 总体、样本与统计量

6.1.1 总体与样本

在统计学中,将研究问题所涉及的对象的全体称为总体,而把总体中的每个成员称为个体. 例如:我们研究一家工厂的某种产品的废品率,这种产品的全体就是总体,而每件产品则是个体. 为了评价产品质量的好坏,通常的做法是从它的全部产品中随机地抽取一些样品,在统计学上称为样本. 实际上我们真正关心的并不是总体或个体的本身,而是它们的某项数量指标. 因此,我们应该把总体理解为那些研究对象的某项数量指标的全体,而把样本理解为样品的数量指标. 因此,当我们说到总体和样本时,既指研究对象又指它们的某项数量指标.

例 6.1.1 研究某地区 N 个家庭的年收入. 在这里,总体既指这 N 个家庭,又指他们的年收入的 N 个数字,如果我们从这 N 个家庭中随机地抽取出 n 个家庭作为调查对象,那么,这 n 个家庭及他们的年收入的 n 个数字就是样本.

例 6.1.1 中的总体是很直观的,但是许多情况并不总是这样.

例 6.1.2 用一把尺子测量一个物体的长度. 假定 n 次测量值为 X_1, X_2, $\cdots$, X_n.

在这个问题中，可以把测量值 $X_1, X_2, \cdots, X_n$ 看成样本，但是，总体是什么呢？事实上，这里没有一个现实存在的个体集合可以作为总体。可是我们可以这样考虑，既然 n 个测量值 $X_1, X_2, \cdots, X_n$ 是样本，那么总体就应该理解为一切所有可能的测量值的全体。

对于一个总体，如果用 X 表示它的数量指标，那么 X 的值对不同的个体取不同的值。因此，如果我们随机地抽取个体，则 X 的值也就随着抽取的个体的不同而不同。所以，X 是一个随机变量。既然总体是随机变量，X 就有概率分布。我们把 X 的分布称为总体的分布。总体的特性是由总体分布来刻画的。因此，通常把总体和总体分布视为同义语。

例 6.1.3　　检验由生产线生产出来的零件是次品还是正品，以 0 表示产品是正品，以 1 表示产品为次品，设出现次品的概率为 p（常数），那么总体是由一些"1"和一些"0"所组成的，这一总体对应于一个具有参数为 p 的 0—1 分布的随机变量 X，即有

$$P\{X=x\} = p^x(1-p)^{1-x}, x=0,1.$$

我们就将它说成是 0—1 分布总体。

例 6.1.4　　在例 6.1.2 中，假定物体的真正长度为 μ。一般说来测量值 X，也就是总体，取 μ 附近值的概率要大一些，而离 μ 越远的值的取值概率就越小。如果测量过程没有系统性误差，那么 X 取大于 μ 和小于 μ 的值的概率也会相等。在这样的情况下，人们往往认为 X 服从均值为 μ 的正态分布。假定其方差为 σ^2，则 σ^2 反映了测量的精度。于是总体 X 的分布为 $N(\mu, \sigma^2)$，记为 $X \sim N(\mu, \sigma^2)$。

这里还有一个问题，即物体长度的测量值不可能取到负值，而正态变量取值在 $(-\infty, +\infty)$ 上，怎么可以认为测量值服从正态分布呢？根据正态分布的一条性质：对于正态变量 $X \sim N(\mu, \sigma^2)$，有 $P\{\mu-3\sigma < X < \mu+3\sigma\} > 99.7\%$，即 X 落在区间 $(\mu-3\sigma, \mu+3\sigma)$ 之外的概率不超过 0.003，可见这个概率是非常小的。而 X 落在区间 $(\mu-4\sigma, \mu+4\sigma)$ 之外的概率也就更小了，几乎为 0。

例如，假定物体长度 $\mu = 10\text{cm}$，测量误差平均约为 0.01cm，则 $\sigma^2 = 0.01^2$，这时，$(\mu-3\sigma, \mu+3\sigma) = (9.97, 10.03)$，测量值落在这个区间之外的概率最多只有 0.003，而落在 $(\mu-4\sigma, \mu+4\sigma) = (9.96, 10.04)$ 之外的概率几乎为 0，可以忽略不计。可见，用正态分布 $N(10, 0.01^2)$ 描述测量值是合理的。

另外，正态分布取值范围是无限区间 $(-\infty, +\infty)$，在很多情形下可以解决事先规定取值范围的困难。如果上面的例子中我们用一个定义在有限区间 (a, b) 上的随机变量来描述测量值，那么

a 和 b 到底取什么值，测量者事先很难确定. 即便能够确定出 a 和 b，仍然很难找出一个定义在 (a,b) 上的非均匀分布来描述测量值. 这样，还不如干脆把取值区间扩大到 $(-\infty, +\infty)$，并采用正态分布去描述测量值，这样既简化了问题又不致引起较大的误差.

如果总体所包含的样本数量是有限的，则称该总体为有限总体，其分布是离散的. 如果总体所包含的个体数量是无限的，则称该总体为无限总体，其分布可以是连续的，也可以是离散的. 在数理统计中，研究有限总体比较困难，因为它的分布是离散型的，且分布律与总体所含个体数量有关. 所以，通常在总体所含个体数量比较大时，我们就把它近似地视为无限总体. 而且为了便于做进一步的统计分析，在一些情形下常用连续型分布去逼近总体的分布. 例如，研究某大城市年龄在 15 岁到 18 岁之间青年的身高. 显然，不管这个城市规模有多大，这个年龄段的人的数量总是有限的. 因此，这个总体只能是有限总体，总体分布也只能是离散型分布. 然而，为了便于处理问题，我们可以把它近似地看成一个无限总体，并且通常用正态分布来逼近这个总体的分布. 当城市比较大，青年人数量比较多时，这种逼近所带来的误差，从应用观点来看是可以忽略不计的.

样本的一个重要性质是它的二重性. 假设 $X_1, X_2, \cdots, X_n$ 是从总体 X 中抽取的样本，在一次具体的观测或试验中，它们是一批测量值，是一些已知的数，这就是说，样本具有数的属性. 这一点比较容易理解. 但是，另一方面，由于在具体的试验或观测中，受到各种随机因素的影响，在不同的观测中样本取值可能不同. 因此当脱离开特定的具体试验或观测时，我们并不知道样本 $X_1, X_2, \cdots, X_n$ 的具体取值到底是多少，因此可以把它们看成随机变量. 这时，样本就具有随机变量的属性. 这就是所谓的样本的二重性. 特别要强调的是，以后凡是离开具体的观测或试验数据来谈及样本 $X_1, X_2, \cdots, X_n$ 时，它们总是被看成随机变量，关于样本的这个基本认识对理解后面的内容十分重要. 为了表示和研究的方便，在本书中通常将观测中获得的样本值记为 $x_1, x_2, \cdots, x_n$，称为样本的观察值.

既然样本 $X_1, X_2, \cdots, X_n$ 被看作随机变量，那么它们的分布是什么呢？在例 6.1.2 中，如果是在完全相同的条件下，独立地测量了 n 次，把这 n 次测量结果即样本记为 $X_1, X_2, \cdots, X_n$，那么我们完全有理由认为，这些样本相互独立且有相同的分布，其分布与总体分布 $N(\mu, \sigma^2)$ 相同.

推广到一般情况，如果我们在相同的条件下对总体 X 进行 n 次重复的独立观测，那么都可以认为所得的样本 $X_1, X_2, \cdots, X_n$ 是独立同分布的随机变量，这样的样本称为随机样本，简称为样本. 通常把 n 称为样本容量，或样本大小，或样本数，而把 $X_1, X_2, \cdots, X_n$ 称为一组样本或 n 个样本，若是把 $X_1, X_2, \cdots, X_n$ 看成是一个整体，有时也称 $X_1, X_2, \cdots, X_n$ 为总体的一个样本.

假设总体 X 的分布是连续的，并且具有概率密度函数 $f(x)$，则由于样本 $X_1, X_2, \cdots, X_n$ 是相互独且与 X 同分布，于是它们的联合概率密度为

$$f_n(x_1, x_2, \cdots, x_n) = \prod_{i=1}^{n} f(x_i).$$

在例 6.1.2 中，假定总体 X 服从正态分布 $N(\mu, \sigma^2)$，其概率密度函数为

$$f(x) = \frac{1}{\sqrt{2\pi}\sigma} e^{-\frac{(x-\mu)^2}{2\sigma^2}}, \quad -\infty < x < +\infty.$$

现独立地测量 n 次，记为 $X_1, X_2, \cdots, X_n$，这里 $X_1, X_2, \cdots, X_n$ 就是从总体 $N(\mu, \sigma^2)$ 中抽取的随机样本，它们是相互独立的，且与总体 $N(\mu, \sigma^2)$ 有相同的分布，即 $X_i \sim N(\mu, \sigma^2)$，$i = 1, 2, \cdots, n$. 所以 $X_1, X_2, \cdots, X_n$ 的联合概率密度函数为

$$f_n(x_1, x_2, \cdots, x_n) = \frac{1}{(2\pi)^{n/2}\sigma^n} e^{-\frac{\sum_{i=1}^{n}(x_i-\mu)^2}{2\sigma^2}}$$

联合概率密度函数 $f_n(x_1, x_2, \cdots, x_n)$ 概括了样本 $X_1, X_2, \cdots, X_n$ 中所包含的 μ 和 σ^2 的全部信息，它是做进一步统计推断的基础和出发点.

6.1.2   统计量

> **定义**   设 $X_1, X_2, \cdots, X_n$ 是来自总体 X 的一个样本，$g(X_1, X_2, \cdots, X_n)$ 是 $X_1, X_2, \cdots, X_n$ 的函数，若 g 中不含未知参数，则称 $g(X_1, X_2, \cdots, X_n)$ 是一统计量.

因为 $X_1, X_2, \cdots, X_n$ 都是随机变量，而统计量 $g(X_1, X_2, \cdots, X_n)$ 是随机变量的函数，因此统计量是一个随机变量. 设 $x_1, x_2, \cdots, x_n$ 是相应于样本 $X_1, X_2, \cdots, X_n$ 的样本值，则称 $g(x_1, x_2, \cdots, x_n)$ 是 $g(X_1, X_2, \cdots, X_n)$ 的观察值.

下面是几个常用的统计量. 设 $X_1, X_2, \cdots, X_n$ 是来自总体 X 的一个样本，$x_1, x_2, \cdots, x_n$ 是这一样本的观察值. 定义

样本平均值

$$\overline{X} = \frac{1}{n} \sum_{i=1}^{n} X_i;$$

样本方差

$$S^2 = \frac{1}{n-1} \sum_{i=1}^{n} (X_i - \overline{X})^2 = \frac{1}{n-1} \left(\sum_{i=1}^{n} X_i^2 - n\overline{X}^2 \right);$$

样本标准差

$$S = \sqrt{S^2} = \sqrt{\frac{1}{n-1} \sum_{i=1}^{n} (X_i - \overline{X})^2};$$

样本 k 阶(原点)矩

$$A_k = \frac{1}{n} \sum_{i=1}^{n} X_i^k, \quad k = 1, 2, \cdots;$$

样本 k 阶中心矩

$$B_k = \frac{1}{n} \sum_{i=1}^{n} (X_i - \overline{X})^k, \quad k = 2, 3, \cdots.$$

它们的观察值分别为

$$\overline{x} = \frac{1}{n} \sum_{i=1}^{n} x_i;$$

$$s^2 = \frac{1}{n-1} \sum_{i=1}^{n} (x_i - \overline{x})^2 = \frac{1}{n-1} \left(\sum_{i=1}^{n} x_i^2 - n\overline{x}^2 \right);$$

$$s = \sqrt{s^2} = \sqrt{\frac{1}{n-1} \sum_{i=1}^{n} (x_i - \overline{x})^2};$$

$$a_k = \frac{1}{n} \sum_{i=1}^{n} x_i^k, \quad k = 1, 2, \cdots;$$

$$b_k = \frac{1}{n} \sum_{i=1}^{n} (x_i - \overline{x})^k, \quad k = 2, 3, \cdots.$$

这些观察值仍分别称为样本均值、样本方差、样本标准差、样本 k 阶(原点)矩及样本 k 阶中心矩.

这些统计量与其对应的总体的数字特征有什么关系呢? 若总体 X 的 k 阶矩记为 μ_k 存在, 则当 $n \to \infty$ 时, $A_k \xrightarrow{P} \mu_k$, $k = 1$, $2, \cdots$. 这是因为 $X_1, X_2, \cdots, X_n$ 独立且与 X 同分布, 所以 $X_1^k, X_2^k, \cdots$, X_n^k 独立且与 X^k 同分布, 它们的总体 k 阶矩均为 μ_k. 故由辛钦大数定律知

$$A_k = \frac{1}{n} \sum_{i=1}^{n} X_i^k \xrightarrow{P} \mu_k, \quad k = 1, 2, \cdots.$$

进一步地, 由依概率收敛的序列的性质知

$$g(A_1, A_2, \cdots, A_k) \xrightarrow{P} g(\mu_1, \mu_2, \cdots, \mu_k),$$

其中 g 为连续函数. 上面的常用统计量都是样本矩的连续函数, 所以它们依概率收敛到对应的总体数字特征.

6.2   抽样分布

统计量的分布称为抽样分布. 在使用统计量进行统计推断时常需要知道它们的分布. 本节介绍来自正态总体的几个常用统计量的分布. 首先介绍三个重要的分布.

6.2.1   三个重要分布

1. χ^2 分布

设 $X_1, X_2, \cdots, X_n$ 是来自总体 $N(0,1)$ 的样本, 则称统计量

$$\chi^2 = X_1^2 + X_2^2 + \cdots + X_n^2 \tag{6-1}$$

服从自由度为 n 的 χ^2 分布, 记为 $\chi^2 \sim \chi^2(n)$. 此处, 自由度指式(6-1)右端包含的独立变量的个数.

$\chi^2(n)$ 分布的概率密度为

$$f(y) = \begin{cases} \dfrac{1}{2^{n/2}\Gamma(n/2)} y^{n/2-1} \mathrm{e}^{-y/2}, & y>0 \\ 0, & \text{其他.} \end{cases}$$

$f(y)$ 的图形如图 6-1 所示.

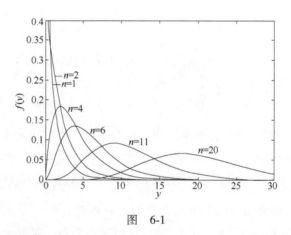

图   6-1

χ^2 分布的可加性   设 $\chi_1^2 \sim \chi^2(n_1)$, $\chi_2^2 \sim \chi^2(n_2)$, 并且 χ_1^2, χ_2^2 相互独立, 则有

$$\chi_1^2 + \chi_2^2 \sim \chi^2(n_1+n_2).$$

χ^2 分布的数学期望和方差   若 $\chi^2 \sim \chi^2(n)$, 则有

$$E(\chi^2) = n, D(\chi^2) = 2n.$$

令 $X_i \sim N(0,1)$, $i=1,2,\cdots,n$, 故

$$E(X_i^2) = 1,$$

$$D(X_i^2) = E(X_i^4) - [E(X_i^2)]^2 = 3 - 1 = 2,$$

于是

$$E(\chi^2) = E\Big(\sum_{i=1}^{n} X_i^2\Big) = \sum_{i=1}^{n} E(X_i^2) = n,$$

$$D(\chi^2) = D\Big(\sum_{i=1}^{n} X_i^2\Big) = \sum_{i=1}^{n} D(X_i^2) = 2n.$$

χ^2 分布的分位点 对于给定的正数 α，$0 < \alpha < 1$，称满足条件

$$P\{\chi^2 > \chi_\alpha^2(n)\} = \int_{\chi_\alpha^2(n)}^{+\infty} f(y)\,\mathrm{d}y = \alpha$$

的点 $\chi_\alpha^2(n)$ 为 $\chi^2(n)$ 分布的上 α 分位点，如图 6-2 所示.

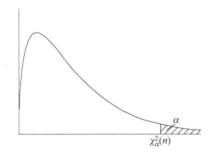

图 6-2

对于不同的 α 和 n，上 α 分位点的值已制成表格，可以查表得到. 当 $n > 40$ 时，无法查表得到，可用正态近似.

2. t 分布

设 $X \sim N(0,1)$，$Y \sim \chi^2(n)$，且 X，Y 相互独立，则称随机变量

$$t = \frac{X}{\sqrt{Y/n}}$$

服从自由度为 n 的 t 分布. 记为 $t \sim t(n)$.

t 分布又称学生氏（Student）分布，$t(n)$ 分布的概率密度函数为

$$h(t) = \frac{\Gamma[(n+1)/2]}{\sqrt{\pi n}\,\Gamma(n/2)}\Big(1 + \frac{t^2}{n}\Big)^{-(n+1)/2}, \quad -\infty < t < +\infty,$$

图 6-3 中画出了 $h(t)$ 的图形.

$h(t)$ 的图形关于 $t = 0$ 对称，当 n 充分大时其图形近似于标准正态变量的概率密度的图形. 实际上，有

$$\lim_{n \to \infty} h(t) = \frac{1}{\sqrt{2\pi}}\mathrm{e}^{-t^2/2},$$

故当 n 足够大时，t 分布近似于标准正态分布. 但当 n 较小时，t 分布与正态分布还是有较大差别的.

t 分布的分位点 对于给定的 α，$0 < \alpha < 1$，称满足条件

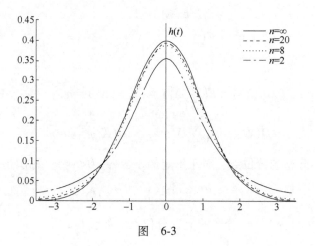

图　6-3

$$P\{t > t_\alpha(n)\} = \int_{t_\alpha(n)}^{+\infty} h(t)\,\mathrm{d}t = \alpha$$

的点 $t_\alpha(n)$ 称为 $t(n)$ 分布的上 α 分位点. 如图 6-4 所示.

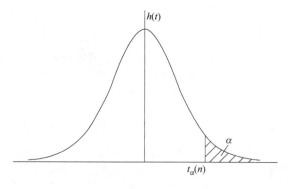

图　6-4

由 t 分布的上 α 分位点的定义及 $h(t)$ 图形的对称性知

$$t_{1-\alpha}(n) = -t_\alpha(n).$$

对于不同的 α 和 n, t 分布的上 α 分位点的值也已制成表格, 其值可以查表得到. 当 $n > 45$ 时, 对于常用的 α 的值, 就用正态分布近似.

3. F 分布

设 $U \sim \chi^2(n_1)$, $V \sim \chi^2(n_2)$, 且 U, V 相互独立, 则称随机变量

$$F = \frac{U/n_1}{V/n_2}$$

服从自由度为 (n_1, n_2) 的 F 分布, 记为 $F \sim F(n_1, n_2)$.

$F(n_1, n_2)$ 分布的概率密度为

$$\psi(y) = \begin{cases} \dfrac{\Gamma[(n_1+n_2)/2](n_1/n_2)^{n_1/2}y^{n_1/2-1}}{\Gamma(n_1/2)\Gamma(n_2/2)[1+(n_1y/n_2)]^{(n_1+n_2)/2}}, & y > 0 \\ 0, & \text{其他}, \end{cases}$$

$\psi(y)$ 的图形如图 6-5 所示.

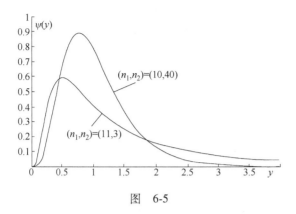

图　6-5

由定义知，若 $F \sim F(n_1, n_2)$，则

$$\frac{1}{F} \sim F(n_2, n_1).$$

F 分布的分位点　对于给定的 α，$0 < \alpha < 1$，称满足条件

$$P\{F > F_\alpha(n_1, n_2)\} = \int_{F_\alpha(n_1, n_2)}^{+\infty} \psi(y) \, \mathrm{d}y = \alpha$$

的点 $F_\alpha(n_1, n_2)$ 为 $F(n_1, n_2)$ 分布的上 α 分位点(见图 6-6). F 分布的上 α 分位点可以查表得到.

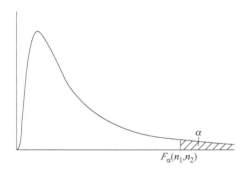

图　6-6

F 分布的上 α 分位点有如下性质：

$$F_{1-\alpha}(n_1, n_2) = \frac{1}{F_\alpha(n_2, n_1)}.$$

上式常用来求 F 分布表中未列出的常用的上 α 分位点. 例如，

$$F_{0.95}(12, 9) = \frac{1}{F_{0.05}(9, 12)} = \frac{1}{2.80} = 0.357.$$

6.2.2　正态总体的样本均值与样本方差的分布

设总体 $X \sim N(\mu, \sigma^2)$，$X_1, X_2, \cdots, X_n$ 是来自 X 的一个样本，则有下面的重要定理.

定理 1 设 $X_1, X_2, \cdots, X_n$ 是来自正态总体 $X \sim N(\mu, \sigma^2)$ 的样本，$\overline{X}$ 和 S^2 分别是样本均值和样本方差，且

$$\overline{X} = \frac{1}{n} \sum_{i=1}^n X_i, \quad S^2 = \frac{1}{n-1} \sum_{i=1}^n (X_i - \overline{X})^2,$$

则有

(1) $\overline{X} \sim N(\mu, \sigma^2/n)$；

(2) $(n-1)S^2/\sigma^2 \sim \chi^2(n-1)$；

(3) $\overline{X}$ 与 S^2 相互独立；

(4) $\dfrac{\overline{X} - \mu}{S/\sqrt{n}} \sim t(n-1)$.

证 定理中 (2) (3) 的证明超出了本书的范围，这里只证明 (1) 与 (4).

(1) 由正态分布的性质知，当 X_1, X_2, $\cdots$, X_n 是来自正态总体的一个样本时，$\overline{X}$ 仍服从正态分布. 又

$$E(\overline{X}) = \mu, \quad D(\overline{X}) = \sigma^2/n,$$

所以

$$\overline{X} \sim N(\mu, \sigma^2/n).$$

(4) 由 (1) 知

$$\frac{\overline{X} - \mu}{\sigma/\sqrt{n}} \sim N(0,1),$$

由 (2) 知

$$\frac{(n-1)S^2}{\sigma^2} \sim \chi^2(n-1),$$

由 (3) 知两者独立. 由 t 分布的定义知

$$\frac{\overline{X} - \mu}{\sigma/\sqrt{n}} \bigg/ \sqrt{\frac{(n-1)S^2}{\sigma^2(n-1)}} \sim t(n-1),$$

化简上式左边，即得 (4).

定理 2 设 $X_1, X_2, \cdots, X_{n_1}$ 是来自正态总体 $N(\mu_1, \sigma_1^2)$ 的样本，$Y_1, Y_2, \cdots, Y_{n_2}$ 是来自正态总体 $N(\mu_2, \sigma_2^2)$ 的样本，$\overline{X} = \dfrac{1}{n_1} \sum\limits_{i=1}^{n_1} X_i$ 和 $\overline{Y} = \dfrac{1}{n_2} \sum\limits_{i=1}^{n_2} Y_i$ 分别是这两个样本的样本均值；$S_1^2 =$

$\dfrac{1}{n_1-1}\sum\limits_{i=1}^{n_1}(X_i-\overline{X})^2$ 和 $S_2^2=\dfrac{1}{n_2-1}\sum\limits_{i=1}^{n_2}(Y_i-\overline{Y})^2$ 分别是这两个

样本的样本方差，则有

(1) $\dfrac{S_1^2/S_2^2}{\sigma_1^2/\sigma_2^2}\sim F(n_1-1,n_2-1)$；

(2) 当 $\sigma_1^2=\sigma_2^2=\sigma^2$ 时，

$$\dfrac{(\overline{X}-\overline{Y})-(\mu_1-\mu_2)}{S_\omega\sqrt{\dfrac{1}{n_1}+\dfrac{1}{n_2}}}\sim t(n_1+n_2-2),$$

其中 $S_\omega^2=\dfrac{(n_1-1)S_1^2+(n_2-1)S_2^2}{n_1+n_2-2}$，$S_\omega=\sqrt{S_\omega^2}$.

证明　由定理 1 中(2)

$$(n_1-1)S_1^2/\sigma_1^2\sim\chi^2(n_1-1),\ (n_2-1)S_2^2/\sigma_2^2\sim\chi^2(n_2-1),$$

由假设 S_1^2，S_2^2 相互独立，则由 F 分布的定义知

$$\dfrac{(n_1-1)S_1^2}{(n_1-1)\sigma_1^2}\bigg/\dfrac{(n_2-1)S_2^2}{(n_2-1)\sigma_2^2}\sim F(n_1-1,n_2-1),$$

即

$$\dfrac{S_1^2/S_2^2}{\sigma_1^2/\sigma_2^2}\sim F(n_1-1,n_2-1).$$

(2) 因为 $\overline{X}-\overline{Y}\sim N\Big(\mu_1-\mu_2,\dfrac{\sigma_1^2}{n_1}+\dfrac{\sigma_2^2}{n_2}\Big)$，所以有

$$U=\dfrac{(\overline{X}-\overline{Y})-(\mu_1-\mu_2)}{\sigma\sqrt{\dfrac{1}{n_1}+\dfrac{1}{n_2}}}\sim N(0,1),$$

又因为

$$(n_1-1)S_1^2/\sigma^2\sim\chi^2(n_1-1),(n_2-1)S_2^2/\sigma^2\sim\chi^2(n_2-1),$$

且它们相互独立，故由 χ^2 分布的可加性知

$$V=\dfrac{(n_1-1)S_1^2}{\sigma^2}+\dfrac{(n_2-1)S_2^2}{\sigma^2}\sim\chi^2(n_1+n_2-2).$$

由定理 1 知 U 与 V 相互独立，从而由 t 分布的定义知

$$\dfrac{U}{\sqrt{V/(n_1+n_2-2)}}=\dfrac{(\overline{X}-\overline{Y})-(\mu_1-\mu_2)}{S_\omega\sqrt{\dfrac{1}{n_1}+\dfrac{1}{n_2}}}\sim t(n_1+n_2-2).$$

例 6.2.1   从正态总体 $N(4.2, 5^2)$ 中抽取容量为 n 的样本，若要求其样本均值位于区间 $(2.2, 6.2)$ 内的概率不小于 0.95，则样本容量 n 至少为多少？

解   以 $\overline{X}$ 表示样本均值，由定理 1 中（1）知 $\overline{X} \sim N\left(4.2, \dfrac{5^2}{n}\right)$，

进一步有 $\dfrac{\overline{X} - 4.2}{5}\sqrt{n} \sim N(0, 1)$，于是

$$P\{2.2 < \overline{X} < 6.2\} = P\left\{-\frac{2}{5}\sqrt{n} < \frac{\overline{X} - 4.2}{5}\sqrt{n} < \frac{2}{5}\sqrt{n}\right\}$$

$$= 2\Phi\left(\frac{2}{5}\sqrt{n}\right) - 1 \geqslant 0.95,$$

可得到 $\Phi\left(\dfrac{2}{5}\sqrt{n}\right) \geqslant 0.975$，故

$$n \geqslant (2.5 \times 1.96)^2 = 24.01.$$

若要求其样本均值位于区间 $(2.2, 6.2)$ 内的概率不小于 0.95，则样本容量 n 至少为 25.

例 6.2.2   设随机变量 $X \sim t(n)\,(n>1)$，$Y_1 = X^2$，$Y_2 \sim \dfrac{1}{X^2}$，求 Y_1，Y_2 的分布.

解   由 t 分布的定义可令 $X = \dfrac{U}{\sqrt{V/n}}$，其中 $U \sim N(0, 1)$，$V \sim \chi^2(n)$，于是

$$Y_1 = X^2 = \frac{U^2}{V/n},$$

这里 $U^2 \sim \chi^2(1)$，根据 F 分布的定义知 $Y_1 = X^2 \sim F(1, n)$.

再由 F 分布的性质，$Y_2 = \dfrac{1}{X^2} \sim F(n, 1)$.

Python 实验——抽样分布的性质

1. χ^2 分布、t 分布和 F 分布.

（1）分别取自由度 $n=4$，$n=15$，$n=45$，在同一坐标系下画出 χ^2 分布的概率密度图形，观察 χ^2 分布图形随参数 n 变化的情况.

（2）分别取自由度 $n=4$，$n=15$，$n=45$，在同一坐标系下画出 t 分布的概率密度图形，观察 t 分布图形随参数 n 变化的情况.

（3）固定 $n_2 = 5$，分别取参数 $n_1 = 2$，10，100 观察 F 分布的概

率密度图形随参数 n_1 的变化情况；固定 $n_1 = 5$，分别取参数 $n_2 =$
2，10，100 观察 F 分布的概率密度图形随参数 n_2 的变化情况.

实验的 Python 语句为

```
import numpy as np
import scipy. stats as stats
import matplotlib. pyplot as plt


x=np. arange(0,70,0.01)
plt. plot(x,stats. chi2. pdf(x,df=4),color="blue")
#绘制 0 到 70 的卡方分布曲线,自由度为 4
plt. plot(x,stats. chi2. pdf(x,df=15),color="red")
#绘制 0 到 70 的卡方分布曲线,自由度为 15
plt. plot(x,stats. chi2. pdf(x,df=45),color="green")
#绘制 0 到 70 的卡方分布曲线,自由度为 15
plt. show()


x=np. arange(-5,5,0.01)
plt. plot(x,stats. t. pdf(x,df=4),color="blue")
#绘制-5 到 5 的 t 分布曲线,自由度为 4
plt. plot(x,stats. t. pdf(x,df=15),color="red")
#绘制-5 到 5 的 t 分布曲线,自由度为 15
plt. plot(x,stats. t. pdf(x,df=45),color="green")
#绘制-5 到 5 的 t 分布曲线,自由度为 15
plt. show()


x=np. arange(0,5,0.01)
plt. plot(x,stats. f. pdf(x,2,5),color="blue")
#绘制 0 到 5 的 F 分布曲线,自由度为 2,5
plt. plot(x,stats. f. pdf(x,10,5),color="red")
#绘制 0 到 5 的 F 分布曲线,自由度为 10,5
plt. plot(x,stats. f. pdf(x,100,5),color="green")
#绘制 0 到 5 的 F 分布曲线,自由度为 100,5
plt. show()
```

2. 设 $X \sim N(\mu, \sigma^2)$，$X_1, X_2, \cdots, X_n$ 是来自总体 X 的一个样本，
则样本均值 $\overline{X} = \dfrac{1}{n}\sum\limits_{i=1}^{n} X_i$ 的抽样分布为 $N\left(\mu, \dfrac{\sigma^2}{n}\right)$. 进行以下步骤的
实验：

（1）取 $n=10$，$\mu=2$ 及 $\sigma^2=1$，产生一个样本容量为 n 的样本，并计算 $\overline{X}$；

（2）重复上述过程 $m=1000$ 次，用 m 个数据绘 $\overline{X}$ 的直方图，并在同一坐标系下画出 $N\left(\mu,\dfrac{\sigma^2}{n}\right)$ 的概率密度图形.

实验的 Python 语句为

```
import numpy as np
import scipy. stats as stats
import matplotlib. pyplot as plt

m,n,mu,sig=1000,10,2,4

xr=np. random. normal(mu,sig,[m,n])
xbar=np. mean(xr,1)

plt. hist(xbar,20,range=None,density=1)
x2=np. arange(-5,5,0.01)
sig1=sig/np. sqrt(n)
plt. plot (x2, stats. norm. pdf (x2, mu, sig1), color =
"red")
plt. show()
```

3. 设 $X \sim N(\mu,\sigma^2)$，$X_1,X_2,\cdots,X_n$ 是来自总体 X 的一个样本，样本方差为

$$S^2 = \frac{1}{n-1}\sum_{i=1}^{n}(X_i-\overline{X})^2,$$

则

$$\frac{(n-1)S^2}{\sigma^2} \sim \chi^2(n-1).$$

进行以下步骤的实验.

（1）取 $n=10$，$\sigma=1.5$，$\mu=1$，生成一个来自总体 $X \sim N(\mu,\sigma^2)$ 的样本容量为 n 的样本，并计算 $y=\dfrac{(n-1)S^2}{\sigma^2}$；

（2）重复上述过程 $m=1000$ 次，用 m 个数据绘直方图，并在同一坐标系下画出分布 $\chi^2(9)$ 的概率密度图形. 通过观察，你能得到什么结论.

实验的 Python 语句为

```
import numpy as np
```

```
import scipy.stats as stats
import matplotlib.pyplot as plt

m,n,mu,sig=1000,10,0,1

xr=np.random.normal(mu,sig,[m,n])
y=np.std(xr,1)
y=pow(y,2)*np.sqrt(n-1)/pow(sig,2)
plt.hist(y,200,range=None,density=1)

x2=np.arange(0,30,0.01)
plt.plot(x2,stats.chi.pdf(x2,n-1),color="red")
plt.show()
```

知识纵横——数理统计发展简史

相对于其他许多数学分支而言，数理统计是一个比较年轻的数学分支. 多数人认为它的形成是在 20 世纪 40 年代克拉默（H Cramer）的著作《统计学数学方法》问世之时，它使得 1945 年以前的 25 年间英、美统计学家在统计学方面的工作与法、俄数学家在概率论方面的工作结合起来，从而形成数理统计这门学科. 它是以对随机现象观测所取得的资料为出发点，以概率论为基础来研究随机现象的一门学科，它有很多分支，但其基本内容为采集样本和统计推断两大部分. 发展到今天的现代数理统计学，又经历了各种历史变迁.

统计的早期开端大约是在公元前 1 世纪初的人口普查计算中，这是统计性质的工作，但还不能算作是现代意义下的统计学. 到了 18 世纪，统计才开始向一门独立的学科发展，用于描述表征一个状态的条件的一些特征，这是由于受到概率论的影响.

高斯从描述天文观测的误差而引进正态分布，并使用最小二乘法作为估计方法，是近代数理统计学发展初期的重大事件，18 世纪到 19 世纪初期的这些贡献，对社会发展有很大的影响. 例如，用正态分布描述观测数据后来被广泛地用到生物学中，其应用是如此普遍，以至于在 19 世纪相当长的时期内，包括高尔顿（Galton）在内的一些学者，认为这个分布可用于描述几乎是一切常见的数据. 直到现在，有关正态分布的统计方法，仍占据着常用统计方法中很重要的一部分. 最小二乘法方面的工作，在 20 世纪初以来，又经过了一些学者的发展，如今成了数理统计学中的主要方法.

从高斯到 20 世纪初这一段时间，统计学理论发展并不快，但仍有若干工作对后世产生了很大的影响. 其中，如贝叶斯在 1763 年发表的《论有关机遇问题的求解》，提出了进行统计推断的方法论方面的一种见解，在这个时期中逐步发展成统计学中的贝叶斯学派（如今，这个学派的影响愈来愈大）. 现在我们所理解的统计推断程序，最早的是贝叶斯方法，高斯和拉普拉斯应用贝叶斯定理讨论了参数的估计法，那时使用的符号和术语，至今仍然沿用. 再如前面提到的高尔顿在回归方面的先驱性工作，也是这个时期中的主要发展，他在遗传学研究中为了弄清父子两辈特征的相关关系，揭示了统计方法在生物学研究中的应用，他引进回归直线、相关系数的概念，创立了回归分析.

数理统计学发展史上极重要的一个时期是从 19 世纪到第二次世界大战结束. 现在，多数人倾向于把现代数理统计学的起点和达到成熟定为这个时期的始末. 这确实是数理统计学蓬勃发展的一个时期，许多重要的基本观点、方法，统计学中主要的分支学科，都是在这个时期建立和发展起来的. 以费歇尔（Fisher）和 K. 皮尔逊（K. Pearson）为首的英国统计学派，在这个时期起了主导作用，特别是费歇尔.

继高尔顿之后，皮尔逊进一步发展了回归与相关的理论，成功地创建了生物统计学，并得到了"总体"的概念，1891 年之后，皮尔逊潜心研究区分物种时用的数据的分布理论，提出了"概率"和"相关"的概念. 接着，又提出标准差、正态曲线、平均变差、均方根误差等一系列数理统计基本术语. 皮尔逊致力于大样本理论的研究，他发现了不少生物方面的数据有显著的偏态，不适合用正态分布去刻画，为此他提出了后来以他的名字命名的分布族，为估计这个分布族中的参数，他提出了"矩法". 为考察实际数据与这族分布的拟合分布优劣问题，他引进了著名"χ^2 检验法"，并在理论上研究了其性质. 这个检验法是假设检验最早、最典型的方法，他在理论分布完全给定的情况下求出了检验统计量的极限分布. 1901 年，他创办了《生物统计学》，使数理统计有了自己的阵地，这是 20 世纪初叶数学的重大收获之一.

1908 年皮尔逊的学生戈赛特（Gosset）发现了 Z 的精确分布，创始了"精确样本理论". 他署名"Student"在《生物统计学》上发表文章，改进了皮尔逊的方法. 他的发现不仅不再依靠近似计算，而且能用所谓小样本进行统计推断，并使统计学的对象由集团现象转变为随机现象. 现在 Student 分布 (即 t 分布) 已成为数理统计学中的常用工具.

英国实验遗传学家兼统计学家费歇尔, 是将数理统计作为一门数学学科的奠基者, 他开创的试验设计法, 凭借随机化的手段成功地把概率模型带进了实验领域, 并建立了方差分析法来分析这种模型. 费歇尔的试验设计, 既把实践带入理论的视野内, 又促进了实践的进展, 从而大量地节省了人力、物力, 试验设计这个主题, 后来为众多数学家所发展. 费歇尔还引进了显著性检验的概念, 成为假设检验理论的先驱. 他考察了估计的精度与样本所具有的信息之间的关系而得到信息量概念, 他对测量数据中的信息, 压缩数据而不损失信息, 以及对一个模型的参数估计等贡献了完善的理论概念, 他把一致性、有效性和充分性作为参数估计量应具备的基本性质. 同时还在 1912 年提出了极大似然法, 这是应用上最广的一种估计法. 他在 20 世纪 20 年代的工作, 奠定了参数估计的理论基础. 关于 χ^2 检验, 费歇尔在 1924 年解决了理论分布包含有限个参数情况, 基于此方法的列表检验, 在应用上有重要意义. 费歇尔在一般的统计思想方面也做出过重要的贡献, 他提出的 "信任推断法", 在统计学界引起了相当大的兴趣和争论, 费歇尔给出了许多现代统计学的基础概念, 思考方法十分直观, 他造就了一个学派, 在纯粹数学和应用数学方面都建树卓越.

这个时期做出重要贡献的统计学家中, 还应提到奈曼 (J Neyman) 和 E. 皮尔逊 (E. Pearson). 他们在从 1928 年开始的一系列重要工作中, 发展了假设检验的系列理论. 奈曼-皮尔逊假设检验理论提出和精确化了一些重要概念. 该理论对后世也产生了巨大影响, 它是现今统计教科书中不可缺少的一个组成部分, 奈曼还创立了系统的置信区间估计理论, 早在奈曼工作之前, 区间估计就已是一种常用形式, 奈曼从 1934 年开始的一系列工作, 把区间估计理论置于柯尔莫哥洛夫概率论公理体系的基础之上, 因而奠定了严格的理论基础, 而且他还把求区间估计的问题表达为一种数学上的最优解问题, 这个理论与奈曼-皮尔逊假设检验理论, 对于数理统计形成为一门严格的数学分支起了重大作用.

以费歇尔为代表人物的英国成为数理统计研究的中心时, 美国在第二次世界大战期间发展也很快, 有三个统计研究组在投弹问题上进行了 9 项研究, 其中最有成效的哥伦比亚大学研究小组在理论和实践上都有重大建树, 而最为著名的是首先系统地研究了 "序贯分析", 它被称为 "20 世纪 30 年代最有威力" 的统计思想. "序贯分析" 系统理论的创始人是著名统计学家沃德 (Wald). 他是原籍罗马尼亚的英国统计学家，他于 1934 年系统发展了早在 20 世纪 20 年代就受到注意的序贯分析法. 沃德在统计方法中引进的"停止规则"的数学描述，是序贯分析的概念基础，并已证明是现代概率论与数理统计学中最富于成果的概念之一.

从第二次世界大战后到现在，是统计学发展的第三个时期，这是一个在前一段发展的基础上，随着生产和科技的普遍进步，而使这个学科得到飞速发展的一个时期，同时，也出现了不少有待解决的大问题. 这一时期的发展可总结如下：

一是在应用上越来越广泛，统计学的发展一开始就是应实际的要求，并与实际密切结合的. 在第二次世界大战前，在生物、农业、医学、社会、经济等方面已有不少应用，在工业和科技方面也有一些应用，而后一方面在战后得到了特别引人注目的进展. 例如，归纳"统计质量管理"名目下的众多的统计方法，在大规模工业生产中的应用得到了很大的成功，目前已被认为是不可缺少的. 统计学应用的广泛性，也可以从下述情况得到印证：统计学已成为高等学校中许多专业必修的内容；统计学专业的毕业生的人数，以及从事统计学的应用、教学和研究工作的人数的大幅度增长；有关统计学的著作和期刊的数量的显著增长.

二是统计学理论也取得重大进展. 理论上的成就，综合起来大致有两个主要方面：一方面是沃德提出的"统计决策理论"，另一方面就是大样本理论.

沃德是 20 世纪对统计学面貌的改观有重大影响的少数几个统计学家之一. 1950 年，他发表了题为《统计决策函数》的著作，正式提出了"统计决策理论". 沃德本来的想法，是要把统计学的各分支都统一在"人与大自然的博弈"这个模式下，以便做出统一处理. 不过，往后的发展表明，他最初的设想并未取得很大的成功，但却有着两方面的重要影响：一是沃德把统计推断的后果与经济上的得失联系起来，这使统计方法更直接用到经济性决策的领域；二是沃德理论中所引进的许多概念和问题的新提法，丰富了以往的统计理论.

贝叶斯统计学派的基本思想，源自于英国学者贝叶斯的一项工作，发表于他去世后的 1763 年，后世的学者把它发展为一整套关于统计推断的系统理论. 信奉这种理论的统计学者，就组成了贝叶斯学派. 这个理论在两个方面与传统理论(即基于概率的频率解释的那个理论)有根本的区别：一是否定概率的频率的解释，这涉及与此有关的大量统计概念，而提倡给概率以"主观上的相信程度"这样的解释；二是"先验分布"的使用，先验分布被理解为在抽样前对推断对象的知识的概括. 按照贝叶斯学派的观点, 样本的作用在于且仅在于对先验分布做修改, 而过渡到"后验分布", 其中综合了先验分布中的信息与样本中包含的信息. 近几十年来其信奉者越来越多, 二者之间的争论, 是战后时期统计学的一个重要特点. 在这种争论中, 提出了不少问题促使人们进行研究, 其中有的是很根本性的. 贝叶斯学派与沃德统计决策理论的联系在于: 这二者的结合, 产生"贝叶斯决策理论", 它构成了统计决策理论在实际应用上的主要内容.

三是计算机的应用对统计学的影响. 这主要体现在以下几个方面. 首先, 一些需要大量计算的统计方法, 过去因计算工具不行而无法使用, 有了计算机, 这一切都不成问题. 在战后, 统计学应用越来越广泛, 这在相当程度上要归功于计算机, 特别是对高维数据的情况.

计算机的使用对统计学另一方面的影响是: 按传统数理统计学理论, 一个统计方法效果如何, 甚至一个统计方法如何付诸实施, 都有赖于确定某些统计量的分布, 而这在以前常常是极困难的. 有了计算机, 就提供了一个新的途径: 模拟. 为了把一个统计方法与其他方法比较, 可以选择若干组在应用上有代表性的条件, 在这些条件下, 通过模拟去比较两个方法的性能优劣, 然后做出综合分析, 这避开了理论上难以解决的难题, 有极大的实用意义.

习题六

1. 在总体 $N(52, 6.3^2)$ 中随机抽取一容量为 36 的样本, 求样本均值 $\overline{X}$ 落在 50.8 到 53.8 之间的概率.

2. 在总体 $N(\mu, 4)$ 中随机抽取一容量为 5 的样本, 求样本均值与总体均值之差的绝对值大于 1 的概率.

3. 设样本 $X_1, X_2, \cdots, X_6$ 来自总体 $N(0,1)$, $Y = (X_1+X_2+X_3)^2 + (X_4+X_5+X_6)^2$, 试确定常数 C 使 CY 服从 χ^2 分布.

4. 设样本 $X_1, X_2, \cdots, X_5$ 来自总体 $N(0,1)$, $Y = \dfrac{C(X_1+X_2)}{\sqrt{X_3^2+X_4^2+X_5^2}}$, 试确定常数 C 使 Y 服从 t 分布.

5. 从正态总体 $N(1,4)$ 中抽取容量为 n 的样本, 若要求其样本均值位于区间 $(0,2)$ 内的概率不小于 0.95, 则样本容量 n 至少为多少?

第 7 章

参数估计

上一章，我们讲了数理统计的基本概念，从这一章开始，我们研究数理统计的重要内容之一，即统计推断.

所谓统计推断，就是根据从总体中抽取的一个简单随机样本对总体进行分析和推断. 即由样本来推断总体，或者由部分推断总体. 这就是数理统计学的核心内容. 它的基本问题包括两大类，一类是估计理论；另一类是假设检验. 估计理论又分为参数估计与非参数估计，参数估计又进一步分为点估计和区间估计两种，本章我们主要研究参数估计这一部分数理统计的内容.

7.1 参数估计的概念

统计推断的目的，是由样本推断出总体的具体分布. 一般来说，要想得到总体的精确分布是十分困难的. 由第 6 章知道：只有在样本容量 n 充分大时，经验分布函数 $F_n(x) \xrightarrow{\text{一致}} F(x)$（以概率 1），但在实际问题中，并不容许 n 很大. 而由第 5 章的中心极限定理，可以断定在某些条件下的分布为正态分布，也就是说，首先根据样本值，对总体分布的类型做出判断和假设，从而得到总体的分布类型，其中含有一个或几个未知参数；其次，对另外一些并不关心其分布类型的统计推断问题，只关心总体的某些数字特征，如期望、方差等，通常把这些数字特征也称为参数. 这时，抽样的目的就是为了解出这些未知的参数.

例 7.1.1 设某总体 $X \sim P(\lambda)$，试由样本 $X_1, X_2, \cdots, X_n$ 来估计参数 λ.

例 7.1.2 设某总体 $X \sim N(\mu, \sigma^2)$，试由样本 $X_1, X_2, \cdots, X_n$ 来估计参数 μ, σ^2.

在上述两例中，参数的取值虽未知，但根据参数的性质和实际问题，可以确定出参数的取值范围，把参数的取值范围称为参数空间，记为 Θ.

例如：例 7.1.1：$\Theta = \{\lambda \mid \lambda > 0\}$，例 7.1.2：$\Theta = \{(\mu, \sigma^2) \mid \sigma > 0, \mu \in \mathbf{R}\}$.

> **定义**　所谓参数估计，是指从样本 $X_1, X_2, \cdots, X_n$ 中提取有关总体 X 的信息，即构造统计量 $g(X_1, X_2, \cdots, X_n)$，再用样本值代入，求出统计量的观测值 $g(x_1, x_2, \cdots, x_n)$，用该值来作为相应待估参数的值.

此时，把统计量 $g(X_1, X_2, \cdots, X_n)$ 称为参数的估计量，把 $g(x_1, x_2, \cdots, x_n)$ 称为参数的估计值.

参数估计又分为点估计和区间估计两种.

7.2　点估计

设 θ 为总体 X 分布函数中的未知参数或总体的某些未知的数字特征，$X_1, X_2, \cdots, X_n$ 是来自 X 的一个样本，$x_1, x_2, \cdots, x_n$ 是相应的一个样本值，点估计问题就是构造一个适当的统计量 $\hat{\theta}(X_1, X_2, \cdots, X_n)$，用其观察值 $\hat{\theta}(x_1, x_2, \cdots, x_n)$ 作为未知参数 θ 的近似值，我们称 $\hat{\theta}(X_1, X_2, \cdots, X_n)$ 为参数 θ 的点估计量，$\hat{\theta}(x_1, x_2, \cdots, x_n)$ 为参数 θ 的点估计值，在不至于混淆的情况下，统称为点估计. 由于估计量是样本的函数，因此对于不同的样本值，θ 的估计值是不同的.

点估计量的求解方法很多，这里主要介绍矩估计法和极大似然估计法，除了这两种方法之外，还有贝叶斯方法和最小二乘法等.

7.2.1　矩估计法

1. 基本思想

矩估计法是一种古老的估计方法. 它由英国统计学家 K. 皮尔逊于 1894 年首次提出，目前仍常用. 大家知道，矩是刻画随机变量的最简单的数字特征. 样本来自于总体，从前面可以看到样本矩在一定程度上也反映了总体矩的特征，且在样本容量 n 增大的条件下，样本的 k 阶原点矩 $A_k = \dfrac{1}{n} \sum_{i=1}^{n} X_i^k$ 依概率收敛到总体 X 的 k 阶原点矩 $m_k = E(X^k)$，因而自然想到用样本矩作为总体矩的估计.

2. 具体做法

假设 $\boldsymbol{\theta} = (\theta_1, \theta_2, \cdots, \theta_k)$ 为总体 X 的待估参数（$\boldsymbol{\theta} \in \Theta$），$X_1, X_2, \cdots, X_n$ 是来自 X 的一个样本，令

$$\begin{cases} A_1 = m_1, \\ A_2 = m_2, \\ \quad \vdots \\ A_k = m_k, \end{cases}$$

即 $\quad A_l = \dfrac{1}{n} \sum_{i=1}^{n} X_i^l = m_l = E(X^l), l = 1, 2, \cdots, k$

从而得一个包含 k 个未知数 $\theta_1, \theta_2, \cdots, \theta_k$ 的方程组，从中解出 $\boldsymbol{\theta} = (\theta_1, \theta_2, \cdots, \theta_k)$ 的一组解 $\hat{\boldsymbol{\theta}} = (\hat{\theta}_1, \hat{\theta}_2, \cdots, \hat{\theta}_k)$，然后用这个方程组的解 $\hat{\theta}_1, \hat{\theta}_2, \cdots, \hat{\theta}_k$ 分别作为 $\theta_1, \theta_2, \cdots, \theta_k$ 的估计量，这种估计量称为矩估计量，矩估计量的观察值称为矩估计值.

该方法称为矩估计法(只需掌握 $l = 1, 2$ 的情形).

例 7.2.1   设总体 X 的均值 μ 及方差 σ^2 都存在但均未知，且有 $\sigma > 0$，又设 $X_1, X_2, \cdots, X_n$ 是来自总体 X 的一个样本，试求 μ, σ^2 的矩估计量.

解   因为

$$\begin{cases} m_1 = E(X) = \mu, \\ m_2 = E(X^2) = D(X) + [E(X)]^2 = \sigma^2 + \mu^2, \end{cases}$$

令 $\begin{cases} m_1 = A_1, \\ m_2 = A_2, \end{cases}$ 即 $\begin{cases} \mu = A_1, \\ \sigma^2 + \mu^2 = A_2, \end{cases}$ 解得 $\begin{cases} \mu = A_1, \\ \sigma^2 = A_2 - A_1^2, \end{cases}$

故 $\quad \begin{cases} \hat{\mu} = \overline{X}, \\ \hat{\sigma}^2 = \dfrac{1}{n} \sum_{i=1}^{n} X_i^2 - \overline{X}^2 = \dfrac{1}{n} \sum_{i=1}^{n} (X_i - \overline{X})^2. \end{cases}$

上述结果表明：总体均值与方差的矩估计量的表达式不会因总体的分布不同而异；同时，我们又注意到，总体均值是用样本均值来估计的，而总体方差(即总体的二阶中心矩)却不是用样本方差 S^2 来估计的，而是用样本二阶中心矩 B_2 来估计. 那么，能否用 S^2 来估计 σ^2 呢? 能的话，S^2 与 B_2 哪个更好? 下节将做详细讨论.

这样看来，虽然矩估计法计算简单，不管总体服从什么分布，都能求出总体矩的估计量，但它仍然存在着一定的缺陷：对于一个参数，可能会有多种估计量.

例 7.2.2   设 $X \sim P(\lambda)$，λ 未知，$X_1, X_2, \cdots, X_n$ 是来自总体 X 的一个样本，求 $\hat{\lambda}$.

解 $E(X) = \lambda$，$D(X) = \lambda$，所以由例 7.2.1 可知

$$E(X) = \lambda \Rightarrow \hat{\lambda} = \overline{X}, \text{同时 } D(X) = \lambda \Rightarrow \hat{\lambda} = \frac{1}{n} \sum_{i=1}^{n} (X_i - \overline{X})^2,$$

由以上可看出，显然 $\overline{X}$ 与 $\dfrac{1}{n}\sum\limits_{i=1}^{n}(X_i-\overline{X})^2$ 是两个不同的统计量，但都是 λ 的估计. 这样，就会给应用带来不便，为此，美国统计学家 R. A. 费歇尔提出了以下的改进方法：极大似然估计法.

7.2.2　极大似然估计法

1. 基本思想

若总体 X 的分布律为 $P\{X=x\}=p(x;\boldsymbol{\theta})$，其中 $\boldsymbol{\theta}=(\theta_1,\theta_2,\cdots,\theta_k)$ 为待估参数，$\boldsymbol{\theta}\in\Theta$.

（1）设 $X_1,X_2,\cdots,X_n$ 是来自离散总体 X 的一个样本，$x_1,x_2,\cdots,x_n$ 是相应于样本的一组样本值，易知：样本 $X_1,X_2,\cdots,X_n$ 取到观测值 $x_1,x_2,\cdots,x_n$ 的概率为

$$p=P\{X_1=x_1,X_2=x_2,\cdots,X_n=x_n\}=\prod_{i=1}^{n}p(x_i;\boldsymbol{\theta}),$$

则概率 p 随 $\boldsymbol{\theta}$ 的取值变化而变化，它是 $\boldsymbol{\theta}$ 的函数，记 $L(\boldsymbol{\theta})=L(x_1,x_2,\cdots,x_n;\boldsymbol{\theta})=\prod\limits_{i=1}^{n}p(x_i,\boldsymbol{\theta})$，称为样本的似然函数（注意，这里的 $x_1,x_2,\cdots,x_n$ 是已知的样本值，它们都是常数）.

（2）设 $X_1,X_2,\cdots,X_n$ 是来自连续总体 X 的一个样本，X 的概率密度函数为 $f(x,\boldsymbol{\theta})$，则样本 $(X_1,X_2,\cdots,X_n)$ 的联合概率密度函数为 $f(x_1,\boldsymbol{\theta})f(x_2,\boldsymbol{\theta})\cdots f(x_n,\boldsymbol{\theta})=\prod\limits_{i=1}^{n}f(x_i,\boldsymbol{\theta})$，它是 $\boldsymbol{\theta}$ 的函数，记 $L(\boldsymbol{\theta})=L(x_1,x_2,\cdots,x_n;\boldsymbol{\theta})=\prod\limits_{i=1}^{n}f(x_i,\boldsymbol{\theta})$，称为样本的似然函数.

如果已知当 $\boldsymbol{\theta}=\boldsymbol{\theta}_0\in\Theta$ 时使 $L(\boldsymbol{\theta})$ 取最大值，我们自然认为 $\boldsymbol{\theta}_0$ 作为未知参数 $\boldsymbol{\theta}$ 的估计较为合理.

极大似然估计法就是固定样本观测值 $x_1,x_2,\cdots,x_n$，在 $\boldsymbol{\theta}$ 取值的可能范围 Θ 内，挑选使似然函数 $L(x_1,x_2,\cdots,x_n;\boldsymbol{\theta})$ 达到最大（从而概率 p 达到最大）的参数值 $\hat{\boldsymbol{\theta}}$ 作为参数 $\boldsymbol{\theta}$ 的估计值，即 $L(x_1,x_2,\cdots,x_n;\hat{\boldsymbol{\theta}})=\max\limits_{\boldsymbol{\theta}\in\Theta}L(x_1,x_2,\cdots,x_n;\boldsymbol{\theta})$，这样得到的 $\hat{\boldsymbol{\theta}}$ 与样本值 $x_1,x_2,\cdots,x_n$ 有关，常记为 $\hat{\boldsymbol{\theta}}(x_1,x_2,\cdots,x_n)$，称之为参数 $\boldsymbol{\theta}$ 的极大似然估计值，而相应的统计量 $\hat{\boldsymbol{\theta}}(X_1,X_2,\cdots,X_n)$ 称为参数 $\boldsymbol{\theta}$ 的极大似然估计量. 这样将原来求参数 $\boldsymbol{\theta}$ 的极大似然估计值问题就转化为求似然函数 $L(\boldsymbol{\theta})$ 的极大值问题了.

2. 具体做法

（1）在很多情况下，$p(x;\boldsymbol{\theta})$ 和 $f(x;\boldsymbol{\theta})$ 关于 $\boldsymbol{\theta}$ 可微，因此据似

然函数的特点，常把它变为如下形式：$\ln L(\boldsymbol{\theta}) = \sum\limits_{i=1}^{n} \ln f(x_i;\boldsymbol{\theta})$

$\left(或 \sum\limits_{i=1}^{n} \ln p(x_i;\boldsymbol{\theta})\right)$，该式称为对数似然函数. 由高等数学知：

$L(\boldsymbol{\theta})$ 与 $\ln L(\boldsymbol{\theta})$ 的最大值点相同，令 $\dfrac{\partial \ln L(\boldsymbol{\theta})}{\partial \theta_i}=0$，$i=1,2,\cdots,k$，求

解得 $\boldsymbol{\theta}=\boldsymbol{\theta}(x_1,x_2,\cdots,x_n)$，从而可得参数 $\boldsymbol{\theta}$ 的极大似然估计量为

$\hat{\boldsymbol{\theta}}=\hat{\boldsymbol{\theta}}(X_1,X_2,\cdots,X_n)$.

（2）若 $p(x;\boldsymbol{\theta})$ 和 $f(x;\boldsymbol{\theta})$ 关于 $\boldsymbol{\theta}$ 不可微时，则需另寻方法.

例 7.2.3　设 $X \sim B(1,p)$，p 为未知参数，$x_1,x_2,\cdots,x_n$ 是一组样本值，求参数 p 的极大似然估计.

解　因为总体 X 的分布律为 $P\{X=x\}=p^x(1-p)^{1-x}$，$x=0,1$，故似然函数为

$$L(p) = \prod_{i=1}^{n} p^{x_i}(1-p)^{1-x_i} = p^{\sum\limits_{i=1}^{n} x_i}(1-p)^{n-\sum\limits_{i=1}^{n} x_i}, x_i = 0,1(i=1,2,\cdots,n),$$

而　　$\ln L(p) = \left(\sum\limits_{i=1}^{n} x_i\right)\ln p + \left(n - \sum\limits_{i=1}^{n} x_i\right)\ln(1-p)$，

令　　　　$[\ln L(p)]' = \dfrac{\sum\limits_{i=1}^{n} x_i}{p} + \dfrac{n - \sum\limits_{i=1}^{n} x_i}{p-1} = 0$，

解得 p 的极大似然估计值为 $\hat{p} = \dfrac{1}{n}\sum\limits_{i=1}^{n} x_i = \bar{x}$，

所以 p 的极大似然估计量为

$$\hat{p} = \frac{1}{n}\sum_{i=1}^{n} X_i = \bar{X}.$$

例 7.2.4　设 $X \sim N(\mu,\sigma^2)$，μ，σ^2 未知，$X_1,X_2,\cdots,X_n$ 为 X 的一个样本，$x_1,x_2,\cdots,x_n$ 是 $X_1,X_2,\cdots,X_n$ 的一个样本值，求 μ，σ^2 的极大似然估计值及相应的估计量.

解　$X \sim f(x;\mu,\sigma) = \dfrac{1}{\sqrt{2\pi}\sigma} e^{-\frac{(x-\mu)^2}{2\sigma^2}}$，$x \in \mathbf{R}$.

所以似然函数为

$$L(\mu,\sigma^2) = \prod_{i=1}^{n} \frac{1}{\sqrt{2\pi}\sigma} e^{-\frac{(x_i-\mu)^2}{2\sigma^2}} = (2\pi\sigma^2)^{-\frac{n}{2}} e^{-\frac{1}{2\sigma^2}\sum\limits_{i=1}^{n}(x_i-\mu)^2},$$

取对数 $\ln L(\mu,\sigma^2) = -\dfrac{n}{2}(\ln 2\pi + \ln \sigma^2) - \dfrac{1}{2\sigma^2}\sum\limits_{i=1}^{n}(x_i-\mu)^2$，

分别对 μ,σ^2 求导数得

$$\begin{cases} \dfrac{\partial}{\partial \mu}(\ln L) = \dfrac{1}{\sigma^2} \sum_{i=1}^{n} (x_i - \mu) \triangleq 0, \\[3mm] \dfrac{\partial}{\partial \sigma^2}(\ln L) = -\dfrac{n}{2\sigma^2} + \dfrac{1}{2\sigma^4} \sum_{i=1}^{n} (x_i - \mu)^2 \triangleq 0, \end{cases}$$

由第一式求出得 $\mu = \dfrac{1}{n} \sum_{i=1}^{n} x_i = \bar{x}$，代入第二式得

$$\sigma^2 = \frac{1}{n} \sum_{i=1}^{n} (x_i - \mu)^2 = \frac{1}{n} \sum_{i=1}^{n} (x_i - \bar{x})^2,$$

所以 μ, σ^2 的极大似然估计值分别为

$$\hat{\mu} = \frac{1}{n} \sum_{i=1}^{n} x_i = \bar{x}, \hat{\sigma}^2 = \frac{1}{n} \sum_{i=1}^{n} (x_i - \bar{x})^2,$$

μ, σ^2 的极大似然估计量分别为

$$\hat{\mu} = \frac{1}{n} \sum_{i=1}^{n} X_i = \bar{X}, \hat{\sigma}^2 = \frac{1}{n} \sum_{i=1}^{n} (X_i - \bar{X})^2 = B_2.$$

例 7.2.5　设 $X \sim U[a, b]$ a, b 未知，$x_1, x_2, \cdots, x_n$ 是一个样本值，求 a, b 的极大似然估计.

解　由于

$$X \sim f(x) = \begin{cases} \dfrac{1}{b-a} & a \leqslant x \leqslant b, \\[3mm] 0, & 其他, \end{cases}$$

则似然函数为

$$L(a, b) = \begin{cases} \dfrac{1}{(b-a)^n} & a \leqslant x_1, x_2, \cdots, x_n \leqslant b, \\[3mm] 0, & 其他. \end{cases}$$

通过分析可知,用解似然方程极大值的方法求极大似然估计很难求解(因为无极值点),所以可用直接观察法:

记 $x_{(1)} = \min\limits_{1 \leqslant i \leqslant n} x_i$, $x_{(n)} = \max\limits_{1 \leqslant i \leqslant n} x_i$, 有

$$a \leqslant x_1, x_2, \cdots, x_n \leqslant b \Longleftrightarrow a \leqslant x_{(1)}, x_{(n)} \leqslant b,$$

则对于满足条件 $a \leqslant x_{(1)}, x_{(n)} \leqslant b$ 的任意 a, b 有

$$L(a, b) = \frac{1}{(b-a)^n} \leqslant \frac{1}{(x_{(n)} - x_{(1)})^n},$$

即 $L(a, b)$ 在 $a = x_{(1)}$, $b = x_{(n)}$ 时取得最大值

$$L_{\max}(a, b) = \frac{1}{(x_{(n)} - x_{(1)})^n},$$

故 a, b 的极大似然估计值为 $\hat{a} = x_{(1)} = \min\limits_{1 \leqslant i \leqslant n} \{x_i\}$, $\hat{b} = x_{(n)} = \max\limits_{1 \leqslant i \leqslant n} \{x_i\}$, a, b 的极大似然估计量为

$$\hat{a} = X_{(1)} = \min\limits_{1 \leqslant i \leqslant n} \{X_i\}, \hat{b} = X_{(n)} = \max\limits_{1 \leqslant i \leqslant n} \{X_i\}.$$

3. 极大似然估计量的性质

设 θ 的函数 $u=u(\theta)$，$\theta\in\Theta$，具有单值反函数 $\theta=\theta(u)$. 又设 $\tilde{\theta}$ 是 X 的密度函数 $f(x;\theta)$［或分布律 $p(x;\theta)$］（形式已知）中参数 θ 的极大似然估计，则 $\tilde{\mu}=u(\theta)$ 是 $u(\theta)$ 的极大似然估计.

例如，在例 7.2.4 中得到 σ^2 的极大似然估计为 $\hat{\sigma}^2=\dfrac{1}{n}\sum_{i=1}^{n}(X_i-\overline{X})^2$，而 $\mu=\mu(\sigma^2)=\sqrt{\sigma^2}$ 具有单值反函数 $\sigma^2=\mu^2(\mu>0)$，根据上述性质有：标准差 σ 的极大似然估计为

$$\hat{\sigma}=\sqrt{\hat{\sigma}^2}=\sqrt{\frac{1}{n}\sum_{i=1}^{n}(X_i-\overline{X})^2}.$$

7.3　估计量的评选标准

从上一节得到：对于同一参数，用不同的估计方法求出的估计量可能不相同，用相同的方法也可能得到不同的估计量，也就是说，同一参数可能具有多种估计量，而且，从原则上讲，其中任何统计量都可以作为未知参数的估计量，那么采用哪一个估计量好呢？这就涉及估计量的评价问题，而判断估计量好坏的标准是：有无系统偏差；波动性的大小；伴随样本容量的增大是否是越来越精确，这就是估计的无偏性、有效性和相合性.

7.3.1　无偏性

设 $\hat{\theta}$ 是未知参数 θ 的估计量，则 $\hat{\theta}$ 是一个随机变量，对于不同的样本值就会得到不同的估计值，我们总希望估计值在 θ 的真实值左右徘徊，而若其数学期望恰等于 θ 的真实值，这就导致无偏性这个标准.

> **定义 1**　设 $\hat{\theta}=\hat{\theta}(X_1,X_2,\cdots,X_n)$ 是未知参数 θ 的估计量，若 $E(\hat{\theta})$ 存在，且对 $\forall\theta\in\Theta$ 有 $E(\hat{\theta})=\theta$，则称 $\hat{\theta}$ 是 θ 的无偏估计量，并称 $\hat{\theta}$ 具有无偏性.

在科学技术中，$E(\hat{\theta})-\theta$ 称为以 $\hat{\theta}$ 作为 θ 的估计的系统误差，无偏估计的实际意义就是无系统误差.

例 7.3.1　设总体 X 的 k 阶中心矩 $m_k=E(X^k)(k\geqslant1)$ 存在，$(X_1,X_2,\cdots,X_n)$ 是 X 的一个样本，证明：不论 X 服从什么分布，

$A_k = \dfrac{1}{n} \sum\limits_{i=1}^{n} X_i^k$ 是 m_k 的无偏估计.

证明　$X_1, X_2, \cdots, X_n$ 与 X 同分布, $E(X_i^k) = E(X^k) = m_k$,

$i = 1, 2, \cdots, n,$　$E(A_k) = \dfrac{1}{n} \sum\limits_{i=1}^{n} E(X_i^k) = m_k.$ 特别地, 不论 X 服从什

么分布, 只要 $E(X)$ 存在, $\overline{X}$ 总是 $E(X)$ 的无偏估计.

例 7.3.2　设总体 X 的 $E(X) = \mu$, $D(X) = \sigma^2$ 都存在, 且 $\sigma^2 > 0$, 若

μ, σ^2 均为未知, 则 σ^2 的估计量 $\hat{\sigma}^2 = \dfrac{1}{n} \sum\limits_{i=1}^{n} (X_i - \overline{X})^2$ 是有偏的.

证明　$\hat{\sigma}^2 = \dfrac{1}{n} \sum\limits_{i=1}^{n} (X_i - \overline{X})^2 = \dfrac{1}{n} \sum\limits_{i=1}^{n} X_i^2 - \overline{X}^2,$

$$E(\hat{\sigma}^2) = \dfrac{1}{n} \sum\limits_{i=1}^{n} E(X_i^2) - E(\overline{X}^2) = \dfrac{1}{n} \sum\limits_{i=1}^{n} E(X^2) - (D\overline{X} + (E\overline{X})^2)$$

$$= (\sigma^2 + \mu^2) - \left(\dfrac{\sigma^2}{n} + \mu^2 \right) = \dfrac{n-1}{n} \sigma^2,$$

若在 $\hat{\sigma}^2$ 的两边同乘以 $\dfrac{n}{n-1}$, 则所得到的估计量就是无偏了, 即

$$E\left(\dfrac{n}{n-1} \hat{\sigma}^2 \right) = \dfrac{n}{n-1} E(\hat{\sigma}^2) = \sigma^2,$$

而 $\dfrac{n}{n-1} \hat{\sigma}^2$ 恰恰就是样本方差 $S^2 = \dfrac{1}{n-1} \sum\limits_{i=1}^{n} (X_i - \overline{X})^2.$

可见, S^2 可以作为 σ^2 的估计, 而且是无偏估计. 因此, 常用 S^2 作为方差 σ^2 的估计量. 从无偏的角度考虑, S^2 比 B_2 作为 $\hat{\sigma}^2$ 的估计好.

在实际应用中, 对整个系统(整个实验)而言无系统偏差, 就一次实验来讲, $\hat{\theta}$ 可能偏大也可能偏小, 实质上并说明不了什么问题, 只是平均来说它没有偏差. 所以无偏性只有在大量的重复实验中才能体现出来; 另一方面, 我们注意到: 无偏估计只涉及一阶矩(均值), 虽然计算简便, 但是往往会出现一个参数的无偏估计有多个, 而无法确定哪个估计量好.

例 7.3.3　设总体 X 服从参数为 λ 的指数分布, 概率密度为

$f(x) = \begin{cases} \lambda e^{-\lambda x}, & x > 0, \\ 0, & \text{其他}, \end{cases}$ 其中 $\lambda > 0$ 为未知, $(X_1, X_2, \cdots, X_n)$ 是来自总

体 X 的一个样本, 若记 $\theta = \dfrac{1}{\lambda}$, 证明: 对参数 θ 而言, 统计量 $\overline{X}$

与 $nZ = n(\min\{X_1, X_2, \cdots, X_n\})$ 都是 θ 的无偏估计.

证明　显然, $E(\overline{X}) = E(X) = \theta$, 所以 $\overline{X}$ 是 θ 的无偏估计. 再由

第 3 章结论，若干个独立同分布于指数分布的随机变量的最小值仍服从指数分布，所以 $Z=\min\{X_1,X_2,\cdots,X_n\}$ 仍服从指数分布，参数变为 $n\lambda$，故 $E(Z)=\dfrac{1}{n\lambda}=\dfrac{\theta}{n}$，所以 $E(nZ)=\theta$，即 nZ 是 θ 的无偏估计.

事实上，$(X_1,X_2,\cdots,X_n)$ 中的每一个均可作为 θ 的无偏估计.

那么，究竟哪个无偏估计更好、更合理呢？这就要看哪个估计量的观察值更接近真实值，即估计量的观察值更密集地分布在真实值的附近. 我们知道，方差是反映随机变量取值的分散程度. 所以无偏估计应以方差较小者为好、更合理. 为此引入了估计量的有效性概念.

7.3.2　有效性

定义 2　设 $\hat{\theta}_1=\hat{\theta}_1(X_1,X_2,\cdots,X_n)$ 与 $\hat{\theta}_2=\hat{\theta}_2(X_1,X_2,\cdots,X_n)$ 都是 θ 的无偏估计量，若有 $D(\hat{\theta}_1)<D(\hat{\theta}_2)$，则称 $\hat{\theta}_1$ 比 $\hat{\theta}_2$ 有效. 若对 $\forall\theta$ 的无偏估计 $\hat{\theta}$ 都有 $D(\hat{\theta}_0)\leqslant D(\hat{\theta})$，则称 $\hat{\theta}_0$ 为 θ 的最小方差无偏估计.

例 7.3.4　在例 7.3.3 中，由于 $D(X)=\dfrac{1}{\lambda^2}=\theta^2$，所以 $D(\overline{X})=\dfrac{\theta^2}{n}$，又 $D(Z)=\dfrac{1}{n^2\lambda^2}=\dfrac{\theta^2}{n^2}$，$D(nZ)=\theta^2$，当 $n>1$ 时，显然有 $D(\overline{X})<D(nZ)$，故 $\overline{X}$ 较 nZ 有效.

7.3.3　一致性(相合性)

关于无偏性和有效性是在样本容量固定的条件下提出的，即我们不仅希望一个估计量是无偏的，而且是有效的，自然希望伴随样本容量的增大，估计值能稳定于待估参数的真值，为此引入一致性概念.

定义 3　设 $\hat{\theta}$ 是 θ 的估计量，若对 $\forall\varepsilon>0$，有 $\lim\limits_{n\to\infty}P\{|\hat{\theta}-\theta|<\varepsilon\}=1$，则称 $\hat{\theta}$ 是 θ 的一致性估计量.

例如：在任何分布中，$\overline{X}$ 是 $E(X)$ 的一致估计；而 S^2 与 B_2 都是 $D(x)$ 的一致估计.

不过，一致性只有在 n 相当大时，才能显示其优越性，而在实际中，往往很难达到，因此，在实际工作中，关于估计量的选择要视具体问题而定.

7.4　区间估计

从点估计中，我们知道：若只是对总体的某个未知参数 θ 的值进行统计推断，那么点估计是一种很有用的形式，即只要得到样本观测值 $(x_1, x_2 \cdots, x_n)$，点估计值 $\hat{\theta}(x_1, x_2 \cdots, x_n)$ 让我们对 θ 的值有一个明确的数量概念. 但是 $\hat{\theta}(x_1, x_2, \cdots, x_n)$ 仅仅是 θ 的一个近似值，它并没有反映出这个近似值的误差范围，这对实际工作来说是不方便的，而区间估计正好弥补了点估计的这个缺陷. 前面我们知道：区间估计是指由两个取值于 Θ 的统计量 $\hat{\theta}_1$, $\hat{\theta}_2$ 组成一个区间，对于一个具体问题在得到样本值之后，便给出了一个具体的区间 $[\hat{\theta}_1, \hat{\theta}_2]$，使参数 θ 尽可能地落在该区间内.

事实上，由于 $\hat{\theta}_1$, $\hat{\theta}_2$ 是两个统计量，所以 $[\hat{\theta}_1, \hat{\theta}_2]$ 实际上是一个随机区间，它覆盖 θ（即 $\theta \in [\hat{\theta}_1, \hat{\theta}_2]$）就是一个随机事件，而 $P\{\theta \in [\hat{\theta}_1, \hat{\theta}_2]\}$ 就反映了这个区间估计的可信程度；另一方面，区间长度 $\hat{\theta}_2 - \hat{\theta}_1$ 也是一个随机变量，$E(\hat{\theta}_2 - \hat{\theta}_1)$ 反映了区间估计的精确程度. 我们自然希望反映可信程度越大越好，反映精确程度的区间长度越小越好. 但在实际问题中，二者常常不能兼顾. 为此，这里引入置信区间的概念，并给出在一定可信程度的前提下求置信区间的方法，使区间的平均长度最短.

7.4.1　置信区间的概念

定义 1　设总体 X 的分布函数 $F(x; \theta)$ 含有一个未知参数 θ，对于给定的 $\alpha(0 < \alpha < 1)$，若由样本 $(X_1, X_2, \cdots, X_n)$ 确定的两个统计量 $\underline{\theta}_1(X_1, X_2, \cdots, X_n)$ 和 $\overline{\theta}_2(X_1, X_2, \cdots, X_n)$ 满足

$$P\{\underline{\theta}_1 \leqslant \theta \leqslant \overline{\theta}_2\} = 1 - \alpha, \tag{7-1}$$

则称 $[\underline{\theta}_1, \overline{\theta}_2]$ 为 θ 的置信度为 $1 - \alpha$ 的置信区间，$1 - \alpha$ 称为置信度或置信水平，$\underline{\theta}_1$ 称为双侧置信区间的置信下限，$\overline{\theta}_2$ 称为置信上限.

当 X 是连续型随机变量时，对于给定的 α，我们总是按要求 $P\{\underline{\theta}_1 \leqslant \theta \leqslant \overline{\theta}_2\} = 1 - \alpha$ 求出置信区间；而当 X 是离散型随机变量时，对于给定的 α，我们常常找不到区间 $[\underline{\theta}_1, \overline{\theta}_2]$ 使得 $P\{\underline{\theta}_1 \leqslant \theta \leqslant \overline{\theta}_2\}$ 恰为 $1 - \alpha$，此时我们去寻找区间 $(\underline{\theta}_1, \overline{\theta}_2)$ 使 $P\{\underline{\theta}_1 \leqslant \theta \leqslant \overline{\theta}_2\}$ 至少为

$1-\alpha$ 且尽可能接近 $1-\alpha$.

定义中，式(7-1)的意义在于：若反复抽样多次，每个样本值确定一个区间 $[\underline{\theta}_1, \overline{\theta}_2]$，每个这样的区间要么包含 θ 的真值，要么不包含 θ 的真值，据伯努利大数定律，在这样多的区间中，包含 θ 真值的约占 $1-\alpha$，不包含 θ 真值的约仅占 α，例如，$\alpha=0.005$，反复抽样 1000 次，则得到的 1000 个区间中不包含 θ 真值的区间仅为 5 个.

例 7. 4. 1 设总体 $X \sim N(\mu, \sigma^2)$，σ^2 为已知，μ 为未知，$(X_1, X_2, \cdots, X_n)$ 是来自 X 的一个样本，求 μ 的置信度为 $1-\alpha$ 的置信区间.

解 由前知：$\overline{X}$ 是 μ 的无偏估计，且有

$$Z = \frac{\overline{X} - \mu}{\sigma/\sqrt{n}} \sim N(0, 1),$$

据标准正态分布的 α 分位点的定义有

$$P\{|Z| \leqslant z_{\alpha/2}\} = 1-\alpha,$$

即

$$P\left\{\overline{X} - \frac{\sigma}{\sqrt{n}} z_{\alpha/2} \leqslant \mu \leqslant \overline{X} + \frac{\sigma}{\sqrt{n}} z_{\alpha/2}\right\} = 1-\alpha.$$

所以 μ 的置信度为 $1-\alpha$ 的置信区间为

$$\left[\overline{X} - \frac{\sigma}{\sqrt{n}} z_{\alpha/2}, \overline{X} + \frac{\sigma}{\sqrt{n}} z_{\alpha/2}\right],$$

简写成

$$\left[\overline{X} \pm \frac{\sigma}{\sqrt{n}} z_{\alpha/2}\right].$$

例如，$\alpha = 0.05$ 时，$1-\alpha = 0.95$，查表得 $z_{\alpha/2} = 1.96$；又若 $\sigma = 1$，$n = 16$，$\overline{x} = 5.4$，则得到一个置信度为 0.95 的置信区间为

$$\left[5.4 \pm \frac{1}{\sqrt{16}} \times 1.96\right] = [4.91, 5.89].$$

注：此时，该区间已不再是随机区间了，但我们可称它为置信度为 0.95 的置信区间，其含义是指"该区间包含 μ"这一陈述的可信程度为 95%. 若写成 $P\{4.91 \leqslant \mu \leqslant 5.89\} = 0.95$ 是错误的，因为此时该区间要么包含 μ，要么不包含 μ.

置信度为 $1-\alpha$ 的置信区间并不是唯一的. 以例 7. 4. 1 来说，当 $\alpha = 0.05$ 时，还有

$$P\left\{z_{0.04} \leqslant \frac{\overline{X} - \mu}{\sigma/\sqrt{n}} \leqslant z_{0.01}\right\} = 0.95,$$

即

$$\left[\overline{X} - \frac{\sigma}{\sqrt{n}} z_{0.01}, \overline{X} + \frac{\sigma}{\sqrt{n}} z_{0.04}\right]$$

也是 μ 的置信度为 0.95 的置信区间.

若记 L 为置信区间的长度，则 $L = \dfrac{2\sigma}{\sqrt{n}} z_{\alpha/2}$，置信区间越短表示估计的精度越高. 通过比较可知，两个置信区间中后者精度较前者低. 我们自然想选择置信一定下的最短的置信区间. 一般来讲，在分布的概率密度函数的图形是单峰的且对称的情况下，对称的区间长度是最短的. 故我们选取例 7.4.1 中的置信区间.

通过上述例子，可以得到寻求未知参数 θ 的置信区间的一般步骤为：

（1）寻求一个样本 $X_1, X_2, \cdots, X_n$ 的函数 $W(X_1, X_2, \cdots, X_n; \theta)$；它包含待估参数 θ，而不包含其他未知参数，并且 W 的分布已知，且不依赖于任何未知参数. 这一步通常是根据 θ 的点估计及抽样分布得到的.

（2）对于给定的置信度 $1-\alpha$，定出两个常数 a，b，使 $P\{a \leqslant W \leqslant b\} = 1-\alpha$. 这一步通常由抽样分布的分位点定义得到.

（3）从 $a \leqslant W \leqslant b$ 中得到等价不等式 $\underline{\theta}_1 \leqslant \theta \leqslant \overline{\theta}_2$，其中 $\underline{\theta}_1 = \underline{\theta}_1(X_1, X_2, \cdots, X_n)$，$\overline{\theta}_2 = \overline{\theta}_2(X_1, X_2, \cdots, X_n)$ 都是统计量，则 $[\underline{\theta}_1, \overline{\theta}_2]$ 就是 θ 的一个置信度为 $1-\alpha$ 的置信区间.

下面就正态总体的期望和方差，给出其置信区间.

7.4.2 单个正态总体期望与方差的区间估计

设总体 $X \sim N(\mu, \sigma^2)$，$X_1, X_2, \cdots, X_n$ 为来自 X 的一个样本，已给定置信度（水平）为 $1-\alpha$，求 μ 和 σ^2 的置信区间.

1. 求均值 μ 的置信区间

（1）当 σ^2 已知时，由例 7.4.1 可得：μ 的置信水平为 $1-\alpha$ 的置信区间为

$$\left[\overline{X} \pm \frac{\sigma}{\sqrt{n}} z_{\alpha/2} \right]. \tag{7-2}$$

事实上，不论 X 服从什么分布，只要 $E(X) = \mu$，$D(X) = \sigma^2$，当样本容量足够大时，根据中心极限定理，就可以得到 μ 的置信水平为 $1-\alpha$ 的置信区间为式(7-2).

更进一步地，无论 X 服从何分布，只要样本容量充分大，即使总体方差未知，可以用 S^2 来代替，此时，式(7-2)仍然可以作为 $E(X)$ 的近似置信区间，一般地，当 $n \geqslant 50$ 时，就满足要求.

（2）当 σ^2 未知时，不能使用式(7-2)给出的置信区间. 考虑到 S^2 是 σ^2 的无偏估计，我们用 $S = \sqrt{S^2}$ 来代替 σ，则根据抽样分

布定理，有

$$t = \frac{\overline{X} - \mu}{S / \sqrt{n}} \sim t(n-1),$$

由自由度为 $n-1$ 的 t 分布的上 α 分位点的定义有

$$P\left\{ \left| \frac{\overline{X} - \mu}{S / \sqrt{n}} \right| \leqslant t_{\alpha/2}(n-1) \right\} = 1 - \alpha,$$

即

$$P\left\{ \overline{X} - \frac{S}{\sqrt{n}} t_{\alpha/2}(n-1) \leqslant \mu \leqslant \overline{X} + \frac{S}{\sqrt{n}} t_{\alpha/2}(n-1) \right\} = 1 - \alpha,$$

所以 μ 的置信度为 $1-\alpha$ 的置信区间为

$$\left[\overline{X} \pm \frac{S}{\sqrt{n}} t_{\alpha/2}(n-1) \right]. \tag{7-3}$$

注：这里虽然得出了 μ 的置信区间，但由于 σ^2 未知，用 S^2 近似 σ^2，因而估计的效果要差些．但在实际问题中，总体方差 σ^2 未知的情况居多，故式(7-3)比式(7-2)有更大的应用价值．

例 7.4.2　有一大批糖果，现从中随机地取 16 袋，称得重量（以 g 计）如下：

506　508　499　503　504　510　497　512

514　505　493　196　506　502　509　496

设袋装糖果的重量近似地服从正态分布，试求总体均值 μ 的置信度为 0.95 的置信区间．

解　所求置信区间为

$$\left[\overline{X} \pm \frac{S}{\sqrt{n}} t_{\alpha/2}(n-1) \right],$$

这里 $\alpha = 0.05$ 时，$1 - \alpha = 0.95$，$n - 1 = 15$，查表得 $t_{0.025}(15) = 2.1315$；计算得 $\overline{x} = 503.75$，$s = 6.2022$，所以代入以上数据得到 μ 的置信度为 0.95 的置信区间为

$$\left[503.75 \pm \frac{6.2022}{\sqrt{16}} \times 2.1315 \right] = [500.4, 507.1].$$

2. 求方差 σ^2 的置信区间

(1) 当 μ 已知时，由抽样分布知

$$\chi^2 = \sum_{i=1}^{n} \frac{(X_i - \mu)^2}{\sigma^2} \sim \chi^2(n),$$

据 $\chi^2(n)$ 分布分位数的定义，有

$$P\{\chi^2 \geqslant \chi^2_{\frac{\alpha}{2}}(n)\} = \frac{\alpha}{2}, P\{\chi^2 \leqslant \chi^2_{1-\frac{\alpha}{2}}(n)\} = \frac{\alpha}{2},$$

所以

$$P\left\{\chi^2_{1-\frac{\alpha}{2}}(n) \leqslant \chi^2 \leqslant \chi^2_{\frac{\alpha}{2}}(n)\right\} = 1-\alpha,$$

从而

$$P\left\{\frac{\sum\limits_{i=1}^{n}(X_i-\mu)^2}{\chi^2_{1-\frac{\alpha}{2}}(n)} \leqslant \sigma^2 \leqslant \frac{\sum\limits_{i=1}^{n}(X_i-\mu)^2}{\chi^2_{\frac{\alpha}{2}}(n)}\right\} = 1-\alpha,$$

故 σ^2 的置信度为 $1-\alpha$ 的置信区间为

$$\left[\frac{\sum\limits_{i=1}^{n}(X_i-\mu)^2}{\chi^2_{\frac{\alpha}{2}}(n)}, \frac{\sum\limits_{i=1}^{n}(X_i-\mu)^2}{\chi^2_{1-\frac{\alpha}{2}}(n)}\right] \tag{7-4}$$

注：在实际中，一般 σ^2 未知时，μ 往往都是未知的，所以式 (7-4) 仅具有理论价值.

（2）当 μ 未知时，由于 $\overline{X}$ 既是 μ 的无偏估计，又是 μ 的有效估计，所以用 $\overline{X}$ 代替 μ，根据抽样分布有

$$\chi^2 = \frac{(n-1)S^2}{\sigma^2} \sim \chi^2(n-1).$$

采用与（1）同样的方法：可以得到 σ^2 的一个置信度为 $1-\alpha$ 的置信区间为

$$\left[\frac{(n-1)S^2}{\chi^2_{\alpha/2}(n-1)}, \frac{(n-1)S^2}{\chi^2_{1-\alpha/2}(n-1)}\right]. \tag{7-5}$$

进一步还可以得到 σ 的置信度为 $1-\alpha$ 的置信区间为

$$\left[\frac{\sqrt{n-1}\,S}{\sqrt{\chi^2_{\alpha/2}(n-1)}}, \frac{\sqrt{n-1}\,S}{\sqrt{\chi^2_{1-\alpha/2}(n-1)}}\right]. \tag{7-6}$$

注意：当分布不对称时，如 χ^2 分布和 F 分布，习惯上仍然取其对称的分位点来确定置信区间，但所得区间不是最短的，但对于我们而言其精度已经足够用了.

例 7.4.3 求例 7.4.2 中总体标准差 σ 的置信度为 0.95 的置信区间.

解 所求置信区间为

$$\left[\frac{\sqrt{n-1}\,S}{\sqrt{\chi^2_{\alpha/2}(n-1)}}, \frac{\sqrt{n-1}\,S}{\sqrt{\chi^2_{1-\alpha/2}(n-1)}}\right],$$

现在 $\alpha/2=0.025$ 时，$1-\alpha/2=0.975$，$n-1=15$，查表得 $\chi^2_{0.025}(15)=27.488$，$\chi^2_{0.975}(15)=6.262$；计算得 $s=6.2022$，所以代入以上数据得到标准差 σ 的置信度为 0.95 的置信区间为

$$[4.58, 9.60].$$

7.4.3 两个正态总体的情形

在实际中常遇到下面的问题：已知产品的某一质量指标服从正

态分布，但由于原料、设备条件、操作人员不同，或工艺过程的改变等因素，引起总体均值、总体方差有所改变，我们需要知道这些变化有多大，这就需要考虑两个正态总体均值差或方差比的估计问题.

设总体 $X \sim N(\mu_1, \sigma_1^2)$，$Y \sim N(\mu_2, \sigma_2^2)$，且 X 与 Y 相互独立，$(X_1, X_2, \cdots, X_{n_1})$ 为来自总体 X 的一个样本，$(Y_1, Y_2, \cdots, Y_{n_2})$ 为来自总体 Y 的一个样本，给定置信度为 $1-\alpha$，且假设 $\overline{X}$，$\overline{Y}$，S_1^2，S_2^2 分别为总体 X 与 Y 的样本均值与样本方差.

1. 求 $\mu_1-\mu_2$ 的置信区间

（1）当 σ_1^2，σ_2^2 已知时，由抽样分布可知

$$Z = \frac{(\overline{X}-\overline{Y})-(\mu_1-\mu_2)}{\sqrt{\dfrac{\sigma_1^2}{n_1}+\dfrac{\sigma_2^2}{n_2}}} \sim N(0,1),$$

所以可以得到 $\mu_1-\mu_2$ 的置信度为 $1-\alpha$ 的置信区间为

$$\left[(\overline{X}-\overline{Y}) \pm z_{\alpha/2}\sqrt{\frac{\sigma_1^2}{n_1}+\frac{\sigma_2^2}{n_2}}\right] \tag{7-7}$$

（2）当 σ_1^2，σ_2^2 未知时，但 n_1，n_2 均较大时，可用 S_1^2 和 S_2^2 分别代替式(7-7)中 σ_1^2，σ_2^2，则可得 $(\mu_1-\mu_2)$ 的置信度为 $1-\alpha$ 的近似置信区间为

$$\left[(\overline{X}-\overline{Y}) \pm z_{\alpha/2}\sqrt{\frac{S_1^2}{n_1}+\frac{S_2^2}{n_2}}\right]. \tag{7-8}$$

（3）当 $\sigma_1^2=\sigma_2^2=\sigma^2$，且 σ^2 未知时，由抽样分布可知：若令

$$S_\omega = \frac{(n_1-1)S_1^2+(n_2-1)S_2^2}{n_1+n_2-2},$$

则

$$t = \frac{(\overline{X}-\overline{Y})-(\mu_1-\mu_2)}{\sqrt{\dfrac{1}{n_1}+\dfrac{1}{n_2}} \cdot S_\omega} \sim t(n_1+n_2-2).$$

由 t 分布分位数的定义有 $P\{|T| \leqslant t_{\alpha/2}(n_1+n_2-2)\} = 1-\alpha$，从而可得 $\mu_1-\mu_2$ 的置信度为 $1-\alpha$ 的置信区间为

$$\left[(\overline{X}-\overline{Y}) \pm t_{\alpha/2}(n_1+n_2-2)S_\omega\sqrt{\frac{1}{n_1}+\frac{1}{n_2}}\right] \tag{7-9}$$

注：在实际应用中，我们往往选择式(7-9)，而不是式(7-8). 也就是说，当 σ_1^2，σ_2^2 未知时，我们往往可以假定 $\sigma_1^2=\sigma_2^2=\sigma^2$（称之为两样本方差齐），这点将在第 8 章习题中讨论为什么可以这样做.

例 7.4.4 为比较 I，II 两种型号步枪子弹的枪口速度，随机地取 I 型子弹 10 发，得到枪口平均速度为 $\overline{x_1}=500(\mathrm{m/s})$，标准差

$s_1 = 1.10(\text{m/s})$，随机地取 II 型子弹 20 发，得到枪口平均速度为 $\overline{x_2} = 496(\text{m/s})$，标准差 $s_2 = 1.20(\text{m/s})$，假设两总体都可认为近似地服从正态分布，且由生产过程可认为它们的方差相等，求两总体均值差 $\mu_1 - \mu_2$ 的置信度为 0.95 的置信区间.

解　由题设：两总体的方差相等，却未知，所以可用式(7-9)来求：由于 $1-\alpha = 0.95$，$\alpha/2 = 0.025$，$n_1 = 10$，$n_2 = 20$，$n_1 + n_2 - 2 = 28$，$t_{0.025}(28) = 2.0484$，$s_{\omega}^2 = \dfrac{9 \times 1.10^2 + 19 \times 1.20^2}{28}$，所以 $s_{\omega} = 1.1688$，故所求置信区间为

$$\left\lfloor (\overline{x_1} - \overline{x_2}) \pm s_{\omega} t_{0.025}(28) \sqrt{\frac{1}{10} + \frac{1}{20}} \right\rfloor = [4 \pm 0.93] = [3.07, 4.93].$$

在该题中所得下限大于 0，在实际中，我们认为 μ_1 比 μ_2 大，相反，若下限小于 0，则认为 μ_1 与 μ_2 没有显著的差别.

2. 求 σ_1^2/σ_2^2 的置信区间

我们仅讨论 μ_1，μ_2 均为未知的情况，据抽样分布知 $F = \dfrac{S_1^2/\sigma_1^2}{S_2^2/\sigma_2^2} \sim F(n_1-1, n_2-1)$，由 F 分布的分位数定义及其特点，得

$$P\{F_{1-\alpha/2}(n_1-1, n_2-1) < F < F_{\alpha/2}(n_1-1, n_2-1)\} = 1-\alpha,$$

从而可得 σ_1^2/σ_2^2 的置信度为 $1-\alpha$ 的置信区间为

$$\left[\frac{S_1^2}{S_2^2} \frac{1}{F_{\alpha/2}(n_1-1, n_2-1)}, \frac{S_1^2}{S_2^2} \frac{1}{F_{1-\alpha/2}(n_1-1, n_2-1)} \right]. \tag{7-10}$$

Python 实验

实验 1——极大似然估计

设总体 $X \sim N(\mu, \sigma^2)$，取 $\mu = 0$，$\sigma = 1$. 假定 μ，σ 未知.

（1）从总体抽取样本容量为 20 的样本，使用极大似然估计法求总体均值 μ 和总体标准差 σ 的估计量.

（2）扩大样本容量，分别取样本容量为 30，50，100，重复(1).

正态分布参数的极大似然估计 Python 代码：

```
from scipy. stats import norm
import matplotlib. pyplot as plt
import numpy as np

x_norm=norm. rvs(size=200)    #生成 200 个服从标准正态
```

```
                                    #分布的数据
x_mean,x_std=norm.fit(x_norm)#在这组数据下,求正态分布
                                    #参数的极大似然估计值
print ('mean,',x_mean)
print ('x_std,',x_std)

plt.hist(x_norm,bins=15,range=None,density=True)
#归一化直方图,将划分区间变为 20
x =np.linspace(-3,3,50)          #在(-3,3)之间返回均匀间
                                    #隔的 50 个数字
plt.plot(x,norm.pdf(x),'r-') ##norm.pdf 返回对应的概率
密度函数值
plt.show()
```

实验 2——区间估计的频率解释

设总体 $X \sim N(\mu,\sigma^2)$，随机抽取容量为 n 的样本 $X_1,X_2,\cdots,$ X_n，则总体均值 μ 的置信水平为 0.95 的置信区间为 $\left(\overline{X}-t_{0.025}(n-1)\dfrac{S}{\sqrt{n}},\overline{X}+t_{0.025}(n-1)\dfrac{S}{\sqrt{n}}\right)$. 下面对置信区间的覆盖率进行模拟试验.

（1）选择参数 μ，σ，随机生成容量为 100 的样本，计算 μ 的置信水平为 0.95 的置信区间；

（2）改变样本容量，为 50, 100，观察所得置信区间的长度；

（3）改变置信水平，为 0.90, 0.99，观察所得置信区间的长度.

可以看出：(1)置信区间包含参数真值的频率约等于置信度；(2)样本容量越大置信区间越短；(3)置信水平越高，置信区间长度越长.

正态分布区间估计 Python 代码：

```
import numpy as np
from scipy import stats

mu,sigma=2,0.1
N=10 #样本数目
alpha=0.95 #置信度
x =np.random.normal(mu,sigma,N)

#ddof 取值为 1 是因为在统计学中样本的标准偏差除的是 (N-1)
而不是 N
```

```
mean,std =x. mean (),x. std (ddof =1)
print (mean,std)
conf_intveral =stats. norm. interval (alpha,loc =mean,
scale =std) #计算置信区间
print (conf_intveral)
```

知识纵横——单侧置信区间

在区间估计中我们学习了置信区间的求法. 有时, 对于某些实际问题, 例如元器件产品的寿命, 我们只关心寿命的"下限"; 考虑化学药品中杂质的含量, 我们只关心杂质的含量的"上限". 这类问题涉及的就是单侧置信区间的概念. 我们简单介绍如下:

对于给定的 $\alpha(0<\alpha<1)$, 若由样本 $(X_1,X_2,\cdots,X_n)$ 确定的统计量 $\underline{\theta}(X_1,X_2,\cdots,X_n)$ 满足

$$P\{\theta>\underline{\theta}\}=1-\alpha,$$

则称 $[\underline{\theta},+\infty]$ 为 θ 的置信度为 $1-\alpha$ 的单侧置信区间, $\underline{\theta}$ 称为 θ 的置信度为 $1-\alpha$ 的单侧置信区间的置信下限.

对于给定的 $\alpha(0<\alpha<1)$, 若由样本 $(X_1,X_2,\cdots,X_n)$ 确定的统计量 $\overline{\theta}(X_1,X_2,\cdots,X_n)$ 满足

$$P\{\theta<\overline{\theta}\}=1-\alpha,$$

则称 $[-\infty,\overline{\theta}]$ 为 θ 的置信度为 $1-\alpha$ 的单侧置信区间, $\overline{\theta}$ 称为 θ 的置信度为 $1-\alpha$ 的单侧置信区间的置信上限.

例如, 设总体 $X \sim N(\mu,\sigma^2)$, σ^2 为已知, μ 为未知, $(X_1,X_2,\cdots,X_n)$ 是来自 X 的一个样本, 由 $\overline{X}$ 是 μ 的无偏估计, 且有 $Z=\dfrac{\overline{X}-\mu}{\sigma/\sqrt{n}} \sim N(0,1)$, 根据标准正态分布的 α 分位点的定义有

$$P\{Z \leqslant z_\alpha\}=1-\alpha,$$

即

$$P\left\{\mu \geqslant \overline{X}-\frac{\sigma}{\sqrt{n}}z_\alpha\right\}=1-\alpha,$$

所以 μ 的置信度为 $1-\alpha$ 的单侧置信区间为

$$\left[\overline{X}-\frac{\sigma}{\sqrt{n}}z_\alpha,\ +\infty\right],$$

μ 的置信度为 $1-\alpha$ 的单侧置信区间的置信下限为

$$\underline{\mu}=\overline{X}-\frac{\sigma}{\sqrt{n}}z_\alpha.$$

同理，$P\{Z \geqslant -z_\alpha\} = 1 - \alpha$，即

$$P\left\{\mu \leqslant \overline{X} + \frac{\sigma}{\sqrt{n}}z_\alpha\right\} = 1 - \alpha,$$

所以 μ 的置信度为 $1-\alpha$ 的单侧置信区间为 $\left[-\infty, \overline{X} + \frac{\sigma}{\sqrt{n}}z_\alpha\right]$，$\mu$ 的置信度为 $1-\alpha$ 的单侧置信区间的置信上限为 $\overline{\mu} = \overline{X} + \frac{\sigma}{\sqrt{n}}z_\alpha$.

对比双侧和单侧置信区间，容易发现只要记住双侧置信区间

$$\left[\overline{X} - \frac{\sigma}{\sqrt{n}}z_{\alpha/2}, \overline{X} + \frac{\sigma}{\sqrt{n}}z_{\alpha/2}\right],$$

将下限中 $z_{\alpha/2}$ 换成 Z_α 就得到单侧置信下限 $\underline{\mu} = \overline{X} - \frac{\sigma}{\sqrt{n}}z_\alpha$；

将上限中 $z_{\alpha/2}$ 换成 Z_α 就得到单侧置信上限 $\overline{\mu} = \overline{X} + \frac{\sigma}{\sqrt{n}}z_\alpha$.

对于其他形式的置信区间有同样的结论，这里不再一一列出. 表 7-1 给出的是常用的双侧置信区间，读者可以自行写出相应的单侧置信区间.

表 7-1　正态总体均值与方差的置信区间（置信度 $1-\alpha$）

	待估参数	枢轴量分布	置信区间
单个正态总体	$\mu(\sigma^2$ 已知)	$Z = \dfrac{\overline{X} - \mu}{\sigma/\sqrt{n}} \sim N(0,1)$	$\left[\overline{X} \pm \dfrac{\sigma}{\sqrt{n}}z_{\alpha/2}\right]$
	$\mu(\sigma^2$ 未知)	$t = \dfrac{\overline{X} - \mu}{S/\sqrt{n}} \sim t(n-1)$	$\left[\overline{X} \pm \dfrac{S}{\sqrt{n}}t_{\alpha/2}(n-1)\right]$
	$\sigma^2(\mu$ 未知)	$\chi^2 = \dfrac{(n-1)S^2}{\sigma^2} \sim \chi^2(n-1)$	$\left[\dfrac{(n-1)S^2}{\chi^2_{\alpha/2}(n-1)}, \dfrac{(n-1)S^2}{\chi^2_{1-\alpha/2}(n-1)}\right]$
两个正态总体	$\mu_1 - \mu_2$ $(\sigma_1^2, \sigma_2^2$ 已知)	$Z = \dfrac{(\overline{X} - \overline{Y}) - (\mu_1 - \mu_2)}{\sqrt{\dfrac{\sigma_1^2}{n_1} + \dfrac{\sigma_2^2}{n_2}}} \sim N(0,1)$	$\left[(\overline{X} - \overline{Y}) \pm z_{\alpha/2}\sqrt{\dfrac{\sigma_1^2}{n_1} + \dfrac{\sigma_2^2}{n_2}}\right]$
	$\mu_1 - \mu_2$ $(\sigma_1^2 = \sigma_2^2 = \sigma^2$ 未知)	$t = \dfrac{(\overline{X} - \overline{Y}) - (\mu_1 - \mu_2)}{\sqrt{\dfrac{1}{n_1} + \dfrac{1}{n_2}} \cdot S_\omega} \sim t(n_1 + n_2 - 2)$	$\left[(\overline{X} - \overline{Y}) \pm t_{\alpha/2}(n_1 + n_2 - 2) S_\omega\sqrt{\dfrac{1}{n_1} + \dfrac{1}{n_2}}\right]$

（续）

待估参数	枢轴量分布	置信区间
两个正态总体 σ_1^2/σ_2^2（μ_1,μ_2 未知）	$F=\dfrac{S_1^2/\sigma_1^2}{S_2^2/\sigma_2^2}\sim F(n_1-1,n_2-1)$	$\left[\dfrac{S_1^2}{S_2^2}\dfrac{1}{F_{\alpha/2}(n_1-1,n_2-1)},\right.$ $\left.\dfrac{S_1^2}{S_2^2}\dfrac{1}{F_{1-\alpha/2}(n_1-1,n_2-1)}\right]$

习题七

1. 设 $X_1,X_2,\cdots,X_n$ 是来自总体 $X\sim B(m,p)$ 的样本，$x_1,x_2,\cdots,x_n$ 是 $X_1,X_2,\cdots,X_n$ 的一个样本值，试求 p 的矩估计和极大似然估计.

2. 设总体为 $[0,b]$ 上的均匀分布，求参数 b 的矩估计和极大似然估计.

3. 设 $X_1,X_2,\cdots,X_n$ 是来自总体 $X\sim N(\mu,\sigma^2)$ 的样本，$x_1,x_2,\cdots,x_n$ 是 $X_1,X_2,\cdots,X_n$ 的一个样本值，试求 σ^2 的矩估计和极大似然估计.

4. 设总体 X 服从参数为 λ 的指数分布，密度为

$$f(x)=\begin{cases}\lambda e^{-\lambda x}, & x>0,\\ 0, & \text{其他,}\end{cases}$$

其中 $\lambda>0$ 为未知，$(X_1,X_2,\cdots,X_n)$ 是来自总体 X 的一个样本，

（1）求参数 λ 的矩估计和极大似然估计；

（2）若记 $\theta=\dfrac{1}{\lambda}$，为估计 θ，从总体中抽出样本 X_1,X_2,X_3，考虑 θ 的下面四个估计：

$$\hat\theta_1=X_1,\hat\theta_2=\frac{X_1+X_2}{2},\hat\theta_3=\frac{X_1+2X_2}{3},\hat\theta_4=\overline{X},$$

这四个估计中，哪些是 θ 的无偏估计? 哪个估计更有效?

5. 设某种产品的干燥时间（以 h 计）服从正态分布 $N(\mu,\sigma^2)$，现取到这种产品的 9 个样品，测得干燥时间分别为

5.0　5.7　6.1　5.6　6.3　7.0　6.5　5.8　6.0

分别求出下列条件下的 μ 的置信度为 0.95 的置信区间:

（1）根据经验已知 $\sigma=0.6$(h)；

（2）σ 未知.

6. 设某种砖头的抗压强度（单位：kg/cm^2）服从正态分布 $N(\mu,\sigma^2)$，现测量 20 块这种砖，得到下列数据:

64　69　49　92　55　97　41　84　88　99
81　48　84　87　74　72　98　100　66　84

（1）求 μ 的置信度为 0.95 的置信区间；

（2）求 σ^2 的置信度为 0.95 的置信区间.

7. 甲、乙两组生产同种导线，现从甲组生产的导线中随机抽取 4 根，从乙组生产的导线中随机抽取 5 根，测得它们的电阻值（以 Ω 计）分别为

甲组: 0.143　0.142　0.143　0.137

乙组: 0.140　0.142　0.136　0.138　0.140

设测定数据分别来自正态总体 $N(\mu_1,\sigma^2)$ 与 $N(\mu_2,\sigma^2)$，且两样本相互独立，μ_1,μ_2 与 σ^2 均未知. 试求:

（1）$\mu_1-\mu_2$ 的置信度为 0.95 的置信区间；

（2）$\mu_1-\mu_2$ 的置信度为 0.95 的单侧置信下限.

8

第8章

假设检验

  假设检验是统计推断的另一类问题. 这是在总体的分布函数完全未知, 或只知其形式但不知其参数的情况下, 根据样本中的信息来对总体的分布参数或分布类型做出分析论断. 由于篇幅所限, 仅重点讨论正态总体的参数假设检验问题. 本章首先引进假设检验的统计思想, 然后详细讨论正态总体均值和方差的假设检验, 包括单个正态总体及两个正态总体的情形.

8.1 假设检验的基本思想

8.1.1 问题的提出

  所谓假设检验指的是: 针对一个统计模型, 提出一个假设, 根据所给的样本, 做出判断, 是接受这个假设还是拒绝这个假设.

  例如, 为了判断总体 X 是否服从正态分布, 可以提出假设 H_0: X 服从正态分布; 若已知 X 服从正态分布 $N(\mu, 4)$, 而总体均值 μ 未知, 可以提出假设 H_0: $\mu = \mu_0$. 这里的假设 H_0 称之为原假设.

  为了做出判断, 拒绝还是接受原假设, 首先需要对总体进行抽样. 如何进行抽样不在本书的讨论范围内. 故我们仅在已经给定的样本(值)的基础上, 讨论如何做出判断.

  那么如何利用样本值对一个具体的假设进行检验呢? 通常采用的是直观分析和理论分析相结合的方法. 首先我们从 H_0 出发, 即认为 H_0 是真的, 在此基础上进行推理分析, 看看是否有不合理的现象出现. 若有, 则有充分的理由拒绝原假设 H_0; 若没有不合理的现象出现, 则没有充分的理由拒绝 H_0, 从而接受 H_0.

  所谓不合理的现象来自于前面概率论部分学过的实际推断原理——一个小概率事件在一次实验中不应该发生. 即如果进行一次检验, 有小概率事件发生, 我们认为这不合理.

  所以假设检验的基本思路就是提出原假设 H_0, 然后在 H_0 为真的条件下，利用所给样本，通过选取恰当的统计量来构造一个小概率事件，若在这次检验中，小概率事件居然发生了，就完全有理由拒绝 H_0 的正确性，否则没有充分理由拒绝 H_0 的正确性，从而接受 H_0，这就是假设检验的基本思想.

下面结合实例说明这种思想，有许多人视下面的例子为现代统计学的开端.

女士品茶实验：据说有一次英国统计学家费歇尔参加一个聚会. 当时主人提供这样一种饮料，由茶（Tea）和奶（Milk）混合而成. 按照加入顺序的不同，分别称为 TM 与 MT. 与会的一位女士声称她能分辨出任一杯这样的饮料到底是 TM 还是 MT. 为检验她是否真的有这种辨别力，有人拿来 8 杯饮料让她品尝，其中 TM 与 MT 各占一半，并把这一点告诉了她. 结果，她指对了全部的 4 杯 TM（当然 MT 也都指对了）. 那么，这位女士是否真的有这种辨别力？

与会许多人都提出了自己的意见，但没有充分的理由让别人信服. 一时兴起，费歇尔也提出了自己的看法，得到了众人的一致认可. 费歇尔的推理过程如下：

提出假设 H_0：这位女士没有辨别力. 如果 H_0 是真的，那她只能从 8 杯饮料中随机地猜测 4 杯说是 TM，全部猜对的概率为

$$\frac{1}{C_8^4} = \frac{1}{70} \approx 0.014.$$

现在她说对了全部的 TM，若认为是猜测的，则一件概率不到 2% 的事件在一次试验中发生了，这不太合理.

费歇尔认为，实验的结果给出了不利于原假设成立的显著性论据，故拒绝原假设. 即认为这位女士有辨别能力.

以上推理过程称为显著性检验. 据此，可得到假设检验的一般过程如下.

8.1.2 假设检验的一般过程

（1）提出原假设 H_0，以及一个与 H_0 完全相反的假设 H_1，称之为备择假设.

（2）从原假设 H_0 出发，利用适当的统计量去构造一个小概率事件.

（3）根据样本值去验证小概率事件是否发生. 若发生，则不合理，有充分的理由拒绝原假设 H_0，从而接受备择假设 H_1；如果不发生，则没有充分的理由拒绝 H_0，从而接受 H_0.

怎样具体检验一个统计假设呢？下面结合例子来说明假设检

验的基本思想和做法.

例 8.1.1　设 $(X_1, X_2, \cdots, X_n)$ 是来自总体 $X \sim N(\mu, \sigma^2)$ 的一个样本，其中 σ^2 已知，μ 未知，我们来检验总体均值 μ 是否和某个常数 μ_0 相等.

分析　在这里，总体 X 的分布形式是已知的，为正态分布，总体方差也已知，按题意提出假设

$$H_0 : \mu = \mu_0, \quad H_1 : \mu \neq \mu_0.$$

从原假设 H_0 出发：若 H_0 为真，则 $\mu = \mu_0$；但实际上我们不知道总体均值 μ 为何值，不过我们知道的是，样本给定，则样本均值 $\overline{X}$ 是总体均值 μ 的无偏估计，所以，当 H_0 为真时，样本均值 $\overline{X}$ 的观察值 $\bar{x}$ 与 μ_0 应该相差不大，如果二者差得太多，则不合理. 哪个量能表示二者的偏差呢？自然想到用 $|\overline{X} - \mu_0|$. 故在 H_0 为真时，如果 $|\overline{X} - \mu_0|$ 过大则不合理.

在数学上表述为，当 H_0 为真时，若存在某个常数 k_0，使得 $|\overline{X} - \mu_0| \geqslant k_0$，则不合理. 如前所述，此时 $\{|\overline{X} - \mu_0| \geqslant k_0\}$ 就应该是一个小概率事件，不妨设这个事件发生的概率为 α，即 $P\{|\overline{X} - \mu_0| \geqslant k_0\} = \alpha$. 通过恒等变形则有 $P\left\{\left|\dfrac{\overline{X} - \mu_0}{\sigma/\sqrt{n}}\right| \geqslant \dfrac{k_0}{\sigma/\sqrt{n}}\right\} = \alpha$，这里记 $\dfrac{k_0}{\sigma/\sqrt{n}} = k_1$ 仍是常数，则有 $P\left\{\left|\dfrac{\overline{X} - \mu_0}{\sigma/\sqrt{n}}\right| \geqslant k_1\right\} = \alpha$，也就是说，$\left\{\left|\dfrac{\overline{X} - \mu_0}{\sigma/\sqrt{n}}\right| \geqslant k_1\right\}$ 是概率为 α 的小概率事件.

此时 α 应该是一个比较小的数. 现在的问题是，k_0 取何值时能够使得 $\{|\overline{X} - \mu_0| \geqslant k_0\}$ 是小概率事件呢？这等价于问 k_1 取何值时能够使得 $\left\{\left|\dfrac{\overline{X} - \mu_0}{\sigma/\sqrt{n}}\right| \geqslant k_1\right\}$ 是小概率事件呢？

要回答这个问题，首先要回答的是，你认为概率为多小才算是小概率呢？如果认为 0.01 是小概率，则 $\alpha = 0.01$，如果认为 0.001 是小概率，则 $\alpha = 0.001$，针对于这个问题每个人的回答不尽相同，要视具体情况而定. 一般在统计上，我们认为概率小于 0.05 的事件为小概率事件. 所以，作为小概率的数 α 要事先给定才行. 我们称数 α 为**检验水平**. 通常取 $\alpha = 0.05$，$\alpha = 0.025$，$\alpha = 0.01$ 等.

现在先给定 α，上面的问题就变成：k_1 取何值时能够使得 $\left\{\left|\dfrac{\overline{X}-\mu_0}{\sigma/\sqrt{n}}\right|\geqslant k_1\right\}$ 的概率是 α 呢？由第 6 章定理 1(1) 可知，在 H_0 为真时，统计量 $\dfrac{\overline{X}-\mu_0}{\sigma/\sqrt{n}}\sim N(0,1)$，此时称这个用于检验的并且分布为已知的统计量为检验统计量. 画出标准正态分布的概率密度函数，我们发现，由上 α 分位点的定义易得 $P\left\{\left|\dfrac{\overline{X}-\mu_0}{\sigma/\sqrt{n}}\right|\geqslant z_{\alpha/2}\right\}=\alpha$，如图 8-1 所示.

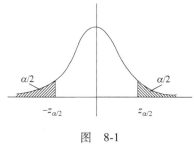

图　8-1

所以，当给定 α 时，$\left\{\left|\dfrac{\overline{X}-\mu_0}{\sigma/\sqrt{n}}\right|\geqslant z_{\alpha/2}\right\}$ 是概率为 α 的小概率事件.

最后，由样本值计算出样本均值 $\overline{x}$，然后代入看是否有 $\left|\dfrac{\overline{x}-\mu_0}{\sigma/n}\right|\geqslant z_{\alpha/2}$；若有，则小概率事件发生，拒绝原假设 H_0，从而接受备择假设 H_1；否则接受原假设 H_0.

小概率事件发生则拒绝原假设，故称 $\left|\dfrac{\overline{x}-\mu_0}{\sigma/n}\right|\geqslant z_{\alpha/2}$ 是此假设检验的拒绝域. 此时也说样本值落入拒绝域当中.

8.1.3　假设检验的基本步骤

（1）由实际问题提出原假设 H_0 与备择假设 H_1；

（2）选取适当的统计量，并在 H_0 为真的条件下确定该统计量的分布；

（3）根据问题的要求确定检验水平 α（一般题目中会给定），从而得到拒绝域；

（4）由样本观测值计算统计量的观测值，看是否落入拒绝域，从而对 H_0 做出判断：拒绝 H_0 或者接受 H_0.

8.1.4　两类错误

需要指出的是，无论我们拒绝 H_0 还是接受 H_0 都有可能犯错，因为我们是就一个给定的样本做出判断的. 从假设检验思想可以发现，拒绝 H_0 是有充分的理由的，这是因为只有当小概率事件发生了我们才拒绝 H_0；但是小概率事件是有可能发生的(发生概率是 α)，当 H_0 为真时，一旦小概率事件发生我们就会拒绝 H_0，即判断它为假，这就犯了"以真为假"的错误，我们称之为第一类错误，也称拒真错误. 显然，犯这种错误的概率就是显著性水平 α，记为 $P($ 拒绝 $H_0 \mid H_0$ 为真 $) = \alpha$.

而接受 H_0 也会犯错. 注意我们之所以接受 H_0 是因为检验过程中没有小概率事件发生，因而没有理由拒绝 H_0，从而只能接受 H_0. 接受 H_0 犯错意味着我们把一个假的假设判断成了真的，这种以假为真的错误称之为**第二类错误**，也称受伪错误，犯这种错误的概率记为 β，记为 $P($ 接受 $H_0 \mid H_0$ 为假 $) = \beta$. 注意这里 $\alpha + \beta \neq 1$. 人们自然希望什么错误都不犯，但实际上这是不可能的. 当样本容量 n 给定后，犯两类错误的概率不可能同时减小. 减小其中的一个，另一个往往就会增大. 要使它们同时减小，只有增大样本容量 n，而这在实际上往往不易做到甚至不可能做到. 因此通常总是按照奈曼-皮尔逊提出的一个原则，先控制犯第一类错误的概率 α，然后使犯第二类错误的概率 β 尽可能地小. 不过按照这个原则去寻求最优的检验办法一般来讲比较困难，有时根本找不到(即不存在奈曼-皮尔逊意义下的最优检验). 所以我们降低要求，只考虑控制犯第一类错误的概率 α，而不考虑犯第二类错误的概率 β，这种检验方法称为"显著性检验". 以后把检验水平 α 也称为**显著性水平**. 本章我们采用直观分析的方法去确定拒绝域的形式，再根据给定的显著性水平 α，把拒绝域完全确定下来. 本章这样求得的很多检验也是奈曼-皮尔逊意义下的或其他意义下的最优检验.

8.2　正态总体均值的假设检验

由于在实际问题中碰到的许多随机变量是服从或近似地服从正态分布的，故本章仅介绍总体 X 的分布为正态分布时的几种显著性检验的方法. 正态分布 $N(\mu, \sigma^2)$ 含有两个参数 μ 和 σ^2，因此，关于正态总体的参数检验就是对这两个参数进行假设检验.

8.2.1 单个正态总体均值 μ 的检验

1. σ^2 已知, 关于 μ 的检验(Z 检验)

(1) 双边检验: 设 $X_1, X_2, \cdots, X_n$ 是来自总体 $X \sim N(\mu, \sigma^2)$ 的样本, 其中 σ^2 已知, μ 未知, 在显著性水平 α 下检验假设

$$H_0: \mu = \mu_0, \quad H_1: \mu \neq \mu_0.$$

前面例子中已经讨论过这个问题. 当 H_0 为真时, 检验统计量

$$Z = \frac{\overline{X} - \mu_0}{\sigma/\sqrt{n}} \sim N(0,1),$$

构造小概率事件 $\{|Z| \geqslant k\}$, 使 $P\{|Z| \geqslant k\} = \alpha$, 根据标准正态分布的上 $\alpha/2$ 分位点定义得 $k = z_{\alpha/2}$, 故拒绝域为

$$|Z| = \left| \frac{\overline{X} - \mu_0}{\sigma/\sqrt{n}} \right| \geqslant z_{\alpha/2}. \tag{8-1}$$

将样本值 $x_1, x_2, \cdots, x_n$ 代入计算, 若 $|z| = \left| \dfrac{\overline{x} - \mu_0}{\sigma/\sqrt{n}} \right| \geqslant z_{\alpha/2}$, 则拒绝 H_0, 从而接受 H_1; 否则接受 H_0. 上述方法称为 Z 检验法.

例 8.2.1 糖厂用自动包装机进行包糖, 要求每袋 $0.5\mathrm{kg}$, 假定该机器包装重量 $X \sim N(\mu, 0.015^2)$, 现从生产线上随机取九袋称重得 $\overline{X} = 0.509$, 问该包装机生产是否正常? (显著性水平 $\alpha = 0.05$)

解 由题意有包装机装糖重量 $X \sim N(\mu, 0.015^2)$, 要检验假设

$$H_0: \mu = 0.5, \quad H_1: \mu \neq 0.5.$$

可用 Z 检验, 此检验的拒绝域为

$$|Z| = \left| \frac{\overline{X} - \mu_0}{\sigma/\sqrt{n}} \right| \geqslant z_{\alpha/2},$$

现在 $\alpha = 0.05$, $n = 9$, $\sigma = 0.015$, 查表得 $z_{\alpha/2} = z_{0.025} = 1.96$, 算得 $\overline{x} = 0.509$, 代入有

$$|Z| = \left| \frac{\sqrt{9}(0.509 - 0.5)}{0.015} \right| = 1.8 < 1.96,$$

没有落入拒绝域内, 故接受原假设, 即认为生产正常.

上述这种假设, 其备择假设 $H_1: \mu \neq \mu_0$ 表明期望值 μ 可能大于 μ_0, 也可能小于 μ_0, 我们称这种检验为 **双边检验**. 拒绝域 $|Z| = \left| \dfrac{\overline{X} - \mu_0}{\sigma/\sqrt{n}} \right| \geqslant z_{\alpha/2}$ 是小于一个给定较小的数而大于一个给定较大的数的所有数值的集合, 该拒绝域不能用一个区间来表示.

（2）单边检验

有时，我们只关心总体的期望是否增大，如产品的质量、材料的强度、元件的使用寿命等是否随着工艺改革而比以前提高，此时需检验假设 $H_0: \mu \leqslant \mu_0$，$H_1: \mu > \mu_0$，还有一些问题，如新工艺是否降低了产品中的次品数，此时需要检验假设

$$H_0: \mu \geqslant \mu_0, H_1: \mu < \mu_0,$$

像这种备择假设 $H_1: \mu > \mu_0$（或 $\mu < \mu_0$）表示期望值只能大于 μ_0（或只能小于 μ_0），这种检验称为单边检验. 对于单边检验，最终得到的拒绝域的形式又如何呢？下面以假设

$$H_0: \mu \leqslant \mu_0, H_1: \mu > \mu_0$$

为例给予讨论：

当 σ^2 为已知时，仍用 Z 检验. 当 H_0 为真时，$\overline{X} - \mu_0$ 不能太大，当然 $\dfrac{\overline{X} - \mu_0}{\sigma / \sqrt{n}}$ 也不能太大，那么 $\dfrac{\overline{X} - \mu_0}{\sigma / \sqrt{n}}$ 大于等于某个常数则不合理；构造小概率事件 $\dfrac{\overline{X} - \mu_0}{\sigma / \sqrt{n}} \geqslant k$，使 $P\left\{\dfrac{\overline{X} - \mu_0}{\sigma / \sqrt{n}} \geqslant k\right\} = \alpha$，当 H_0 为真时，统计量 $Z = \dfrac{\overline{X} - \mu_0}{\sigma / \sqrt{n}} \sim N(0, 1)$，根据标准正态分布的上 α 分位点定义得 $k = z_\alpha$，故拒绝域为

$$Z = \frac{\overline{X} - \mu_0}{\sigma / \sqrt{n}} \geqslant z_\alpha, \tag{8-2}$$

将样本值 x_1，x_2，$\cdots$，x_n 代入计算，若 $z = \dfrac{\overline{x} - \mu_0}{\sigma / \sqrt{n}} \geqslant z_\alpha$，则拒绝 H_0，从而接受 H_1；否则接受 H_0.

同理，对于假设

$$H_0: \mu \geqslant \mu_0, H_1: \mu < \mu_0$$

在给定的显著性水平 α 下，该检验的拒绝域应取为

$$Z = \frac{\overline{X} - \mu_0}{\sigma / \sqrt{n}} \leqslant -z_\alpha. \tag{8-3}$$

例 8.2.2　设某电子产品平均寿命不小于 5000h 为达到标准，现从一大批产品中抽出 12 件试验结果（单位：h）如下：

5059	3897	3631	5050	7474	5077
4545	6279	3532	2773	7419	5116

假设该产品的寿命 $X \sim N(\mu, 1400)$，试问此批产品是否合格？（取

$\alpha = 0.05$）

解　由题意可知该产品寿命 $X \sim N(\mu, 1400)$，要检验假设

$$H_0 : \mu \geqslant 5000, H_1 : \mu < 5000,$$

该检验的拒绝域为

$$Z = \frac{\bar{X} - \mu_0}{\sigma / \sqrt{n}} \leqslant -z_\alpha;$$

计算知 $\bar{x} = 4986$，$n = 12$，$\sigma = \sqrt{1400}$，则

$$Z = \frac{\bar{x} - \mu_0}{\sigma / \sqrt{n}} = \frac{4986 - 5000}{\sqrt{1400} / \sqrt{12}} = -1.296,$$

查得 $z_{0.05} = 1.645$，而此时 $z = -1.296 > -z_{0.05} = -1.645$，不在拒绝域中，故可接受 H_0，即认为该批产品合格.

2. σ^2 未知，关于 μ 的检验(t 检验)

设总体 $X \sim N(\mu, \sigma^2)$，μ，σ^2 未知，在显著性水平 α 下检验假设

$$H_0 : \mu = \mu_0, H_1 : \mu \neq \mu_0.$$

现在总体方差 σ^2 未知，Z 检验不能使用，因为此时 $Z = \frac{\bar{X} - \mu_0}{\sigma / \sqrt{n}}$ 中含未知参数 σ，它不是一个统计量，所以要选择别的统计量来进行检验. 由于样本方差 S^2 是总体方差 σ^2 的无偏估计，我们自然想到用 S 去代替 σ，从而构造出新的检验统计量

$$t = \frac{\bar{X} - \mu_0}{S / \sqrt{n}}.$$

当原假设 H_0 成立时，$|t| = \left| \dfrac{\bar{X} - \mu_0}{S / \sqrt{n}} \right|$ 不能太大，所以 $|t| = \left| \dfrac{\bar{X} - \mu_0}{S / \sqrt{n}} \right|$ 太大不合理，构造小概率事件 $\left\{ \left| \dfrac{\bar{X} - \mu_0}{S / \sqrt{n}} \right| \geqslant k \right\}$，使 $P\left\{ \left| \dfrac{\bar{X} - \mu_0}{S / \sqrt{n}} \right| \geqslant k \right\} = \alpha$，由抽样分布定理知 H_0 成立时 $t = \dfrac{\bar{X} - \mu_0}{S / \sqrt{n}} \sim t_\alpha(n-1)$，由 t 分布的上 α 分位点定义易知 $k = t_{\alpha/2}(n-1)$，从而得检验的拒绝域为

$$|t| = \left| \frac{\bar{X} - \mu_0}{S / \sqrt{n}} \right| \geqslant t_{\alpha/2}(n-1). \tag{8-4}$$

同理，两个单边检验的拒绝域分别为

右边检验 $H_0 : \mu \leqslant \mu_0$，$H_1 : \mu > \mu_0$，其检验的拒绝域为

$$t = \frac{\overline{X} - \mu_0}{S/\sqrt{n}} \geq t_\alpha(n-1) ; \tag{8-5}$$

左边检验 H_0：$\mu \geq \mu_0$，H_1：$\mu < \mu_0$，其检验的拒绝域为

$$t = \frac{\overline{X} - \mu_0}{S/\sqrt{n}} \leq -t_\alpha(n-1). \tag{8-6}$$

例 8.2.3   设某元件寿命（以 h 计）服从正态分布 $N(\mu, \sigma^2)$，μ，σ^2 均未知，现测得 16 只元件的寿命如下：

159   280   101   212   224   379   179   264
222   362   168   250   149   260   485   170

问是否有理由认为元件的平均寿命大于 225h？（取 $\alpha = 0.05$）

解   由题意要检验假设

$$H_0 : \mu \leq \mu_0 = 225 , H_1 : \mu > 225 ,$$

该检验的拒绝域为

$$t = \frac{\overline{X} - \mu_0}{S/\sqrt{n}} \geq t_\alpha(n-1) ;$$

计算知 $\overline{x} = 241.5$，$n = 16$，$s = 98.7259$，查得 $t_{0.05}(15) = 1.7531$，则

$$t = \frac{\overline{x} - \mu_0}{s/\sqrt{n}} = 0.6685 < 1.7531.$$

t 不落在拒绝域中，故可接受 H_0，即认为元件的平均寿命不大于 225h.

8.2.2 两个正态总体均值差的假设检验

实际工作中常常需要对两个正态总体进行比较，这种情况实际上就是两个正态总体参数的假设检验问题.

1. 两个总体方差均为已知时均值差的检验（Z 检验）

设 $X \sim N(\mu_1, \sigma_1^2)$，$Y \sim N(\mu_2, \sigma_2^2)$，其中 σ_1^2，σ_2^2 已知，且 X 与 Y 相互独立. $(X_1, X_2, \cdots, X_{n_1})$，$(Y_1, Y_2, \cdots, Y_{n_2})$ 分别为来自总体 X 与 Y 的两个样本. 检验下面的统计假设：

$$H_0 : \mu_1 = \mu_2 , H_1 : \mu_1 \neq \mu_2 .$$

由抽样分布中的定理知 $\overline{X} \sim N\left(\mu_1, \frac{1}{n_1}\sigma_1^2\right)$，$\overline{Y} \sim N\left(\mu_2, \frac{1}{n_2}\sigma_2^2\right)$，又 $\overline{X}$ 与 $\overline{Y}$ 独立，从而有 $\overline{X} - \overline{Y} \sim N\left(\mu_1 - \mu_2, \frac{\sigma_1^2}{n_1} + \frac{\sigma_2^2}{n_2}\right)$. 当原假设 H_0 成立时，统计量

$$Z = \frac{\overline{X} - \overline{Y}}{\sqrt{\sigma_1^2/n_1 + \sigma_2^2/n_2}} \sim N(0,1) ,$$

与单个正态总体均值的 Z 检验类似，对给定的显著性水平 α，拒绝域为

$$|Z| = \frac{|\overline{X} - \overline{Y}|}{\sqrt{\sigma_1^2/n_1 + \sigma_2^2/n_2}} \geqslant z_{\alpha/2}. \tag{8-7}$$

同理，两个单边检验分别为

H_0：$\mu_1 \leqslant \mu_2$，H_1：$\mu_1 > \mu_2$，其检验的拒绝域为

$$Z = \frac{\overline{X} - \overline{Y}}{\sqrt{\sigma_1^2/n_1 + \sigma_2^2/n_2}} \geqslant z_\alpha; \tag{8-8}$$

H_0：$\mu_1 \geqslant \mu_2$，H_1：$\mu_1 < \mu_2$，其检验的拒绝域为

$$Z = \frac{\overline{X} - \overline{Y}}{\sqrt{\sigma_1^2/n_1 + \sigma_2^2/n_2}} \leqslant -z_\alpha. \tag{8-9}$$

2. 两个总体方差相等但未知时均值差的检验（t 检验）

t 检验法还可以应用于比较两个带有未知方差，但方差相等的正态总体的均值是否相等的问题. 设总体 $X \sim N(\mu_1, \sigma^2)$，$Y \sim N(\mu_2, \sigma^2)$，其中 μ_1，μ_2，σ^2 未知，$(X_1, X_2, \cdots, X_{n_1})$ 与 $(Y_1, Y_2, \cdots, Y_{n_2})$ 分别为从总体 X，Y 中抽取的样本，要求检验假设

$$H_0: \mu_1 = \mu_2, \quad H_1: \mu_1 \neq \mu_2.$$

当原假设 H_0 成立时，根据抽样分布定理知统计量

$$t = \frac{\overline{X} - \overline{Y}}{S_\omega \sqrt{\dfrac{1}{n_1} + \dfrac{1}{n_2}}} \sim t(n_1 + n_2 - 2),$$

其中 $S_\omega^2 = \dfrac{(n_1 - 1)S_1^2 + (n_2 - 1)S_2^2}{n_1 + n_2 - 2}$，$S_\omega = \sqrt{S_\omega^2}$. 与单个正态总体均值的 t 检验法类似，对给定的显著性水平 α，拒绝域为

$$|t| = \frac{|\overline{X} - \overline{Y}|}{S_\omega \sqrt{\dfrac{1}{n_1} + \dfrac{1}{n_2}}} \geqslant t_{\alpha/2}(n_1 + n_2 - 2). \tag{8-10}$$

同理，两个单边检验分别为：

H_0：$\mu_1 \leqslant \mu_2$，H_1：$\mu_1 > \mu_2$，其检验的拒绝域为

$$t = \frac{\overline{X} - \overline{Y}}{S_\omega \sqrt{\dfrac{1}{n_1} + \dfrac{1}{n_2}}} \geqslant t_\alpha(n_1 + n_2 - 2); \tag{8-11}$$

H_0：$\mu_1 \geqslant \mu_2$，H_1：$\mu_1 < \mu_2$，其检验的拒绝域为

$$t = \frac{\overline{X} - \overline{Y}}{S_\omega \sqrt{\dfrac{1}{n_1} + \dfrac{1}{n_2}}} \leqslant -t_\alpha(n_1 + n_2 - 2). \tag{8-12}$$

例 8.2.4 　用两种方法(A 和 B)测定冰从 $-0.72℃$ 转变为 $0℃$ 的水的融化热(以 cal/g 计)，测得以下数据：

方法 A：80.03　80.03　80.04　80.02　80.04　79.98

80.03　80.05　80.04　80.00　80.02　79.97　80.02

方法 B：80.03　79.94　79.98　78.97　80.02　79.97　79.97　79.95

设这两个样本相互独立，且分别来自正态总体 $N(\mu_1, \sigma^2)$ 和 $N(\mu_2, \sigma^2)$，其中 μ_1，μ_2 与 σ^2 均未知，取显著性水平 $\alpha = 0.05$，试检验假设 $H_0: \mu_1 - \mu_2 \leqslant 0$，$H_1: \mu_1 - \mu_2 > 0$.

解 　该检验的拒绝域为

$$t = \frac{\overline{X} - \overline{Y}}{S_\omega \sqrt{\dfrac{1}{n_1} + \dfrac{1}{n_2}}} \geqslant t_\alpha(n_1 + n_2 - 2),$$

这里 $n_1 = 13$，$n_2 = 8$，$\bar{x} = 80.02$，$\bar{y} = 79.98$，$S_1^2 = 0.024^2$，$S_2^2 = 0.03^2$，代入数据算得

$$S_\omega^2 = \frac{(13-1)S_1^2 + (8-1)S_2^2}{13 + 8 - 2} = 0.0007187,$$

$$t = \frac{\bar{x} - \bar{y}}{S_\omega \sqrt{\dfrac{1}{13} + \dfrac{1}{8}}} = 3.33 > t_{0.05}(13 + 8 - 2) = 1.7291,$$

故拒绝 H_0，认为方法 A 比方法 B 测得的融化热要大.

8.3　正态总体方差的假设检验

在前面我们介绍了 Z 检验与 t 检验，它们都是有关均值假设的显著性检验问题. 现在讨论有关方差假设的显著性检验问题. 下面分别就单个正态总体和两个正态总体的情况来讨论.

8.3.1　单个正态总体方差的检验(χ^2 检验)

设 $(X_1, X_2, \cdots, X_{n_1})$ 是取自正态总体 $X \sim N(\mu, \sigma^2)$ 的样本，μ，σ^2 均未知，检验假设

$$H_0: \sigma^2 = \sigma_0^2, \quad H_1: \sigma^2 \neq \sigma_0^2.$$

我们已知样本方差 S^2 是 σ^2 的无偏估计，且它们都与均值 μ 无关. 由此可见，当原假设 H_0 成立时，S^2 较集中在 σ_0^2 的周围波动，它们的比值 $\dfrac{S^2}{\sigma_0^2}$ 应在 1 的附近波动，比值太大或者太小均不合理，由抽样分布定理知，当 H_0 成立时，

$$\chi^2 = \frac{(n-1)S^2}{\sigma_0^2} \sim \chi_\alpha^2(n-1),$$

对给定的显著性水平 α，由此可构造小概率事件

$$P\left\{ \left(\frac{(n-1)S^2}{\sigma_0^2} \geq k_2 \right) \bigcup \left(\frac{(n-1)S^2}{\sigma_0^2} \leq k_1 \right) \right\} = \alpha.$$

为计算方便取

$$P\left\{ \frac{(n-1)S^2}{\sigma_0^2} \geq k_2 \right\} = \alpha/2,\ P\left\{ \frac{(n-1)S^2}{\sigma_0^2} \leq k_1 \right\} = \alpha/2.$$

按照 χ^2 分布分位点的定义（见图 8-2），容易得到

$$k_1 = \chi_{1-\alpha/2}^2(n-1),\ k_2 = \chi_{\alpha/2}^2(n-1),$$

所以拒绝域为

$$\chi^2 = \frac{(n-1)S^2}{\sigma_0^2} \geq \chi_{\alpha/2}^2(n-1)\ \text{或}\ \chi^2 = \frac{(n-1)S^2}{\sigma_0^2} \leq \chi_{1-\alpha/2}^2(n-1). \qquad (8\text{-}13)$$

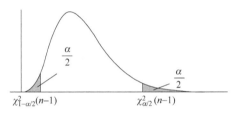

图　8-2

对于单边检验，如

$$H_0: \sigma^2 \leq \sigma_0^2,\ H_1: \sigma^2 > \sigma_0^2,$$

当原假设 H_0 成立时，S^2 较集中在 σ_0^2 的左侧波动，它们的比值 $\dfrac{S^2}{\sigma_0^2}$ 应在小于 1 附近波动，比值太大不合理，由抽样分布定理知，当 H_0 成立时，

$$\chi^2 = \frac{(n-1)S^2}{\sigma_0^2} \sim \chi_\alpha^2(n-1).$$

对给定的显著性水平 α，由此可构造小概率事件

$$P\left\{ \frac{(n-1)S^2}{\sigma_0^2} \geq k \right\} = \alpha,$$

按照 χ^2 分布分位点的定义，容易得到 $k = \chi_\alpha^2(n-1)$，所以拒绝域为

$$\chi^2 = \frac{(n-1)S^2}{\sigma_0^2} \geq \chi_\alpha^2(n-1). \qquad (8\text{-}14)$$

同理，对于检验

$$H_0: \sigma^2 \leq \sigma_0^2,\quad H_1: \sigma^2 > \sigma_0^2,$$

拒绝域为

$$\chi^2 = \frac{(n-1)S^2}{\sigma_0^2} \leqslant \chi_{1-\alpha}^2(n-1). \tag{8-15}$$

例　一自动车床加工零件的长度服从正态分布 $N(\mu,\sigma^2)$，原来加工精度 $\sigma_0^2 = 0.18$，经过一段时间生产后，抽取这车床所加工的 $n=31$ 个零件，测得数据如下：

长度 x_i	10.1	10.3	10.6	11.2	11.5	11.8	12.0
频数 n_i	1	3	7	10	6	3	1

问这一车床是否保持原来的加工精度（$\alpha = 0.05$）？

解　由题意要检验假设

$$H_0 : \sigma^2 = \sigma_0^2, \quad H_1 : \sigma^2 \neq \sigma_0^2,$$

拒绝域为

$$\chi^2 = \frac{(n-1)S^2}{\sigma_0^2} \geqslant \chi_{\alpha/2}^2(n-1) \text{ 或 } \chi^2 = \frac{(n-1)S^2}{\sigma_0^2} \leqslant \chi_{1-\alpha/2}^2(n-1),$$

由题中所给的数据计算得

$$\chi^2 = \frac{(n-1)s^2}{\sigma_0^2} = \frac{\sum_{i=1}^{31}(x_i - \bar{x})^2}{\sigma_0^2} = \sum_{i=1}^{7} \frac{n_i(x_i - \bar{x})^2}{0.18} = 44.5,$$

查表得 $\chi_{0.05}^2(30) = 43.773$，$\chi_{0.95}^2(30) = 18.493$，此时 $\chi^2 = 44.5 > \chi_{0.05}^2(30) = 43.773$，因此拒绝原假设 H_0，这说明自动车床工作一段时间后精度变差.

对于单个正态总体有关方差检验的问题，我们可用 χ^2 检验来解决，但如果要比较两个正态总体的方差是否相等，我们就要用下面介绍的 F 检验.

8.3.2　两个单个正态总体方差比的检验（F 检验）

我们在用 t 检验去检验两个总体的均值是否相等时，做了一个重要的假设就是这两个总体的方差是相等的，即 $\sigma_1^2 = \sigma_2^2 = \sigma^2$，否则我们就不能用 t 检验. 如果我们事先不知道方差是否相等，就必须先进行方差是否相等的检验.

设 $(X_1, X_2, \cdots, X_{n_1})$ 是取自正态总体 $X \sim N(\mu_1, \sigma_1^2)$ 的样本，$(Y_1, Y_2, \cdots, Y_{n_2})$ 是取自正态总体 $Y \sim N(\mu_2, \sigma_2^2)$ 的样本，并且 $(X_1, X_2, \cdots, X_{n_1})$ 与 $(Y_1, Y_2, \cdots, Y_{n_2})$ 相互独立，μ_1，μ_2，σ_1^2，σ_2^2 均未知，考虑双边检验

$$H_0 : \sigma_1^2 = \sigma_2^2, \quad H_1 : \sigma_1^2 \neq \sigma_2^2.$$

若 H_0 为真，由于 S_1^2 与 S_2^2 分别是 σ_1^2 与 σ_2^2 的无偏估计，则比值 $\dfrac{S_1^2}{S_2^2}$ 应该

在 1 的附近波动，太大或太小均不合理．由抽样分布定理知 $\dfrac{S_1^2/S_2^2}{\sigma_1^2/\sigma_2^2}\sim$

$F(n_1-1,n_2-1)$，当 H_0 成立时，统计量 $F=\dfrac{S_1^2}{S_2^2}\sim F(n_1-1,n_2-1)$，与单

个总体类似，构造小概率事件(见图 8-3)$P\left\{\dfrac{S_1^2}{S_2^2}\geqslant F_{\alpha/2}(n_1-1,\ n_2-1)\right\}=$

$\alpha/2$ 与 $P\left\{\dfrac{S_1^2}{S_2^2}\leqslant F_{1-\alpha/2}(n_1-1,\ n_2-1)\right\}=\alpha/2,$

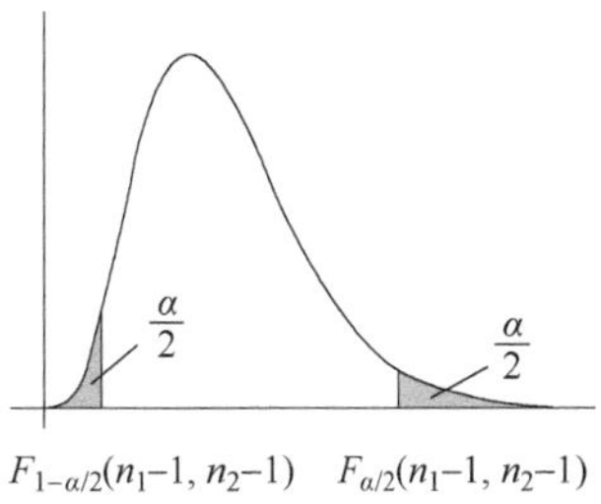

图 8-3

拒绝域为

$$F\geqslant F_{\alpha/2}(n_1-1,n_2-1)\ \text{或}\ F\geqslant F_{1-\alpha/2}(n_1-1,n_2-1). \quad (8\text{-}16)$$

单边检验 H_0：$\sigma_1^2\geqslant\sigma_2^2$，$H_1$：$\sigma_1^2<\sigma_2^2$ 的拒绝域为

$$F\leqslant F_{1-\alpha}(n_1-1,n_2-1); \quad (8\text{-}17)$$

单边检验 H_0：$\sigma_1^2\leqslant\sigma_2^2$，$H_1$：$\sigma_1^2>\sigma_2^2$ 的拒绝域为

$$F\geqslant F_\alpha(n_1-1,n_2-1). \quad (8\text{-}18)$$

Python 实验——t 分布假设检验

环保标准规定汽车的新排放标准为：平均值<20ppm，现某汽车公司测试 10 辆汽车的排放结果如下：

15.6　16.2　22.5　20.5　16.4　19.4　16.6　17.9　12.7　13.9

试问该公司引擎排放是否满足新标准？

假设检验 Python 代码为

```
#零假设:公司引擎排放不满足标准,即平均值>=20
#备择假设:公司引擎排放满足标准,即平均值<20
#判断检验类型:该例子为单样本检验
#确定抽样分布

import numpy as np
from scipy import stats

data=np.array([15.6,16.2,22.5,20.5,16.4,19.4,16.6,
17.9,12.7,13.9])
sample_mean=data.mean()           #样本平均值
sample_std=data.std()             #样本标准差
print(sample_mean,sample_std)     #展示统计描述(平均值、
                                  #标准差)
```

```
pop_mean=20                              #题中平均值
t,p_twoTail=stats.ttest_1samp(data,pop_mean)
                                #采用 t 分布进行假设检验
p_oneTail=p_twoTail/2
print("t=",t,"p_twoTail=",p_twoTail,"p_oneTail=",
p_oneTail)
```

```
#t=-3.00165 p_twoTail=0.01492 p_oneTail=0.00746
#由于 p=0.00746<0.05,因此拒绝零假设,接受备择假设,即公司
引擎排放满足标准
```

知识纵横——受保护的原假设

在假设检验中，我们面临的第一个问题就是针对一个模型提出原假设 H_0 和备择假设 H_1. 这是一对对立的假设，似乎哪一个作为原假设都可以. 那么，选择哪一个作为原假设较好呢？

首先，在假设检验中原假设和备择假设的地位是不平等的. 注意在假设检验中我们的思路是这样的：从原假设 H_0 出发，去构造一个小概率事件，如果小概率事件发生了，我们认为不合理，从而有充分的证据拒绝原假设 H_0，从而接受备择假设 H_1；否则，没有理由拒绝原假设 H_0，那么只能接受 H_0. 也就是说，拒绝 H_0 是有充分理由的（小概率事件发生了），而接受 H_0 是不需要理由的（因为无法拒绝只好接受）. 那么，一般来讲，当做出原假设 H_0 和备择假设 H_1 后，我们是倾向于接受还是拒绝原假设 H_0 呢？

答案是倾向于接受原假设 H_0. 你回答对了吗？

这个问题很容易答错！注意，只有当小概率事件发生我们才拒绝原假设 H_0，但是小概率事件发生的概率很小（这个概率就是我们说的事先给定的显著性水平 α）！它不容易发生！

所以我们说原假设 H_0 是受到保护的，若没有充分的理由就不能拒绝它.

而事实上，检验者往往会把自己倾向性的观点作为原假设 H_0 提出，并辅之以一个较小的显著性水平 α，这样，如果没有充分的理由就不能拒绝原假设.

这样看来，如果一个检验的结论是接受原假设 H_0，那么似乎我们白费劲了！基于此，我们也称原假设（null hypothesis）H_0 为零假设或虚无假设.

既然我们说原假设 H_0 是受到保护的，那么原假设 H_0 的提出

就不是随意的了. 同样一组数据, 如果把原假设 H_0 和备择假设 H_1 换位, 可能会得到不同的结论.

一般原假设 H_0 的提出应遵循以下原则:

1. 正常的生产类的问题往往以保护生产者为原则

例如: (1) 产品是否合格;

(2) 奶粉中是否加入三氯氰胺.

一般我们会提出如下假设:

(1) H_0: 产品合格, H_1: 产品不合格;

(2) H_0: 奶粉中未加入三氯氰胺, H_1: 奶粉中加入三氯氰胺.

为什么呢? 因为概率统计是与实际生产实践联系的, 我们不能脱离实际考虑问题. 检验(1)中, 正常企业生产产品当然希望生产合格的产品(造假的除外!), 各种生产制度的制定, 技术的革新等都为此目的服务. 从保护原假设的角度应该把产品合格作为原假设. 这样, 一旦检验拒绝了原假设, 那就说明生产出了严重问题, 急需解决. 否则, 就会出现"小题大做", 干扰正常生产. 检验(2)中, 我们需要达到一个共识, 那就是奶粉是给人吃的, 除了原料正常自带的, 不能随意人为添加三氯氰胺这类工业用产品. 这就要求生产者具备基本的道德底线. 这样的检验, 会导致如果奶粉中混入极其微量的三氯氰胺, 往往检测不出来(因为在规定范围之内). 但是, 如果把 H_1 作为原假设提出, 可能会把三氯氰胺含量在规定范围之内的当成不合格的(一点也不含有是不可能的). 工业原料那么多, 如果按这种检验原则, 我们得检查多少啊!

上面的说法似乎对消费者不利, 不过这是针对正常的生产者的, 如果消费者对产品有质疑, 在消协, 检验原则就要保护消费者, 那么原假设就要换成备择假设了.

注意这里我们采用的是较通俗的说法, 实际的检验是很复杂的. 所以, 真正有做检验资格的应该是有信誉的第三方. 他们在检验前就生产者的信誉也要提出原假设的.

2. 取 H_0 为维持现状

因为检验本身对原假设起保护作用, 绝不轻易拒绝原假设, 所以常常把那些保守的、历史的、经验的取为原假设, 而把那些猜测的、可能的、预期的取为备择假设.

例如, 新工艺、新技术是否提高质量、效益问题, 往往这样选择

H_0:未提高质量(效益), H_1:提高了质量(效益).

实际上我们感兴趣的是提高质量(效益), 但对采用新技术要持谨慎态度. 如果接受 H_0, 即使提高也很少(不显著), 那么这样

的技术不值得推广，否则就是极大的浪费(事实上，社会上这种浪费十分严重). 而一旦 H_0 被拒绝了，那就说明提高很显著，有充分的理由认为新技术值得推广.

3. 把两类错误中后果严重的作为第一类错误

我们已经知道，无论拒绝或接受原假设 H_0 都可能犯错. 而我们做的显著性检验可以控制犯第一类错误的概率 α. 所以把两类错误中后果严重的作为第一类错误，可以加以控制.

例如某种药品是不是假药，我们应该这样假设：

$$H_0:假药, \qquad H_1:真药;$$

第一类错误是把假药当成真药了，这可能会死人的，严重；第二类错误是把真药当成假药了，没吃，相比不那么严重.

最后要指出的是，就教材而言，实际做题时，这些不是问题. 因为无论是双边检验还是单边检验，我们学习的公式就那么几个，想交换 H_0 与 H_1 也是无法做到的.

习题八

1. 某批矿砂的 5 个样品中的镍含量(%)，经测定为

　　3.25　3.27　3.24　3.26　3.24

设测定值总体服从正态分布，但参数未知，问在 $\alpha = 0.01$ 下能否接受假设：这批矿砂的镍含量的均值为3.25.

2. 要求一种元件的平均使用寿命不得低于1000h，从一批这种元件中随机抽取 25 件，测得其寿命的平均值为950h，已知该种元件寿命服从正态分布 $N(\mu, 1000^2)$，μ 未知，在显著性水平 $\alpha = 0.05$ 下判断这批原件是够合格？

3. 下面列出的是某工厂随机选取的 20 只部件的生产时间(以 min 计)：

9.9　10.2　10.6　9.6　9.7　9.8　10.9　11.1　9.6　10.4
9.7　10.5　10.1　10.3　9.6　9.9　11.2　10.5　9.8　10.6

设生产时间的总体服从正态分布 $N(\mu, \sigma^2)$，μ，σ^2 均未知. 取 $\alpha = 0.05$，是否可以认为生产时间的均值显著大于 10？

4. 按规定，100g 罐头番茄汁中的维生素 C 的含量不得少于 21(mg/g)，现从一批这种罐头中抽取 17 个，其 100g 中的维生素 C 的含量(以 mg/g 计)记录如下：

22 16 16 25 22 18 21 20 29 20 23 21 19 15 13 17 23

设维生素 C 的含量服从正态分布 $N(\mu, \sigma^2)$，μ，σ^2 均未知，取 $\alpha = 0.05$，问这批罐头是否符合要求？

5. 下表分别给出了马克·吐温(Mark Twain)的 8 篇小品文以及斯诺特格拉斯(Snodgrass)的 10 篇小品文中有 3 个字母组成的单字的比例：

马克·吐温	0.225	0.262	0.217	0.240	0.230	0.229	0.235	0.217	
斯诺特格拉斯	0.209	0.205	0.196	0.210	0.202	0.207	0.224	0.223	0.220	0.201

设两组数据分别来自正态总体，且两总体方差相等，但参数均未知，两样本相互独立. 取 $\alpha = 0.05$，问两位文学家所写的小品文中有 3 个字母组成的单字的比例是否有显著差异？

6. 下表给出了两种方法测得的某种有害物在生产过程中的含量(以 1 万份中的份数计)

方法 A	4	5	6	6	5	5	4	5	6	7	6	4
方法 B	1	2	2	1	0	2	1	3	2	1	0	3

设两组数据分别来自正态总体，且两总体方差相等，

但参数均未知, 两样本相互独立. 取 $\alpha = 0.05$; 分别以 μ_1, μ_2 对应方法 A、方法 B 的总体的均值, 设检验假设

$$H_0 : \mu_1 - \mu_2 \leqslant 2, H_1 : \mu_1 - \mu_2 > 2.$$

7. 一种混杂的小麦品种, 株高的标准差为 $\sigma = 14(\text{cm})$, 经过提纯后随机抽取 10 株, 测得株高 (以 cm 计)

90　105　101　95　97　93　105　101　100　100

设小麦株高服从正态分布 $N(\mu, \sigma^2)$, 在 $\alpha = 0.01$ 下, 问提纯后种群是否比原种群整齐?

8. 某工厂生产的一种零件直径服从正态分布. 该工厂称它的标准差 $\sigma = 0.048(\text{cm})$, 现随机抽取 5 个零件, 测得它们的直径为 (以 cm 计)

　　　　1.32　1.55　1.36　1.44　1.40

取 $\alpha = 0.05$, 问:

(1) 我们能够接受该工厂的结论, 即标准差 $\sigma = 0.048(\text{cm})$ 吗?

(2) 我们可否认为 $\sigma^2 > 0.048^2$?

9. 在第 5 题中分别记两个总体的方差为 σ_1^2 和 σ_2^2, 试检验假设 (取 $\alpha = 0.05$)

$$H_0 : \sigma_1^2 = \sigma_2^2, H_1 : \sigma_1^2 \neq \sigma_2^2,$$

以说明在第 5 题中我们假设 $\sigma_1^2 = \sigma_2^2$ 是合理的.

10. 在第 6 题中分别记两个总体的方差为 σ_1^2 和 σ_2^2, 试检验假设 (取 $\alpha = 0.05$)

$$H_0 : \sigma_1^2 = \sigma_2^2, H_1 : \sigma_1^2 \neq \sigma_2^2,$$

以说明在第 6 题中我们假设 $\sigma_1^2 = \sigma_2^2$ 是合理的.

11. 现分别从两台机器生产的同种零件中各取一容量 $n_1 = 60$, $n_2 = 40$ 的样本, 测得零件长度的样本方差 (以 mm 计) 分别为 $s_1^2 = 15.46$, $s_2^2 = 9.66$, 两样本相互独立, 两个总体分别服从正态分布 $N(\mu_1, \sigma_1^2)$ 和 $N(\mu_2, \sigma_2^2)$, μ_i, $\sigma_i^2 (i = 1, 2)$ 均未知. 试检验假设 (取 $\alpha = 0.05$)

$$H_0 : \sigma_1^2 \leqslant \sigma_2^2, H_1 : \sigma_1^2 > \sigma_2^2.$$

第 9 章

回归分析

9.1 回归分析的概述

回归分析方法是数理统计中常用的方法之一，是处理多个变量自检关系的一种数学方法.

在实际生产实践中，我们常常要研究一些变量之间的关系. 通常这些变量之间的关系可以分成两大类. 一类是确定性的关系，如几何中圆的面积 S 与其半径 r 之间存在关系为 $S = \pi r^2$，给定半径 r，可以严格计算出圆的面积的精确值；物理中电压 U 与电流 I、电阻 R 的关系为 $U = IR$，若已知其中任意两个，则另一个可精确求出. 另一类为非确定性的关系，指的是变量之间虽然存在一定的依赖关系，但这种关系没有达到能由其中一个或多个来准确地决定另一个的程度. 例如人的血压与年龄有一定关系，但不能用一个确定的函数关系式表达出来；又如人的身高与体重之间的关系也是如此. 我们称这种变量之间的关系为相关关系. 回归分析是研究相关关系的一种有力工具.

具有相关关系的变量之间虽然具有某种不确定性，但通过对它们不断观察，可以研究它们之间的统计规律. 回归分析就是研究这种统计规律的一种数学方法，它主要解决以下问题：

(1) 从一组观察数据出发，确定这些变量之间的回归方程；

(2) 对回归方程进行假设检验；

(3) 利用回归方程进行预测和控制.

本书主要讨论线性回归方程. 这是最简单同时也是研究最完善的回归方程. 许多实际问题可以取这种模型作为真实模型的近似. 这是因为，在实际中许多变量的关系确实是线性的，而且即使这些变量的关系是非线性的，当自变量变化范围不大时，我们也可以用线性关系来近似. 再者，在数理统计中，对于线性回归模型已经有了完善的理论和方法，所有的统计软件包都有线性回归模型的计算程序，只要按程序代入数据，可以快速得到所需要的计算结果. 所以，线性回归模型得到了广泛的应用.

我们先考虑两个变量的情形. 假设变量 x 与 y 存在相关关系. 这里 x 是可以控制或精确观测的变量，例如某种商品的价格 x 与销售量 y 存在相关关系，其中商品的价格 x 可以人为指定，我们把它看作普通变量，称为自变量；而销售量 y 是一个随机变量，我们无法事先做出销售量是多少的准确判断，称为因变量. 由自变量 x 可以在一定程度上决定因变量 y，但 x 的值不能精确地确定 y 的值. 我们对 (x,y) 进行一系列观测，得到一个样本容量为 n 的样本

$$(x_1,y_1),(x_2,y_2),\cdots,(x_n,y_n),$$

每对 (x_i,y_i) 在直角坐标系中对应一个点，把它们都标在直角坐标系中，称得到的图为散点图.

如果散点图中的点像图 9-1 那样呈直线状，则表明 y 与 x 之间有线性相关关系. 我们可以建立数学模型

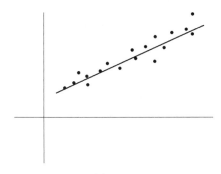

图　9-1

$$y=a+bx+\varepsilon \tag{9-1}$$

来描述它们之间的关系，因为 x 不能严格地确定 y，故模型中增加一个误差项 ε，它表示 y 的不能由 x 所确定的那一部分. 式(9-1)称为一元线性回归模型. 其中 a，b 未知，a 为常数，b 称为回归系数，它们需要通过观测数据来估计. 将数据 (x_i,y_i) 代入式(9-1)，得到

$$y_i=a+bx_i+\varepsilon_i,\quad i=1,2,\cdots,n. \tag{9-2}$$

其中，ε_i 为对应第 i 组数据 (x_i,y_i) 的误差. 在式(9-2)中，误差 ε_i 表示 y_i 中不能由 $a+bx_i$ 来表示的部分. 这一部分既包括能影响 y 的而我们未加考虑的其他因素，也包括一些随机因素对 y 的综合影响，我们把它看作是一种随机误差. 既然是随机误差，我们自然假设其均值为零，即 $E(\varepsilon_i)=0$. 通常还假设它满足：

（1）$\mathrm{Var}(\varepsilon_i)=\sigma^2$，$i=1,2,\cdots,n$；

（2）$\mathrm{Cov}(\varepsilon_i,\varepsilon_j)=0$，$i\neq j$，

这些假设被称为高斯-马尔可夫（Gauss-Markov）假设. 这里第一条假设误差 ε_i 是等方差的. 第二条则要求不同次的观测误差是不相关的.

实际中，这些假设是近似成立的. 本书中总是假定这些假设成立. 而且，在讨论假设检验和区间估计时，我们还需要假设 ε_i 服从正态分布，即 $\varepsilon_i \sim N(0, \sigma^2)$，$i = 1, 2, \cdots, n$ 且相互独立.

式(9-1)中未知数 a，b 是待估计参数，估计它们的最基本方法是最小二乘法. 设 $\hat{a}$ 与 $\hat{b}$ 是用最小二乘法获得的估计，即所谓的最小二乘估计，将它们代入一元线性回归模型并略去误差项 ε，即对给定的 x，得到方程

$$\hat{y} = \hat{a} + \hat{b}x. \tag{9-3}$$

称为 y 关于 x 的（经验）回归方程，其图形称为回归直线. 当然，式(9-3)是否真正描述了 y 与 x 之间客观存在的关系还需在实践中去检验. 而且在后面章节中我们也要陆续学习一些理论上的检验方法.

在实际问题中，影响随机变量 y 的因素可能不止一个. 例如影响商品销售量的因素除价格外还与当地人群消费水平、商品的品牌知名度等因素有关. 若随机变量 y 与多个普通变量 $x_1, x_2, \cdots, x_p(p>1)$ 有关，则可建立数学模型

$$y = b_0 + b_1 x_1 + \cdots + b_p x_p + \varepsilon \tag{9-4}$$

其中未知数 $b_0, b_1, \cdots, b_p$ 是不依赖于 $x_1, x_2, \cdots, x_p$ 的未知参数，b_0 是常数，$b_1, \cdots, b_p$ 称为回归系数. ε 为误差项. 称式(9-3)为多元线性（理论）回归模型.

若进行 n 次独立观测，得到样本

$$(x_{11}, x_{12}, \cdots, x_{1p}, y_1), \cdots, (x_{n1}, x_{n2}, \cdots, x_{np}, y_n),$$

它们都满足式(9-3)，即就每个数据 $(x_{i1}, x_{i2} \cdots \cdot x_{ip}, y_i)$，有

$$y_i = b_0 + b_1 x_{i1} + \cdots + b_p x_{ip} + \varepsilon_i, i = 1, 2, \cdots, n \tag{9-5}$$

其中 ε_i 为对应于第 i 组数据的随机误差. 与一元线性回归模型中一样，假设 $E(\varepsilon_i) = 0$，并且满足高斯-马尔可夫假设

（1）$\mathrm{Var}(\varepsilon_i) = \sigma^2$，$i = 1, 2, \cdots, n$;

（2）$\mathrm{Cov}(\varepsilon_i, \varepsilon_j) = 0$，$i \neq j$.

在讨论假设检验和区间估计时，我们仍需假设 ε_i 服从正态分布，即 $\varepsilon_i \sim N(0, \sigma^2)$，$i = 1, 2, \cdots, n$ 且相互独立.

引进矩阵记号表达多元线性回归模型(9-5)会很方便. 记

$$X = \begin{pmatrix} 1 & x_{11} & x_{12} & \cdots & x_{1p} \\ 1 & x_{21} & x_{22} & \cdots & x_{2p} \\ \vdots & \vdots & \vdots & & \vdots \\ 1 & x_{n1} & x_{n2} & \cdots & x_{np} \end{pmatrix}, Y = \begin{pmatrix} y_1 \\ y_2 \\ \vdots \\ y_n \end{pmatrix}, B = \begin{pmatrix} b_0 \\ b_1 \\ \vdots \\ b_p \end{pmatrix}, \varepsilon = \begin{pmatrix} \varepsilon_1 \\ \varepsilon_2 \\ \vdots \\ \varepsilon_n \end{pmatrix}$$

则多元线性回归模型(9-5)与高斯-马尔可夫假设一起可以记为

$$Y = XB + \varepsilon, E(\varepsilon) = 0, \mathrm{Cov}(\varepsilon) = \sigma^2 I \tag{9-6}$$

其中，X 为 $n\times(p+1)$ 的设计矩阵，Y 为 $n\times1$ 的观测向量，B 为 $p\times1$ 的未知参数向量，ε 为 $n\times1$ 随机误差向量，$\mathrm{Cov}(\varepsilon)$ 为其协方差矩阵，I 是 n 阶单位矩阵. 当误差服从正态分布时，$\varepsilon\sim N(\mathbf{0},\sigma^2 I)$.

有了观测数据 $(x_{i1},x_{i2},\cdots,x_{ip},y_i)$ 后，同样可用最小二乘法获得参数 $b_0,b_1,\cdots,b_p$ 的最小二乘估计，记为 $\hat{b}_0,\hat{b}_1,\cdots,\hat{b}_p$，得多元线性回归方程

$$\hat{y}=\hat{b}_0+\hat{b}_1 x_1+\cdots+\hat{b}_p x_p. \tag{9-7}$$

同理，式(9-7)是否真正描述了 y 与 $x_1,x_2,\cdots,x_p$ 的客观存在的关系还需进一步检验.

9.2 参数估计

9.2.1 一元线性回归的参数估计

最小二乘估计是数理统计中估计未知参数的一种重要方法，现用它来求一元线性回归模型

$$y=a+bx+\varepsilon$$

中未知数 a，b 的估计.

最小二乘法的基本思想是：对一组观察值

$$(x_1,y_1),(x_2,y_2),\cdots,(x_n,y_n),$$

要使误差

$$\varepsilon_i=y_i-(a+bx_i)$$

的平方和

$$Q(a,b)=\sum_{i=1}^{n}\varepsilon_i^2=\sum_{i=1}^{n}\left[y_i-(a+bx_i)\right]^2 \tag{9-8}$$

达到最小的 $\hat{a}$ 与 $\hat{b}$ 作为未知数 a，b 的估计，称其为最小二乘估计. 在数学上这就归结为求二元函数 $Q(a,b)$ 的最小值问题. 具体做法如下：

将 $Q(a,b)$ 分别对 a，b 求偏导数，令它们等于零，得到方程组

$$\begin{cases}\dfrac{\partial Q}{\partial a}=-2\sum_{i=1}^{n}(y_i-a-bx_i)=0,\\[2mm]\dfrac{\partial Q}{\partial b}=-2\sum_{i=1}^{n}(y_i-a-bx_i)x_i=0,\end{cases}$$

即

$$\begin{cases}na+b\sum_{i=1}^{n}x_i=\sum_{i-1}^{n}y_i,\\[2mm]a\sum_{i=1}^{n}x_i+b\sum_{i=1}^{n}x_i^2=\sum_{i=1}^{n}x_i y_i,\end{cases} \tag{9-9}$$

称为正规方程组. 记

$$\bar{x} = \frac{1}{n} \sum_{i=1}^{n} x_i, \bar{y} = \frac{1}{n} \sum_{i=1}^{n} y_i,$$

由于 x_i 不完全相同，正规方程组的系数行列式

$$\begin{vmatrix} n & \sum_{i=1}^{n} x_i \\ \sum_{i=1}^{n} x_i & \sum_{i=1}^{n} x_i^2 \end{vmatrix} = n \sum_{i=1}^{n} x_i^2 - \left(\sum_{i=1}^{n} x_i \right)^2 = n \sum_{i=1}^{n} (x_i - \bar{x})^2 \neq 0,$$

由克拉默法则可知式(9-7)有唯一解

$$\begin{cases} \hat{b} = \dfrac{\sum_{i=1}^{n} (x_i - \bar{x})(y_i - \bar{y})}{\sum_{i=1}^{n} (x_i - \bar{x})^2} \\ \hat{a} = \bar{y} - \hat{b}\bar{x} \end{cases} \tag{9-10}$$

于是，将 $\hat{a} = \bar{y} - \hat{b}\bar{x}$ 代入线性回归方程 $\hat{y} = \hat{a} + \hat{b}x$，则线性回归方程也可表示为

$$\hat{y} = \bar{y} + \hat{b}(x - \bar{x}). \tag{9-11}$$

式(9-11)给出了最小二乘估计的几何意义. 当给定样本观察值 (x_1, y_1)，(x_2, y_2)，$\cdots$，(x_n, y_n) 后，散点图中直线很多，选取哪一条作为回归直线能最佳地反映这些点的分布情况呢？自然的想法是，选取点 (x_i, y_i)，$i = 1, 2, \cdots, n$，与诸直线的偏差平方和最小的这条直线. 所以这条直线是一条通过散点图的几何中心 $(\bar{x}, \bar{y})$，斜率为 $\hat{b}$ 的直线. 可以证明，在某些假设下，$\hat{a}$ 与 $\hat{b}$ 是所有线性无偏估计中最好的.

上述确定回归直线所依据的原则是所有观测数据的偏差平方和达到最小. 按照这个理论确定回归直线的方法称其为最小二乘法. "二乘"是指 Q 是二乘方（平方）的和. 如果 y 是服从正态分布的随机变量，则也可用极大似然估计法得到相同结论.

为了应用方便，引进记号如下：

$$S_{xx} = \sum_{i=1}^{n} (x_i - \bar{x})^2, \ S_{yy} = \sum_{i=1}^{n} (y_i - \bar{y})^2,$$

$$S_{xy} = \sum_{i=1}^{n} (x_i - \bar{x})(y - \bar{y}) = \sum_{i=1}^{n} x_i y_i - \frac{1}{n} \left(\sum_{i=1}^{n} x_i \right) \left(\sum_{i=1}^{n} y_i \right),$$

这样，a，b 的估计值可以写成

$$\begin{cases} \hat{b} = \dfrac{S_{xy}}{S_{xx}}, \\ \hat{a} = \dfrac{1}{n} \sum_{i=1}^{n} y_i - \left(\dfrac{1}{n} \sum_{i=1}^{n} x_i \right) \hat{b} = \bar{y} - \hat{b}\bar{x}. \end{cases} \tag{9-12}$$

例9.2.1 为研究商品的价格与销售量之间的关系，现收集某商品在一个地区10个时间段内的平均价格 x（单位：元）和销售总额 y（单位：万元），统计资料见表9-1. 求 y 关于 x 的线性回归方程.

表9-1 价格-销量数据表

时间段	1	2	3	4	5	6	7	8	9	10
x/元	12.0	8.0	11.5	13.0	15.0	14.0	8.5	10.5	11.5	13.3
y/万元	11.6	8.5	11.4	12.2	13.0	13.2	8.9	10.5	11.3	12.0

解 为求线性回归方程，计算得

$$\bar{x} = \frac{1}{10}\sum_{i=1}^{10} x_i = 11.73, \quad \text{故} \quad \sum_{i=1}^{10} x_i = 117.3,$$

$$\bar{y} = \frac{1}{10}\sum_{i=1}^{10} y_i = 11.26, \quad \text{故} \quad \sum_{i=1}^{10} y_i = 112.6,$$

$$S_{xx} = \sum_{i=1}^{10} (x_i - \bar{x})^2 = 45.961, \quad S_{yy} = \sum_{i=1}^{10} (y_i - \bar{y})^2 = 22.124,$$

$$\sum_{i=1}^{n} x_i y_i = 1352.15,$$

$$S_{xy} = \sum_{i=1}^{10} (x_i - \bar{x})(y - \bar{y}) = \sum_{i=1}^{10} x_i y_i - \frac{1}{10}\left(\sum_{i=1}^{10} x_i\right)\left(\sum_{i=1}^{10} y_i\right)$$

$$= 1352.15 - \frac{1}{10} \times 117.3 \times 112.6 = 31.352,$$

所以

$$\hat{b} = \frac{S_{xy}}{S_{xx}} = 0.6821,$$

$$\hat{a} = \bar{y} - \hat{b}\bar{x} = 11.26 - 0.6821 \times 11.73 = 3.2590.$$

回归方程为

$$\hat{y} = 3.2590 + 0.6821x.$$

最小二乘估计之所以被广泛采用是因为它具有许多优良的性质. 下面不加证明地给出在一元线性回归模型中参数最小二乘估计的重要性质，有兴趣的读者可自行证明之.

(1) $\hat{a}$ 与 $\hat{b}$ 分别是未知数 a 与 b 的无偏估计. 即 $E(\hat{a}) = a$，$E(\hat{b}) = b$；

(2) 假设 $\varepsilon_i \sim N(0, \sigma^2)$，则 $\hat{a}$ 与 $\hat{b}$ 都服从正态分布，即

$$\hat{a} \sim N\left(a, \left(\frac{1}{n} + \frac{\bar{x}}{S_{xx}}\right)\sigma^2\right),$$

$$\hat{b} \sim N\left(b, \frac{1}{S_{xx}}\sigma^2\right),$$

其中, $S_{xx} = \sum\limits_{i=1}^{n}(x_i - \bar{x})^2$.

一元线性回归模型中, 误差 ε_i 的方差 σ^2 称为误差方差, 它同样是非常重要的一个参数. 有了 a 与 b 的最小二乘估计 $\hat{a}$ 与 $\hat{b}$ 后可以构造 σ^2 的估计.

由于 $\varepsilon_i = y_i - (b_0 + b_1 x_i)$, 很自然地想到用 $\hat{a}$ 与 $\hat{b}$ 分别代替 a 与 b 得到 ε_i 的估计, 记为 $\hat{\varepsilon}_i$, 即

$$\hat{\varepsilon}_i = y_i - (\hat{b}_0 + \hat{b}_1 x_i), \quad i = 1, 2, \cdots, n,$$

通常称之为残差. 用残差就可以构造 σ^2 的一个常用的估计

$$\hat{\sigma}^2 = \frac{1}{n-2} \sum\limits_{i=1}^{n} \hat{\varepsilon}_i^2.$$

下面不加证明地给出关于 $\hat{\sigma}^2$ 的性质:

(1) $\hat{\sigma}^2$ 是 σ^2 的无偏估计;

(2) $(n-2)\hat{\sigma}^2/\sigma^2 \sim \chi^2(n-2)$, 并且 $\hat{\sigma}^2$ 与 $\hat{a}$, $\hat{b}$ 相互独立.

9.2.2　多元线性回归的参数估计

多元线性回归的分析原理与一元线性回归相同, 但在计算上要复杂些.

若 $(x_{11}, x_{12}, \cdots, x_{1p}, y_1)$, $\cdots$, $(x_{n1}, x_{n2}, \cdots, x_{np}, y_n)$ 为一样本, 根据最小二乘法原理, 多元线性回归中未知参数 $b_0, b_1, \cdots, b_p$ 应满足使函数

$$Q = \sum\limits_{i=1}^{n}(y_i - b_0 - b_1 x_{i1} - \cdots - b_p x_{ip})^2$$

达到最小.

对 Q 分别关于 b_0, b_1, $\cdots$, b_p 求偏导数, 并令它们等于零, 得到

$$\begin{cases} \dfrac{\partial Q}{\partial b_0} = -2\sum(y_i - b_0 - b_1 x_{i1} - \cdots - b_{ip} x_{ip}) = 0, \\ \dfrac{\partial Q}{\partial b_j} = -2\sum\limits_{j=1}^{n}(y_i - b_0 - b_1 x_{i1} - \cdots - b_{ip} x_{ip})x_{ij} = 0, \quad j = 1, 2, \cdots, p, \end{cases}$$

称为正规方程组, 引进矩阵

$$X = \begin{pmatrix} 1 & x_{11} & x_{12} & \cdots & x_{1p} \\ 1 & x_{21} & x_{22} & \cdots & x_{2p} \\ \vdots & \vdots & \vdots & & \vdots \\ 1 & x_{n1} & x_{n2} & \cdots & x_{np} \end{pmatrix}, Y = \begin{pmatrix} y_1 \\ y_2 \\ \vdots \\ y_n \end{pmatrix}, B = \begin{pmatrix} b_0 \\ b_1 \\ \vdots \\ b_p \end{pmatrix}, \varepsilon = \begin{pmatrix} \varepsilon_1 \\ \varepsilon_2 \\ \vdots \\ \varepsilon_n \end{pmatrix},$$

于是, 正规方程组可写成

$$X^{\mathrm{T}} X B = X^{\mathrm{T}} Y, \tag{9-13}$$

若 $(X^{\mathrm{T}}X)^{-1}$ 存在，则

$$B = \begin{pmatrix} b_0 \\ b_1 \\ \vdots \\ b_p \end{pmatrix} = (X^{\mathrm{T}}X)^{-1}X^{\mathrm{T}}Y, \tag{9-14}$$

而 $\hat{y} = \hat{b}_0 + \hat{b}_1 x_1 + \cdots + \hat{b}_p x_p$ 即为经验回归方程.

9.3 假设检验

从上述求回归直线的过程看，最小二乘法求回归直线并不要求两个变量具有线性相关关系，对任何一组实验数据都可用最小二乘法形式地求出一条回归直线. 若两个变量不存在线性相关关系，则回归直线没有意义. 这就要对线性回归方程进行假设检验. 即检验 x 变量的变化对 y 的影响是否显著. 这个问题可以利用线性关系的显著性检验来解决.

因为当且仅当 $b \neq 0$ 时，y 与 x 之间存在线性关系，因此我们需要检验假设

$$H_0 : b = 0, \quad H_1 : b \neq 0, \tag{9-15}$$

若拒绝原假设 H_0，则认为 y 与 x 之间存在线性关系，所求的线性回归方程有意义；若接受 H_0，则认为 y 与 x 的关系不能用一元线性回归模型来描述，所求的线性回归方程无意义.

第 9.2 节中已知 $\hat{b}$ 与 $\hat{\sigma}^2$ 具有以下性质：

$$\hat{b} \sim N\left(b, \frac{1}{S_{xx}}\sigma^2\right),$$

$$(n-2)\hat{\sigma}^2/\sigma^2 \sim \chi^2(n-2),$$

并且 $\hat{\sigma}^2$ 与 $\hat{b}$ 相互独立. 于是，原假设成立时，

$$t = \frac{\hat{b}}{\hat{\sigma}/\sqrt{S_{xx}}} \sim t(n-2),$$

这个 t 就是此双边检验的 t 检验统计量. 对于给定的显著性水平 α，此假设检验的拒绝域为

$$|t| \geqslant t_{\frac{\alpha}{2}}(n-2),$$

这就是所谓的 t 检验法.

如果检验的结论是拒绝原假设，即接受备择假设 $b \neq 0$，我们就说回归方程通过了显著性检验，认为 x 与 y 有一定的线性关系. 但是如果检验的结论是接受原假设 $b = 0$，实际上可能有多种原因导致这种情况. 当然可能是 x 对 y 确实没什么影响，也可能是还有

对 y 影响更大的自变量未被考虑，还有可能是系统误差过大等.

注意到 t 分布与 F 分布的关系，当 $t \sim t(n-2)$ 时，$t^2 \sim F(1, n-2)$，故

$$F = \frac{\hat{b}^2}{\hat{\sigma}^2 / S_{xx}} \sim F(1, n-2). \tag{9-16}$$

这个 F 就是此检验的 F 检验统计量. 注意，上面的 t 检验法则等价于如下的 F 检验法则：对于给定的显著性水平 α，当 $F \geqslant F_\alpha(1, n-2)$ 时，则拒绝原假设，否则接受原假设. 此假设检验的拒绝域为

$$F \geqslant F_\alpha(1, n-2).$$

关于上述假设的 F 检验，最常用的是方差分析表（见表 9-2）. 我们需要把 F 检验统计量换一种表示方法，这在理解上会更容易.

表 9-2　一元回归的方差分析表

方差源	平方和	自由度	均方	F 比
回归	$Q_{回}$	1	$MQ_{回} = Q_{回}/1$	$F = \dfrac{Q_{回}}{1} \bigg/ \dfrac{Q_{剩}}{n-2}$
剩余	$Q_{剩}$	$n-2$	$MQ_{剩} = Q_{剩}/(n-2)$	
总和	$Q_{总}$	$n-1$		

不妨设当 x 的取值为 $x_1, x_2, \cdots, x_n$ 时，得到 y 的一组观察值 $y_1, y_2, \cdots, y_n$，统计量 $Q_{总} = S_{yy} = \sum\limits_{i=1}^{n} (y_i - \overline{y})^2$ 称为 $y_1, y_2, \cdots, y_n$ 的总偏差平方和，它的大小反映了观察值 $y_1, y_2, \cdots, y_n$ 的分散程度. 它的自由度规定为 $n-1$. 对 $Q_{总}$ 进行分析，具体如下：

记 $\hat{y}_i = \hat{a} + \hat{b} x_i$，称为在 x_i 处因变量 y 的拟合值或回归值，因为

$$\sum_{i=1}^{n} (y_i - \overline{y})^2 = \sum_{i=1}^{n} (y_i - \hat{y}_i + \hat{y}_i - \overline{y})^2,$$

可以验证

$$\sum_{i=1}^{n} (y_i - \hat{y}_i + \hat{y}_i - \overline{y})^2 = \sum_{i=1}^{n} (y_i - \hat{y}_i)^2 + \sum_{i=1}^{n} (\hat{y}_i - \overline{y}_i)^2,$$

记

$$Q_{回} = \sum_{i=1}^{n} (\hat{y}_i - \overline{y}_i)^2, \quad Q_{剩} = \sum_{i=1}^{n} (y_i - \hat{y}_i)^2,$$

则有

$$Q_{总} = Q_{剩} + Q_{回}. \tag{9-17}$$

$Q_{回}$ 称为回归平方和，反映了回归值 $\hat{y}_i$ 的分散程度，这种分散性是因为 x 的变化而引起的，并通过 x 对 y 的线性影响反映出来. 它的自由度规定为 1.

$Q_{剩}$ 称为剩余平方和，反映了观测值 y_i 偏离回归直线的程度，这种偏离是由试验误差和其他未加控制的因素引起的，其实它就是残差 $\hat{\varepsilon}_i$ 的平方和，即 $Q_{剩} = \sum\limits_{i=1}^{n} \hat{\varepsilon}_i^2$，则由 $\hat{\sigma}^2$ 的性质可知 $\hat{\sigma}^2 = \dfrac{Q_{剩}}{n-2}$

是 σ^2 的无偏估计, 它的自由度是 $n-2$.

通过对 $Q_{回}$, $Q_{剩}$ 的分析, $y_1, y_2, \cdots, y_n$ 的分散程度 $Q_{总}$ 的两种影响可以从数量上区分开来, 因而 $Q_{回}$ 与 $Q_{剩}$ 的比值反映了这种线性相关关系与随机因素对 y 的影响的大小, 比值越大, 线性关系越强.

可以证明统计量

$$F = \frac{\hat{b}^2}{\hat{\sigma}^2/S_{xx}} = \frac{Q_{回}}{1} \bigg/ \frac{Q_{剩}}{n-2}. \tag{9-18}$$

故当 H_0 为真时服从参数为 1 和 $n-2$ 的 F 分布, 即 $F \sim F(1, n-2)$. 给定显著性水平 α, 若 $F \geqslant F_\alpha(1, n-2)$, 则拒绝原假设 H_0, 即认为在显著性水平 α 下, y 对 x 的线性相关关系是显著的; 反之, 则认为 y 对 x 没有线性相关关系, 即所求的线性回归方程无实际意义.

实际计算中, 可使用公式

$$Q_{回} = \sum_{i=1}^{n} (\hat{y}_i - \bar{y}_i)^2 = \frac{S_{xy}^2}{S_{xx}}, \tag{9-19}$$

$$Q_{剩} = Q_{总} - Q_{回} = S_{yy} - S_{xy}^2/S_{xx}. \tag{9-20}$$

例 9.3.1 在显著性水平 $\alpha = 0.05$ 下, 检验例 9.2.1 中回归效果是否显著.

解 由例 9.2.1 知,

$$S_{xx} = 45.961, \quad S_{xy} = 31.352, \quad S_{yy} = 22.124,$$

计算出

$$Q_{回} = \sum_{i=1}^{n} (\hat{y}_i - \bar{y}_i)^2 = \frac{S_{xy}^2}{S_{xx}} = 21.3866;$$

$$Q_{剩} = Q_{总} - Q_{回} = 22.124 - 21.3866 = 0.7374,$$

$$F = \frac{Q_{回}}{1} \bigg/ \frac{Q_{剩}}{n-2} = 232.0217 > F_{0.05}(1, 8) = 5.32,$$

故拒绝原假设 H_0, 即认为在显著性水平 α 下, 回归直线

$$\hat{y} = 3.2590 + 0.6821x$$

所表达的 y 与 x 的线性相关关系是显著的.

因变量 y 与 x 的线性相关关系是否显著也可以用判定系数 R^2 来度量. 其定义是

$$R^2 = \frac{Q_{回}}{Q_{总}}.$$

这两项的比值表明回归直线所能解释的因变量 y 的偏差部分在 y 的总偏差中的比例. 其值越大, 则 y 与 x 的线性相关关系也就越大. 事实上, R 就是 y 与 x 的相关系数. 其证明不在本书范围内.

例 9.3.1 中, 计算可得

$$R^2 = \frac{Q_{回}}{Q_{总}} = \frac{21.3866}{22.124} = 0.967,$$

这说明，在这种商品销售总额的变化中，有近 97% 的变化是由销售总额与价格的线性关系引起的.

9.4　预测

由于因变量 y 与自变量 x 的关系并不确定，因此，任意给定自变量的值 $x = x_0$ 后，我们仍无法精确得到因变量 y 的相应值 y_0. 但我们已经有了回归方程 $\hat{y} = \hat{a} + \hat{b}x$，则可预测因变量 y 的相应值 y_0. 在此基础上，就可以以一定的置信度预测对应的 y 的观察值的取值范围.

假定在 $x = x_0$ 处，理论回归方程 $y = a + bx + \varepsilon$ 成立，因变量 y 的相应值 y_0 满足

$$y_0 = a + bx_0 + \varepsilon_0,$$

这里 ε_0 表示对应的误差. 它同样满足高斯-马尔可夫假设. 现在预测 y_0，注意到 y_0 由两部分组成，第一部分是它的均值 $E(y_0) = a + bx_0$，这里包含未知参数 a 和 b，只要代入相应的最小二乘估计 $\hat{a}$ 与 $\hat{b}$ 就得到它的一个估计 $\hat{a} + \hat{b}x_0$. 第二部分是误差 ε_0，由于它的均值 $E(\varepsilon_0) = 0$，自然可以估计它为 0. 这样我们就得到 y_0 的预测

$$\hat{y}_0 = \hat{a} + \hat{b}x_0,$$

这就是所谓的点预测.

在点预测 y_0 的基础上，预测对应的 y 的观察值的取值范围称之为区间预测. 做区间预测是需要假设误差 ε_i 服从正态分布且相互独立. 由于篇幅所限，我们只给出相应的结论.

对于给定的 $0 < \alpha < 1$，可以证明 y_0 的置信度为 $1 - \alpha$ 的置信区间为

$$(\hat{y}_0 - l, \hat{y}_0 + l),$$

其中 $l = t_{\frac{\alpha}{2}}(n-2)\hat{\sigma}\sqrt{1 + \frac{1}{n} + \frac{(x_0 - \bar{x})^2}{S_{xx}}}$. 这个预测区间是一个以 y_0 的预测 $\hat{y}_0$ 为中心，长度为 $2l$ 的对称区间. 对给定的 α 和 n，S_{xx} 越大，则预测区间的长度就越短，预测精度也就越高. 因此，为了提高预测精度，就要增大 S_{xx}，也就是把实验点 $x_1, x_2, \cdots, x_n$ 尽可能分散开.

在实际的回归问题中，若样本容量 n 很大，而 x_0 靠近预测中心 $\bar{x}$，则可简化计算

$$\sqrt{1 + \frac{1}{n} + \frac{(x_0 - \bar{x})^2}{S_{xx}}} \approx 1, \quad t_{\frac{\alpha}{2}}(n-2) \approx Z_{\frac{\alpha}{2}},$$

则 y_0 的置信度为 $1-\alpha$ 的置信区间可近似为

$$(\hat{y}_0-\hat{\sigma}Z_{\frac{\alpha}{2}},\hat{y}_0+\hat{\sigma}Z_{\frac{\alpha}{2}}).$$

特别地，取 $\alpha=0.05$，则 y_0 的置信度为 0.95 的置信区间可近似为

$$(\hat{y}_0-1.96\hat{\sigma},\hat{y}_0+1.96\hat{\sigma}).$$

可以预料，在全部可能出现的 y 值中，大约有 95% 的观测点落在直线 L_1：$y=\hat{y}_0-1.96\hat{\sigma}$ 与 L_2：$y=\hat{y}_0+1.96\hat{\sigma}$ 所夹的带形区域内.

所以，预测区间与置信区间意义相似，只不过前者是对随机变量而言的，后者是对未知参数而言的.

例 9.4.1　给定 $\alpha=0.05$，$x_0=13.5$，问例 9.2.1 中销售总额在什么范围内？

解　当 $x_0=13.5$，y_0 的预测值为

$$\hat{y}_0=\hat{a}+\hat{b}x_0=3.2590+0.6821\times13.5=12.4674$$

对 $\alpha=0.05$，$t_{0.025}(8)=2.306$，而 $\hat{\sigma}^2=\dfrac{Q_{剩}}{n-2}$，再由例 9.3.1 已知

$Q_{剩}=0.7374$，所以 $\hat{\sigma}=\sqrt{\dfrac{0.7374}{8}}=0.3036$，所以计算得

$$l=t_{\frac{\alpha}{2}}(n-2)\hat{\sigma}\sqrt{1+\frac{1}{n}+\frac{(x_0-\bar{x})^2}{S_{xx}}}$$

$$=2.306\times0.3036\sqrt{1+\frac{1}{10}+\frac{(13.5-11.73)^2}{45.961}}=0.7567,$$

故 y_0 的预测区间为 (12.4674 ± 0.7567). 即销售总额 y_0 将以 95% 的概率落在区间 $(11.7107,13.2241)$ 内.

Python 实验——线性回归拟合及预测

合金钢的强度 y 与钢材中碳的含量 x 有密切关系. 为了冶炼出符合要求强度的钢，常常通过控制钢水中的碳含量来达到目的. 为此需要了解 x 与 y 之间的关系. 收集的数据列在表 9-3 中.

表 9-3　数据收集结果

i	1	2	3	4	5	6	7	8	9	10
x	0.03%	0.04%	0.05%	0.07%	0.09%	0.10%	0.12%	0.15%	0.17%	0.20%
y	40.5	39.5	41.0	41.5	43.0	42.0	45.0	47.5	53.0	56.0

请拟合回归直线并预测当 $x=0.18\%$ 时，强度 y 的值.

按照以下步骤拟合回归线.

（1）画散点图：在一平面上取一个直角坐标系，把每个样本

(x_i, y_i) 标在这些坐标平面上. 通过散点图可初步了解变量 x 与 y 的平均值、散布等大致情况.

（2）回归线的拟合：通过第 1 步确定 x 与 y 之间有较强的线性趋势之后，便可以用最小二乘法来拟合回归线.

（3）预测：对给定的 $x = x_0$，由回归方程 $\hat{y}_0 = \hat{a} + \hat{b}x_0$ 求出相应的 y_0 的预测值 $\hat{y}_0$.

利用 Sklearn 实现线性拟合并进行预测，Python 代码如下：

```
import numpy as np
import matplotlib.pyplot as plt
rng=np.random.RandomState(20)


x = np.array([0.03,0.04,0.05,0.07,0.09,0.10,0.12,
0.15,0.17,0.20])
y = np.array([40.5,39.5,41.0,41.5,43.0,42.0,45.0,
47.5,53.0,56.0])


#构建线性回归模型
from sklearn.linear_model import LinearRegression
model =LinearRegression(fit_intercept=True)


#模型拟合
x = x[:,np.newaxis]
model.fit(x,y)


#查看模型参数
print(model.coef_)  #输出比例系数
print(model.intercept_) #输出截距


#预测并画出拟合曲线
xfit = np.linspace(0.01,0.25,11)
xfit = xfit[:,np.newaxis]
yfit = model.predict(xfit)
plt.scatter(x,y)
plt.plot(xfit,yfit,color="red")
plt.show()
```

知识纵横——回归分析的由来

　　回归分析最早是 19 世纪末期高尔顿所发展. 高尔顿是生物统计学派的奠基人，他的表哥达尔文的巨著《物种起源》问世以后，触动他用统计方法研究智力进化问题，统计学上的"相关"和"回归"的概念也是高尔顿第一次使用的. 1855 年，他发表了一篇《遗传的身高向平均数方向的回归》文章，分析了子女身高与父母身高之间的关系，发现父母的身高可以预测子女的身高，当父母越高或越矮时，子女的身高会比一般儿童高或矮，他将子女与父母身高的这种现象拟合出一种线性关系. 但是有趣的是：通过观察他注意到，尽管这是一种拟合较好的线性关系，但仍然存在例外现象：矮个的人的子女比其父要高，身材较高的父母所生子女的身高将回降到人的平均身高. 换句话说，当父母身高走向极端(或者非常高，或者非常矮)的人的子女，子女的身高不会像父母身高那样极端化，其身高要比父母们的身高更接近平均身高. 高尔顿选用"回归"一词，把这一现象叫作"向平均数方向的回归". 虽然这是一种特殊情况，与线性关系拟合的一般规则无关，但"线性回归"的术语仍被沿用下来了. 作为根据一种变量(父母身高)预测另一种变量(子女身高)的一般名称沿用至今，后被引用到对多种变量关系的描述.

　　而关于父辈身高与子代身高的具体关系是如何的，高尔顿和他的学生 K. 皮尔逊通过观察了 1078 对夫妇，以每对夫妇的平均身高作为自变量，取他们的一个成年子女的身高作为因变量，结果发现两者近乎一条直线，其回归直线方程为 $\hat{y}=33.73+0.516x$，这种趋势及回归方程表明父母身高每增加一个单位时，其成年子女的身高也平均增加 0.516 个单位. 这个公式目前仍在使用，相应产生了许多修正版的公式，人们仍用它们来预测未来子女的身高.

　　回归分析在社会科学中应用颇多. 温忠麟在其所编的《心理与教育统计》一书中，对回归分析定义为："用统计的方法研究变量 y 和 x 的不确定的共变关系"，描述 y 的均值与 x 的关系的函数通常称为回归方程，并通过讨论线性回归模型，从一个自变量到多个自变量的情形进行介绍如何建立回归方程，如何检验、评价和解释回归方程，如何利用回归方程进行预测等，具体从直线回归、可线性化的曲线回归和多元回归分析三个方面进行阐述.

　　张厚粲、徐建平在他们编著的《现代心理与教育统计学》一书中提到：回归分析是通过大量的观测数据，可以发现变量之间存在的统计规律性，并用一定的数学模型表示出来，这种用一定模型来表述变量相关关系的方法. 回归分析不但适用于实验数据, 还可以分析未做实验控制的观测数据或历史资料. 作者主要简单介绍了简单回归分析模型以及如何拟合这一模型. 在简单回归模型中, $\hat{y}=a+bx$, 其中参数 a, b 分别表示截距与斜率, $\hat{y}$ 叫作因变量或被测变量, x 叫作自变量或预测变量. 因变量的观察值与预测值之间的差异叫作残差. 运用最小二乘法和平均数可以建立这一模型. 回归分析的主要目的是建立一种线性模型, 然后通过这种模型进行分析和预测.

张敏强在其主编的《教育与心理统计学》一书中认为统计学中的回归分析是, 借助于数学模型对客观世界所存在的事物间的不确定关系的一种数量化描写, 其目的在于为不确定现象的研究提供更为科学、精细的手段, 以应用于相关随机变量的鼓励、预测和控制. 回归分析的三大部分是: ①建立回归方程, 依据专业知识调查所研究现象可能涉及的变量的种类和个数, 并且进行实验或调查以获取实际数据, 然后结合以往的经验, 对所获得的数据进行分析研究, 确定回归方程的函数形式. ②检验和评价所建回归方程的有效性, 检验方程有无使用价值, 并找到评价回归方程有效性高低的统计指标来评价所建回归方程使用价值的高低. ③利用所建回归方程进行预测和控制. 这正是研究回归现象、进行回归分析的根本目的所在. 利用回归方程进行控制, 多见于自然科学研究领域, 在教育和心理科学研究中, 更多的是利用所建回归方程进行估计和预测.

王孝玲编著的《教育统计学》一书中提到: 有相关关系的两个变量, 如果一个为自变量, 另一个为因变量, 因变量随自变量的变化而做程度不同的变化, 这种近似确定性质的关系可以用数学方程来表达, 从中可以由自变量的值推算或预测因变量的估计值, 这个过程称为回归分析. 书中进一步详细介绍了如何建立回归方程, 如何计算回归系数, 如何估测和估计标准误差等.

在统计中回归分析应用更加广泛. 柯惠新等主编的《调查研究中的统计分析法》一书中对于回归分析的描述是: 为了表示响应 y 是怎样和因子 x 相联系的, 可以用一条回归直线 $\hat{y}=a+bx$ 去拟合. 斜率 b 和截距 a 可以用最小二乘法的简单公式来计算. 实际的观测值必须假定是取自某一潜在总体的样本. 对于这个总体, 我们用希腊字母 β 表示真实回归直线的斜率, 它就是用样本斜率 b 来估计的那个目标. 如果抽样是随机的, 那么 b 随着样本的不同围绕着其目标 β 以一个特定的标准误差近似正态地波动. 由 b 的抽样分布, 可以构造 β 的置信区间, 或计算 $\beta=0$ 概率值. 根据这两个结果中的任何一个, 都可以检验假设 $\beta=0$. 在非线性关系中, 例如抛物线关系，可以利用简单的变换化为标准的多元回归来拟合，也可以利用现有的统计软件来寻求一条比较合理的拟合曲线.

茆诗松等编著的《回归分析及其试验设计》，是一本专业性研究回归分析的著作. 书中提到：回归分析是研究随机现象中变量之间关系的一种数理统计方法，它在工农业生产和科学实验中有着广泛的应用. 书中通过生产中的实际问题，较详细地介绍了回归分析中的参数估计、统计检验和预报控制等问题. 然后再阐述逐步回归及多项式回归分析方法，而且还介绍了如何回归的试验设计. 回归设计在 20 世纪 50 年代初，为了适应生产的发展，寻求最佳工艺和配方以及建立生产过程的数学模型等的需要而产生的，根据试验目的和数据分析来选择的每一个试验点在数据获取上含有最大的信息，从而减少试验次数，并使数据的统计分析具有一些较好的性质.

发展到今天，回归设计的内容已相当丰富，有回归的正交设计、回归的旋转设计、回归的 D-最优设计等. 在这些设计的基础上，人们还进一步研究了各种"最优设计"的标准，从而可以评定各种设计的好坏，以利于探索新的设计方案.

习题九

1. 对一元线性回归模型
$$y_i = bx_i + \varepsilon_i, i = 1, 2, \cdots, n,$$
它不包含常数项，假设误差服从高斯-马尔可夫假设.

（1）求斜率 β 的最小二乘估计 $\hat{b}$；

（2）若进一步假设误差 $\varepsilon_i \sim N(0, \sigma^2)$，试求 $\hat{b}$ 的分布；

（3）导出假设 $H_0: b=0$ 的检验统计量.

2. 在硝酸钠（$NaNO_3$）的溶解度试验中，测得在不同温度 x（以℃计）下，溶解于 100 份水中的硝酸钠份数 y 的数据如表 9-4 所示，试求 y 关于 x 的线性回归方程.

表 9-4

x_i/℃	0	4	10	15	21	29	36	51	68
y_i	66.7	71.0	76.3	80.6	85.7	92.9	99.4	113.6	125.1

⊖ 1in(英寸) = 0.0254m(米). ——编辑注

3. 测量了 9 对父子的身高，所得数据如表 9-5（单位：in⊖）所示. 求：

（1）儿子身高 y 关于父亲身高 x 的回归方程；

（2）取 $\alpha = 0.05$，检验儿子的身高 y 与父亲的身高 x 之间的线性相关关系是否显著；

（3）若父亲身高 70in，求其儿子的身高的置信度为 95% 的预测区间.

表 9-5

父亲身高 x_i/in	60	62	64	66	67	68	70	72	74
儿子身高 y_i/in	63.6	65.2	66	66.9	67.1	67.4	68.3	70.1	70

4. 设 y 为树干的体积，x_1 为离地面一定高度的树干直径，x_2 为树干高度，一共测量了 31 棵树，数据列于表 9-6 中，列出 y 对 x_1, x_2 的二元线性回归方程，以便能用简单方法从 x_1 和 x_2 估计一棵树的体积，进而估计一片森林的木材储量.

表　9-6 （续）

x_1（直径）	x_2（高）	y（体积）	x_1（直径）	x_2（高）	y（体积）
8.3	70	10.3	12.9	85	33.8
8.6	65	10.3	13.3	86	27.4
8.8	63	10.2	13.7	71	25.7
10.5	72	10.4	13.8	64	24.9
10.7	81	16.8	14.0	78	34.5
10.8	83	18.8	14.2	80	31.7
11.0	66	19.7	15.5	74	36.3
11.0	75	15.6	16.0	72	38.3
11.1	80	18.2	16.3	77	42.6
11.2	75	22.6	17.3	81	55.4
11.3	79	19.9	17.5	82	55.7
11.4	76	24.2	17.9	80	58.3
11.4	76	21.0	18.0	80	51.5
11.7	69	21.4	18.0	80	51.0
12.0	75	21.3	20.6	87	77.0
12.9	74	19.1			

5. 一家从事市场研究的公司，希望能预测每日出版的报纸在各种不同居民区内的周末发行量，两个独立变量，即总零售额和人口密度被选作自变量，由 $n=25$ 个居民区组成的随机样本所给出的结果列于表 9-7 中，求日报周末发行量 y 关于总零售额 x_1 和人口密度 x_2 的线性回归方程.

表　9-7

居民区	日报周末发行量 $y_i/10^4$ 份	总零售额 $x_{i1}/10^5$ 元	人口密度 $x_{i2}/0.001$ 人/m²
1	3.0	21.7	47.8
2	3.3	24.1	51.3
3	4.7	37.4	76.8
4	3.9	29.4	66.2
5	3.2	22.6	51.9
6	4.1	32.0	65.3
7	3.6	26.4	57.4
8	4.3	31.6	66.8
9	4.7	35.5	76.4
10	3.5	25.1	53.0

（续）

居民区	日报周末发行量 $y_i/10^4$ 份	总零售额 $x_{i1}/10^5$ 元	人口密度 $x_{i2}/0.001$ 人/m²
11	4.0	30.8	66.9
12	3.5	25.8	55.9
13	4.0	30.3	66.5
14	3.0	22.2	45.3
15	4.5	35.7	73.6
16	4.1	30.9	65.1
17	4.8	35.5	75.2
18	3.4	24.2	54.6
19	4.3	33.4	68.7
20	4.0	30.0	64.8
21	4.6	35.1	74.7
22	3.9	29.4	62.7
23	4.3	32.5	67.6
24	3.1	24.0	51.3
25	4.4	33.9	70.8

6. 设某水文观测站观测到的河水年流量为 y，该站上流区域年平均降水量为 x_1，年平均饱和差为 x_2，现有 14 年的观测记录列于表 9-8.

表　9-8

i	x_1	x_2	y
1	720	1.80	290
2	553	2.67	135
3	575	1.75	234
4	548	2.07	182
5	572	2.49	145
6	453	3.59	69
7	540	1.88	205
8	579	2.22	151
9	515	2.41	131
10	576	3.03	106
11	547	1.83	200
12	568	1.90	224
13	720	1.98	271
14	700	2.90	130

作出 y 对 x_1，x_2 的二元线性回归方程.

参考答案

习 题 一

1. (1) $S_1 = \{正正，正反，反正，反反\}$；(2) 样本空间为 $S_2 = \{1,2,3,\cdots\}$；

   (3) 样本空间为 $S_3 = \{t \mid 0 \leqslant t \leqslant 5\}$.

2. (1) $AB\overline{C}$；(2) $A \cup B \cup C$；(3) ABC；(4) $\overline{A}\,\overline{B}\,\overline{C}$；(5) $\overline{ABC}$；(6) $AB \cup BC \cup CA$；

   (7) $\overline{AB \cup BC \cup CA}$ 或 $\overline{A}\,\overline{B} \cup \overline{B}\,\overline{C} \cup \overline{C}\,\overline{A}$.

3. (1) 0.1；(2) 0.2；(3) 0.4；(4) 0.625，0.375，0.125；(5) 1/3；(6) 0.4，0.56.

4. (1) 7/15；(2) 14/15；(3) 7/30.

5. 3/8；9/16；1/16.

6. (1) 1/11；(2) 14/33；(3) 16/33.

7. (1) $\dfrac{C_4^1 C_{46}^4}{C_{50}^5} \approx 0.308$；(2) $\dfrac{C_{46}^5}{C_{50}^5} \approx 0.647$；(3) $1 - \dfrac{C_{46}^5}{C_{50}^5} \approx 0.353$.

8. (1) 0.691；(2) 0.171；(3) 0.125；(4) 0.230；(5) 0.124.

9. 1/3.

10. 2/n.

11. (1) 28/45；(2) 1/45；(3) 16/45；(4) 1/5.

12. (1) 0.1587；(2) 0.1616.

13. (1) 49/80；(2) 40/49.

14. (1) 1/2；(2) 2/3.

15. 提示：利用独立定义证明或利用 1.4 节定理 2 证明.

16. (1) 0.2；(2) 0.7.

17. 略.

18. 0.6.

19. (1) 0.9984；(2) 3 个.

20. (1) 5/9；(2) 16/63；(3) 16/35.

21. (1) 0.0729；(2) 0.0815.

习 题 二

1. $P\{X=0\} = 1/8$，$P\{X=1\} = 3/8$，$P\{X=2\} = 3/8$，$P\{X=3\} = 1/8$.

2. $P\{X=1\}=0.125$，$P\{X=2\}=0.875$.

3. $P\{X=3\}=0.1$，$P\{X=4\}=0.3$，$P\{X=5\}=0.6$.

4. $P\{X=1\}=0.5$，$P\{X=2\}=0.25$，$P\{X=3\}=0.125$，$P\{X=4\}=0.125$.

5. (1) $P\{X=k\}=pq^{k-1}$，$k=1,2,\cdots$；(2) $P\{X=k\}=\mathrm{C}_{k-1}^{r-1}p^{r}q^{k-r}$，$k=r,r+1,\cdots$.

6. $A=0.5$，$P\{1\leqslant X\leqslant 3\}=19/27$.

7. 0.1216.

8. (1) 0.1847；(2) 0.6472.

9. (1) 0.334695；(2) 0.59399.

10. (1) 0.1887；(2) 0.1839.

11. (1) 0.0214；(2) 0.997.

12. $F(x)=\begin{cases}0, & x<0,\\ 0.04, & 0\leqslant x<2,\\ 0.36, & 2\leqslant x<3,\\ 1, & x\geqslant 3.\end{cases}$

13. $F(x)=\begin{cases}0, & x\leqslant -1,\\ \dfrac{x}{\pi}\sqrt{1-x^2}+\dfrac{1}{\pi}\arcsin x+\dfrac{1}{2}, & -1<x<1,\\ 1, & x\geqslant 1.\end{cases}$

14. (1) $\dfrac{1}{2}$；(2) $F(x)=\begin{cases}0, & x<0,\\ \sqrt{x}, & 0\leqslant x<1,\\ 1, & x\geqslant 1;\end{cases}$ (3) $\dfrac{\sqrt{2}}{2}$和 0.

15. (1) 2；(2) $F(x)=\begin{cases}0, & x<0,\\ \dfrac{x^2}{2}, & 0\leqslant x<1,\\ -\dfrac{x^2}{2}+2x-1, & 1\leqslant x<2,\\ 1, & x\geqslant 2\end{cases}$；(3) $3/8$.

16. (1) $\dfrac{1}{2}$，$\dfrac{1}{\pi}$；(2) $f(x)=\dfrac{1}{\pi(1+x^2)}$.

17. $20/27$.

18. (1) 0.607；(2) 0.607(指数分布的重要性质："无记忆性").

19. (1) 若有 70min 时间可用，走线路一赶到的概率是 0.9772，走线路二赶到的概率是 0.9938，应走第二条路线.

    (2) 若只有 65min 时间可用，走线路一赶到的概率是 0.9332，走线路二赶到的概率是 0.8944，应走第一条路线.

20. $f_Y(y)=\begin{cases}\dfrac{1}{2y}, & e^2<y<e^4,\\ 0, & 其他.\end{cases}$

21. $f_Y(y) = \begin{cases} \dfrac{3}{4}(y-1)(3-y), & 1<y<3, \\ 0, & \text{其他.} \end{cases}$

22. （1）$f_Y(y) = \dfrac{1}{y^2}$，$y \geqslant 1$；（2）$P\{1 \leqslant Y \leqslant 2\} = \displaystyle\int_1^2 \dfrac{1}{y^2}\mathrm{d}y = 0.5.$

23. $\begin{pmatrix} 0 & 1 \\ 0.25 & 0.75 \end{pmatrix}.$

习　题　三

1.

Y\X	1	2	3	4
1	$\dfrac{1}{4}$	$\dfrac{1}{8}$	$\dfrac{1}{12}$	$\dfrac{1}{16}$
2	0	$\dfrac{1}{8}$	$\dfrac{1}{12}$	$\dfrac{1}{16}$
3	0	0	$\dfrac{1}{12}$	$\dfrac{1}{16}$
4	0	0	0	$\dfrac{1}{16}$

2.（1）

Y\X	0	1
0	$\dfrac{4}{10}$	$\dfrac{2}{10}$
1	$\dfrac{1}{10}$	$\dfrac{3}{10}$

（2）X 与 Y 不独立.

3.（1）

Y\X	0	1	2	3
1	0	$\dfrac{3}{8}$	$\dfrac{3}{12}$	0
3	$\dfrac{1}{8}$	0	0	$\dfrac{1}{8}$

（2）X 与 Y 不独立.

4.（1）$A = 1/\pi^2$，$B = C = \pi/2$；（2）$f(x,y) = 1/[\pi^2(1+x^2)(1+y^2)]$；

（3）$F_X(x) = \dfrac{1}{\pi}\left(\dfrac{\pi}{2} + \arctan x\right)$，$F_Y(y) = \dfrac{1}{\pi}\left(\dfrac{\pi}{2} + \arctan y\right).$

5.（1）$\dfrac{1}{8}$；（2）$\dfrac{3}{8}$；（3）$\dfrac{2}{3}.$

6. （1）$f_X(x)=\begin{cases}e^{-x}, & x>0,\\ 0, & x\leqslant 0,\end{cases}$ $f_Y(Y)=\begin{cases}e^{-y}, & y>0,\\ 0, & y\leqslant 0;\end{cases}$ （2）0.5.

7. （1）$f_X(x)=\begin{cases}2e^{-2x}, & x>0,\\ 0, & x\leqslant 0,\end{cases}$ $f_Y(y)=\begin{cases}3e^{-3y}, & y>0,\\ 0, & y\leqslant 0;\end{cases}$ （2）X 与 Y 独立.

8. （1）$f_X(x)=\begin{cases}e^{-x}, & x>0,\\ 0, & x\leqslant 0,\end{cases}$ $f_Y(y)=\begin{cases}ye^{-y}, & y>0,\\ 0, & y\leqslant 0;\end{cases}$

   （2）$1+e^{-1}-2e^{-1/2}$；（3）不独立.

9. 0.879.

10. $\dfrac{1}{48}$.

11. （1）$f(x,y)=\begin{cases}25e^{-5y}, & 0\leqslant x\leqslant 0.2,\ y\geqslant 0,\\ 0, & \text{其他};\end{cases}$

   （2）$\iint\limits_{x>y}f(x,y)\mathrm{d}x\mathrm{d}y=\int_0^{0.2}\mathrm{d}x\int_0^x 25e^{-5y}\mathrm{d}y=e^{-1}$

12. （1）$c=\dfrac{1}{\pi^2}$；（2）$\dfrac{1}{16}$；（3）$f_X(x)=\dfrac{1}{\pi^2(1+x^2)}$，$f_Y(y)=\dfrac{1}{\pi^2(1+y^2)}$；（4）独立.

13. $f_Z(z)=\begin{cases}1-e^{-z}, & 0\leqslant z<1,\\ e^{-z}(e-1), & z\geqslant 1,\\ 0, & z<0.\end{cases}$

14. （1）$f_Z(z)=\begin{cases}\dfrac{1}{4}(2+z), & -2\leqslant z<0,\\[2mm] \dfrac{1}{4}(2-z), & 0\leqslant z\leqslant 2,\\[2mm] 0, & |z|>2;\end{cases}$ （2）$\dfrac{3}{8}$.

15. $f_R(z)=\begin{cases}\dfrac{1}{15000}(600z-60z^2+z^3), & 0\leqslant z<10,\\[2mm] \dfrac{1}{15000}(20-z)^3, & 10\leqslant z<20,\\[2mm] 0, & \text{其他}.\end{cases}$

16. （1）$A=\dfrac{1}{4}$；（2）当 $0<x<2$ 时，$f_{Y|X}(y\,|\,x)=\dfrac{f(x,y)}{f_X(x)}=\begin{cases}\dfrac{1}{2x}, & -x<y<x,\\[2mm] 0, & \text{其他}.\end{cases}$

习　题　四

1. 4.5.

2. $E(X)=-\dfrac{2}{3}$，此赌博对参加者不利.

3. $\dfrac{1}{p}$.

4. 44.64 分.

5. 略.

6. 1.2.

7. 5.216 万元.

8. 1500.

9. $a=\dfrac{1}{4}$, $b=-\dfrac{1}{4}$, $c=1$.

10. 略.

11. $E(X)=-0.2$, $E(X^2)=2.8$, $E(3X^2+5)=13.4$.

12. $\dfrac{1}{\lambda}(1-\mathrm{e}^{-\lambda})$.

13. $E(2X)=2$, $E(\mathrm{e}^{-2X})=\dfrac{1}{3}$.

14. $E(X)=2$, $E(Y)=0$, $E(XY)=\dfrac{1}{2}$, $E(X^2+Y^2)=\dfrac{16}{15}$.

15. $\dfrac{1}{6}$.

16. $\dfrac{2}{3}\theta$.

17. 33.64 元.

18. $\dfrac{n+1}{2}$.

19. 35.

20. $\dfrac{9}{20}$.

21. $\dfrac{2}{3}$.

22. $D(X)=D(Y)=\dfrac{2}{3}$.

23. $D(X+Y)=\dfrac{16}{3}$, $D(2X-3Y)=28$.

24. 略.

25. $E(Z)=\mu$, $D(Z)=\dfrac{\sigma^2}{n}$.

26. $\rho_{XY}=-\dfrac{1}{11}$.

27. $\mathrm{Cov}(X,Y)=0$, $\rho_{XY}=0$.

28. $\rho_{Z_1Z_2}=\dfrac{\alpha^2-\beta^2}{\alpha^2+\beta^2}$.

29. $\mathrm{Cov}(X,Y)=12$，$D(X+Y)=85$，$D(X-Y)=37$.

30. $\rho_{XY}=0$.

习 题 五

1. $\geqslant 0.8889$.

2. （1）0.1251；（2）0.9938.

3. 0.1075.

4. 0.4207.

5. 254.

6. 0.9525.

习 题 六

1. 0.8293.

2. 0.2628.

3. $\dfrac{1}{3}$.

4. $\sqrt{\dfrac{3}{2}}$.

5. 16.

习 题 七

1. 均为 $\dfrac{\overline{X}}{m}$.

2. 矩估计为 $2\overline{X}$；极大似然估计为 $\max(X_1,X_2,\cdots,X_n)$.

3. 均为 $\dfrac{1}{n}\displaystyle\sum_{i=1}^{n}(X_i-\overline{X})^2$.

4. （1）均为 $\dfrac{1}{\overline{X}}$；（2）都是 θ 的无偏估计；$\hat{\theta}_4=\overline{X}$ 更有效.

5. （1）（5.608,6.392）；（2）（5.558,6.442）.

6. （1）（68.11,85.09）；（2）（190.33，702.01）.

7. （1）（−0.002,0.006）；（2）−0.0012.

习 题 八

1. 接受 H_0.

2. 认为不合格.

3. 认为显著大于10.

4. 符合要求.

5. 拒绝 H_0，即认为有显著差异.

6. 拒绝 H_0.

7. 认为提纯后比原种群整齐.

8. （1）不能，即认为标准差 $\sigma \neq 0.048$；（2）可以，即认为 $\sigma^2 > 0.048^2$.

9. 接受 H_0.

10. 接受 H_0.

11. 接受 H_0.

习　题　九

1. （1）$\hat{b} = \dfrac{\displaystyle\sum_{i=1}^{n} x_i y_i}{\displaystyle\sum_{i=1}^{n} x_i^2}$；（2）$\hat{b} \sim N\left(b, \sigma^2 \Big/ \displaystyle\sum_{i=1}^{n} x_i^2\right)$；

（3）当 $t = \dfrac{\sqrt{n-1}\,\displaystyle\sum_{i=1}^{n} x_i y_i}{\sqrt{\left(\displaystyle\sum_{i=1}^{n} x_i^2\right)\left(\displaystyle\sum_{i=1}^{n} y_i^2\right) - \left(\displaystyle\sum_{i=1}^{n} x_i y_i\right)^2}}$，当 H_0 为真时，$t \sim t(n-1)$；

给定显著性水平 α，当 $t > t_{\frac{\alpha}{2}}(n-1)$ 时，拒绝原假设.

2. $\hat{y} = 67.5078 + 0.8706x$.

3. （1）$\hat{y} = 36.5891 + 0.4565x$；（2）线性关系显著；（3）$(67.5934, 69.5014)$.

4. $\hat{y} = -54.5041 + 4.8424x_1 + 0.2631x_2$.

5. $\hat{y} = 0.3822 + 0.0678x_1 + 0.0244x_2$.

6. $\hat{y} = 24.9444 + 0.155x_1 + 0.065x_2$.

附录1　Python 安装方法

1. 进入网站 https://www.python.org/，单击 Downloads，下载最新版本（此处以 Windows 版的 Python3.8.2 为例）. 64 位的系统下载 Windows x86-64 executable installer 版本，32 位的系统下载 Windows x86 executable installer 版本.

2. 下载好 Python 对应版本，找到可执行文件 python-3.8.2-amd64.exe 开始安装.

3. 单击开始菜单，进入运行选项，输入命令 cmd，进入到安装目录下，运行语句：python -V，若显示出 Python 对应版本则表示安装成功.

4. 使用 pip 命令安装常用库：数据计算库 numpy，科学计算库 scipy，绘图库 matplotlib，机器学习 sklearn. 具体步骤如下：

（1）运行 cmd，进入命令模式，利用 cd 命令切换到 python 安装目录下的 scripts 目录；

（2）依次输入以下命令：

>pip install -i https://pypi.tuna.tsinghua.edu.cn/simple numpy

>pip install -i https://pypi.tuna.tsinghua.edu.cn/simple scipy

>pip install -i https://pypi.tuna.tsinghua.edu.cn/simple matplotlib

>pip install -i https://pypi.tuna.tsinghua.edu.cn/simple sklearn

注：该命令使用清华大学镜像安装，速度较快，建议使用该方法.

附录 2　泊松分布表

$$P\{X \leqslant x\} = \sum_{k=0}^{x} \frac{\lambda^{k}e^{-\lambda}}{k!}$$

x	λ								
	0.1	0.2	0.3	0.4	0.5	0.6	0.7	0.8	0.9
0	0.9048	0.8187	0.7408	0.6730	0.6065	0.5488	0.4966	0.4493	0.4066
1	0.9953	0.9825	0.9631	0.9384	0.9098	0.8781	0.8442	0.8088	0.7725
2	0.9998	0.9989	0.9964	0.9921	0.9856	0.9769	0.9659	0.9526	0.9371
3	1.0000	0.9999	0.9997	0.9992	0.9982	0.9966	0.9942	0.9909	0.9865
4		1.0000	1.0000	0.9999	0.9998	0.9996	0.9992	0.9986	0.9977
5				1.0000	1.0000	1.0000	0.9999	0.9998	0.9997
6							1.0000	1.0000	1.0000

x	λ								
	1.0	1.5	2.0	2.5	3.0	3.5	4.0	4.5	5.0
0	0.3679	0.2231	0.1353	0.0821	0.0498	0.0302	0.0183	0.0111	0.0067
1	0.7358	0.5578	0.4060	0.2873	0.1991	0.1359	0.0916	0.0611	0.0404
2	0.9197	0.8088	0.6767	0.5438	0.4232	0.3208	0.2381	0.1736	0.1247
3	0.9810	0.9344	0.8571	0.7576	0.6472	0.5366	0.4335	0.3423	0.2650
4	0.9963	0.9814	0.9473	0.8912	0.8153	0.7254	0.6288	0.5321	0.4405
5	0.9994	0.9955	0.9834	0.9580	0.9161	0.8576	0.7851	0.7029	0.6160
6	0.9999	0.9991	0.9955	0.9858	0.9665	0.9347	0.8893	0.8311	0.7622
7	1.0000	0.9998	0.9989	0.9958	0.9881	0.9733	0.9489	0.9134	0.8666
8		1.0000	0.9998	0.9989	0.9962	0.9901	0.9786	0.9597	0.9319
9			1.0000	0.9997	0.9989	0.9967	0.9919	0.9829	0.9682
10				0.9999	0.9997	0.9990	0.9972	0.9933	0.9863
11				1.0000	0.9999	0.9997	0.9991	0.9976	0.9945
12					1.0000	0.9999	0.9997	0.9992	0.9980

x	λ								
	5.5	6.0	6.5	7.0	7.5	8.0	8.5	9.0	9.5
0	0.0041	0.0025	0.0015	0.0009	0.0006	0.0003	0.0002	0.0001	0.0001
1	0.0266	0.0174	0.0113	0.0073	0.0047	0.0030	0.0019	0.0012	0.0008
2	0.0884	0.0620	0.0430	0.0296	0.0203	0.0138	0.0093	0.0062	0.0042
3	0.2017	0.1512	0.1118	0.0818	0.0591	0.0424	0.0301	0.0212	0.0149
4	0.3575	0.2851	0.2237	0.1730	0.1321	0.0996	0.0744	0.0550	0.0403
5	0.5289	0.4457	0.3690	0.3007	0.2414	0.1912	0.1496	0.1157	0.0885
6	0.6860	0.6063	0.5265	0.4497	0.3782	0.3134	0.2562	0.2068	0.1649
7	0.8095	0.7440	0.6728	0.5987	0.5246	0.4530	0.3856	0.3239	0.2687
8	0.8944	0.8472	0.7916	0.7291	0.6620	0.5925	0.5231	0.4557	0.3918
9	0.9462	0.9161	0.8774	0.8305	0.7764	0.7166	0.6530	0.5874	0.5218
10	0.9747	0.9574	0.9332	0.9015	0.8622	0.8159	0.7634	0.7060	0.6453
11	0.9890	0.9799	0.9661	0.9466	0.9208	0.8881	0.8487	0.8030	0.7520
12	0.9955	0.9912	0.9840	0.9730	0.9573	0.9362	0.9091	0.8758	0.8364
13	0.9983	0.9964	0.9929	0.9872	0.9784	0.9658	0.9486	0.9261	0.8981
14	0.9994	0.9986	0.9970	0.9943	0.9897	0.9827	0.9726	0.9585	0.9400
15	0.9998	0.9995	0.9988	0.9976	0.9954	0.9918	0.9862	0.9780	0.9665
16	0.9999	0.9998	0.9996	0.9990	0.9980	0.9963	0.9934	0.9889	0.9823
17	1.0000	0.9999	0.9998	0.9996	0.9992	0.9984	0.9970	0.9947	0.9911
18		1.0000	0.9999	0.9999	0.9997	0.9994	0.9987	0.9976	0.9957
19			1.0000	1.0000	0.9999	0.9997	0.9995	0.9989	0.9980
20					1.0000	0.9999	0.9998	0.9996	0.9991

（续）

x	λ								
	10.0	11.0	12.0	13.0	14.0	15.0	16.0	17.0	18.0
0	0.0000	0.0000	0.0000						
1	0.0005	0.0002	0.0001	0.0000	0.0000				
2	0.0028	0.0012	0.0005	0.0002	0.0001	0.0000	0.0000		
3	0.0103	0.0049	0.0023	0.0010	0.0005	0.0002	0.0001	0.0000	0.0000
4	0.0293	0.0151	0.0076	0.0037	0.0018	0.0009	0.0004	0.0002	0.0001
5	0.0671	0.0375	0.0203	0.0107	0.0055	0.0028	0.0014	0.0007	0.0003
6	0.1301	0.0786	0.0458	0.0259	0.0142	0.0076	0.0040	0.0021	0.0010
7	0.2202	0.1432	0.0895	0.0540	0.0316	0.0180	0.0100	0.0054	0.0029
8	0.3328	0.2320	0.1550	0.0998	0.0621	0.0374	0.0220	0.0126	0.0071
9	0.4579	0.3405	0.2424	0.1658	0.1094	0.0699	0.0433	0.0261	0.0154
10	0.5830	0.4599	0.3472	0.2517	0.1757	0.1185	0.0774	0.0491	0.0304
11	0.6968	0.5793	0.4616	0.3532	0.2600	0.1848	0.1270	0.0847	0.0549
12	0.7916	0.6887	0.5760	0.4631	0.3585	0.2676	0.1931	0.1350	0.0917
13	0.8645	0.7813	0.6815	0.5730	0.4644	0.3632	0.2745	0.2009	0.1426
14	0.9165	0.8540	0.7720	0.6751	0.5704	0.4657	0.3675	0.2808	0.2081
15	0.9513	0.9074	0.8444	0.7636	0.6694	0.5681	0.4667	0.3715	0.2867
16	0.9730	0.9441	0.8987	0.8355	0.7559	0.6641	0.5660	0.4677	0.3750
17	0.9857	0.9678	0.9370	0.8905	0.8272	0.7489	0.6593	0.5640	0.4686
18	0.9928	0.9823	0.9626	0.9302	0.8826	0.8195	0.7423	0.6550	0.5622
19	0.9965	0.9907	0.9787	0.9573	0.9235	0.8752	0.8122	0.7363	0.6509
20	0.9984	0.9953	0.9884	0.9750	0.9521	0.9170	0.8682	0.8055	0.7307
21	0.9993	0.9977	0.9939	0.9859	0.9712	0.9469	0.9108	0.8615	0.7991
22	0.9997	0.9990	0.9970	0.9924	0.9833	0.9673	0.9418	0.9047	0.8551
23	0.9999	0.9995	0.9985	0.9960	0.9907	0.9805	0.9633	0.9367	0.8989
24	1.0000	0.9998	0.9993	0.9980	0.9950	0.9888	0.9777	0.9594	0.9317
25		0.9999	0.9997	0.9990	0.9974	0.9938	0.9869	0.9748	0.9554
26		1.0000	0.9999	0.9995	0.9987	0.9967	0.9925	0.9848	0.9718
27			0.9999	0.9998	0.9994	0.9983	0.9959	0.9912	0.9827
28			1.0000	0.9999	0.9997	0.9991	0.9978	0.9950	0.9897
29				1.0000	0.9999	0.9996	0.9989	0.9973	0.9941
30					0.9999	0.9998	0.9994	0.9986	0.9967
31					1.0000	0.9999	0.9997	0.9993	0.9982
32						1.0000	0.9999	0.9996	0.9990
33							0.9999	0.9998	0.9995
34							1.0000	0.9999	0.9998
35								1.0000	0.9999
36									0.9999
37									1.0000

附录3　标准正态分布表

$$\Phi(x) = \int_{-\infty}^{x} \frac{1}{\sqrt{2\pi}} e^{-t^2/2} dt$$

x	0.00	0.01	0.02	0.03	0.04	0.05	0.06	0.07	0.08	0.09
0.0	0.5000	0.5040	0.5080	0.5120	0.5160	0.5199	0.5239	0.5279	0.5319	0.5359
0.1	0.5398	0.5438	0.5478	0.5517	0.5557	0.5596	0.5636	0.5675	0.5714	0.5753
0.2	0.5793	0.5832	0.5871	0.5910	0.5948	0.5987	0.6026	0.6064	0.6103	0.6141
0.3	0.6179	0.6217	0.6255	0.6293	0.6331	0.6368	0.6406	0.6443	0.6480	0.6517
0.4	0.6554	0.6591	0.6628	0.6664	0.6700	0.6736	0.6772	0.6808	0.6844	0.6879
0.5	0.6915	0.6950	0.6985	0.7019	0.7054	0.7088	0.7123	0.7157	0.7190	0.7224
0.6	0.7257	0.7291	0.7324	0.7357	0.7389	0.7422	0.7454	0.7486	0.7517	0.7549
0.7	0.7580	0.7611	0.7642	0.7673	0.7704	0.7734	0.7764	0.7794	0.7823	0.7852
0.8	0.7881	0.7910	0.7939	0.7967	0.7995	0.8023	0.8051	0.8078	0.8106	0.8133
0.9	0.8159	0.8186	0.8212	0.8238	0.8264	0.8289	0.8315	0.8340	0.8365	0.8389
1.0	0.8413	0.8438	0.8461	0.8485	0.8508	0.8531	0.8554	0.8577	0.8599	0.8621
1.1	0.8643	0.8665	0.8686	0.8708	0.8729	0.8749	0.8770	0.8790	0.8810	0.8830
1.2	0.8849	0.8869	0.8888	0.8907	0.8925	0.8944	0.8962	0.8980	0.8997	0.9015
1.3	0.9032	0.9049	0.9066	0.9082	0.9099	0.9115	0.9131	0.9147	0.9162	0.9177
1.4	0.9192	0.9207	0.9222	0.9236	0.9251	0.9265	0.9278	0.9292	0.9306	0.9319
1.5	0.9332	0.9345	0.9357	0.9370	0.9382	0.9394	0.9406	0.9418	0.9429	0.9441
1.6	0.9452	0.9463	0.9474	0.9484	0.9495	0.9505	0.9515	0.9525	0.9535	0.9545
1.7	0.9554	0.9564	0.9573	0.9582	0.9591	0.9599	0.9608	0.9616	0.9625	0.9633
1.8	0.9641	0.9649	0.9656	0.9664	0.9671	0.9678	0.9686	0.9693	0.9699	0.9706
1.9	0.9713	0.9719	0.9726	0.9732	0.9738	0.9744	0.9750	0.9756	0.9761	0.9767
2.0	0.9772	0.9778	0.9783	0.9788	0.9793	0.9798	0.9803	0.9808	0.9812	0.9817
2.1	0.9821	0.9826	0.9830	0.9834	0.9838	0.9842	0.9846	0.9850	0.9854	0.9857
2.2	0.9861	0.9864	0.9868	0.9871	0.9875	0.9878	0.9881	0.9884	0.9887	0.9890
2.3	0.9893	0.9896	0.9898	0.9901	0.9904	0.9906	0.9909	0.9911	0.9913	0.9916
2.4	0.9918	0.9920	0.9922	0.9925	0.9927	0.9929	0.9931	0.9932	0.9934	0.9936
2.5	0.9938	0.9940	0.9941	0.9943	0.9945	0.9946	0.9948	0.9949	0.9951	0.9952
2.6	0.9953	0.9955	0.9956	0.9957	0.9959	0.9960	0.9961	0.9962	0.9963	0.9964
2.7	0.9965	0.9966	0.9967	0.9968	0.9969	0.9970	0.9971	0.9972	0.9973	0.9974
2.8	0.9974	0.9975	0.9976	0.9977	0.9977	0.9978	0.9979	0.9979	0.9980	0.9981
2.9	0.9981	0.9982	0.9982	0.9983	0.9984	0.9984	0.9985	0.9985	0.9986	0.9986
3.0	0.9987	0.9987	0.9987	0.9988	0.9988	0.9989	0.9989	0.9989	0.9990	0.9990
3.1	0.9990	0.9991	0.9991	0.9991	0.9992	0.9992	0.9992	0.9992	0.9993	0.9993
3.2	0.9993	0.9993	0.9994	0.9994	0.9994	0.9994	0.9994	0.9995	0.9995	0.9995
3.3	0.9995	0.9995	0.9995	0.9996	0.9996	0.9996	0.9996	0.9996	0.9996	0.9997
3.4	0.9997	0.9997	0.9997	0.9997	0.9997	0.9997	0.9997	0.9997	0.9997	0.9998

附录 4 χ^2 分布表

$$P\{\chi^2(n) > \chi^2_\alpha(n)\} = \alpha$$

n	α									
	0.995	0.99	0.975	0.95	0.90	0.10	0.05	0.025	0.01	0.005
1	0.000	0.000	0.001	0.004	0.016	2.706	3.843	5.025	6.637	7.882
2	0.010	0.020	0.051	0.103	0.211	4.605	5.992	7.378	9.210	10.597
3	0.072	0.115	0.216	0.352	0.584	6.251	7.815	9.348	11.344	12.837
4	0.207	0.297	0.484	0.711	1.064	7.779	9.488	11.143	13.277	14.860
5	0.412	0.554	0.831	1.145	1.610	9.236	11.070	12.832	15.085	16.748
6	0.676	0.872	1.237	1.635	2.204	10.645	12.592	14.440	16.812	18.548
7	0.989	1.239	1.690	2.167	2.833	12.017	14.067	16.012	18.474	20.276
8	1.344	1.646	2.180	2.733	3.490	13.362	15.507	17.534	20.090	21.954
9	1.735	2.088	2.700	3.325	4.168	14.684	16.919	19.022	21.665	23.587
10	2.156	2.558	3.247	3.940	4.865	15.987	18.307	20.483	23.209	25.188
11	2.603	3.053	3.816	4.575	5.578	17.275	19.675	21.920	24.724	26.755
12	3.074	3.571	4.404	5.226	6.304	18.549	21.026	23.337	26.217	28.300
13	3.565	4.107	5.009	5.892	7.041	19.812	22.362	24.735	27.687	29.817
14	4.075	4.660	5.629	6.571	7.790	21.064	23.685	26.119	29.141	31.319
15	4.600	5.229	6.262	7.261	8.547	22.307	24.996	27.488	30.577	32.799
16	5.142	5.812	6.908	7.962	9.312	23.542	26.296	28.845	32.000	34.267
17	5.697	6.407	7.564	8.682	10.085	24.769	27.587	30.190	33.408	35.716
18	6.265	7.015	8.231	9.390	10.865	25.989	28.869	31.526	34.805	37.156
19	6.843	7.632	8.906	10.117	11.651	27.203	30.143	32.852	36.190	38.580
20	7.434	8.260	9.591	10.851	12.443	28.412	31.410	34.170	37.566	39.997
21	8.033	8.897	10.283	11.591	13.240	29.615	32.670	35.478	38.930	41.399
22	8.643	9.542	10.982	12.338	14.042	30.813	33.924	36.781	40.289	42.796
23	9.260	10.195	11.688	13.090	14.848	32.007	35.172	38.075	41.637	44.179
24	9.886	10.856	12.401	13.848	15.659	33.196	36.415	39.364	42.980	45.558
25	10.519	11.523	13.120	14.611	16.473	34.381	37.652	40.646	44.313	46.925
26	11.160	12.198	13.844	15.379	17.292	35.563	38.885	41.923	45.642	48.290
27	11.807	12.878	14.573	16.151	18.114	36.741	40.113	43.194	46.962	49.642
28	12.461	13.565	15.308	16.928	18.939	37.916	41.337	44.461	48.278	50.993
29	13.120	14.256	16.147	17.708	19.768	39.087	42.557	45.772	49.586	52.333
30	13.787	14.954	16.791	18.493	20.599	40.256	43.773	46.979	50.892	53.672
31	14.457	15.655	17.538	19.280	21.433	41.422	44.985	48.231	52.190	55.000
32	15.134	16.362	18.291	20.072	22.271	42.585	46.194	49.480	53.486	56.328
33	15.814	17.073	19.046	20.866	23.110	43.745	47.400	50.724	54.774	57.646
34	16.501	17.789	19.806	21.664	23.952	44.903	48.602	51.966	56.061	58.964
35	17.191	18.508	20.569	22.465	24.796	46.059	49.802	53.203	57.340	60.272
36	17.887	19.233	21.336	23.269	25.643	47.212	50.998	54.437	58.619	61.581
37	18.584	19.960	22.105	24.075	26.492	48.363	52.192	55.667	59.891	62.880
38	19.289	20.691	22.878	24.884	27.343	49.513	53.384	56.896	61.162	64.181
39	19.994	21.425	23.654	25.695	28.196	50.660	54.572	58.119	62.426	65.473
40	20.706	22.164	24.433	26.509	29.050	51.805	55.758	59.342	63.691	66.766

当 $n > 40$ 时，$\chi^2_\alpha(n) \approx \dfrac{1}{2}(z_\alpha + \sqrt{2n-1})^2$.

附录5　*t* 分布表

$$P\{t(n) > t_\alpha(n)\} = \alpha$$

n	α						
	0.20	0.15	0.10	0.05	0.025	0.01	0.005
1	1.376	1.963	3.0777	6.3138	12.7062	31.8207	63.6574
2	1.061	1.386	1.8856	2.9200	4.3027	6.9646	9.9248
3	0.978	1.250	1.6377	2.3534	3.1824	4.5407	5.8409
4	0.941	1.190	1.5332	2.1318	2.7764	3.7469	4.6041
5	0.920	1.156	1.4759	2.0150	2.5706	3.3649	4.0322
6	0.906	1.134	1.4398	1.9432	2.4469	3.1427	3.7074
7	0.896	1.119	1.4149	1.8946	2.3646	2.9980	3.4995
8	0.889	1.108	1.3968	1.8595	2.3060	2.8965	3.3554
9	0.883	1.100	1.3830	1.8331	2.2622	2.8214	3.2498
10	0.879	1.093	1.3722	1.8125	2.2281	2.7638	3.1693
11	0.876	1.088	1.3634	1.7959	2.2010	2.7181	3.1058
12	0.873	1.083	1.3562	1.7823	2.1788	2.6810	3.0545
13	0.870	1.079	1.3502	1.7709	2.1604	2.6503	3.0123
14	0.868	1.076	1.3450	1.7613	2.1448	2.6245	2.9768
15	0.866	1.074	1.3406	1.7531	2.1315	2.6025	2.9467
16	0.865	1.071	1.3368	1.7459	2.1199	2.5835	2.9208
17	0.863	1.069	1.3334	1.7396	2.1098	2.5669	2.8982
18	0.862	1.067	1.3304	1.7341	2.1009	2.5524	2.8784
19	0.861	1.066	1.3277	1.7291	2.0930	2.5395	2.8609
20	0.860	1.064	1.3253	1.7247	2.0860	2.5280	2.8453
21	0.859	1.063	1.3232	1.7207	2.0796	2.5177	2.8314
22	0.858	1.061	1.3212	1.7171	2.0739	2.5083	2.8188
23	0.858	1.060	1.3195	1.7139	2.0687	2.4999	2.8073
24	0.857	1.059	1.3178	1.7109	2.0639	2.4922	2.7969
25	0.856	1.058	1.3163	1.7081	2.0595	2.4851	2.7874
26	0.856	1.058	1.3150	1.7056	2.0555	2.4786	2.7787
27	0.855	1.057	1.3137	1.7033	2.0518	2.4727	2.7707
28	0.855	1.056	1.3125	1.7011	2.0484	2.4671	2.7633
29	0.854	1.055	1.3114	1.6991	2.0452	2.4620	2.7564
30	0.854	1.055	1.3104	1.6973	2.0423	2.4573	2.7500
31	0.8535	1.0541	1.3095	1.6955	2.0395	2.4528	2.7440
32	0.8531	1.0536	1.3086	1.6939	2.0369	2.4487	2.7385
33	0.8527	1.0531	1.3077	1.6924	2.0345	2.4448	2.7333
34	0.8524	1.0526	1.3070	1.6909	2.0322	2.4411	2.7284
35	0.8521	1.0521	1.3062	1.6896	2.0301	2.4377	2.7238
36	0.8518	1.0516	1.3055	1.6883	2.0281	2.4345	2.7195
37	0.8515	1.0512	1.3049	1.6871	2.0262	2.4314	2.7154
38	0.8512	1.0508	1.3042	1.6860	2.0244	2.4286	2.7116
39	0.8510	1.0504	1.3036	1.6849	2.0227	2.4258	2.7079
40	0.8507	1.0501	1.3031	1.6839	2.0211	2.4233	2.7045
41	0.8505	1.0498	1.3025	1.6829	2.0195	2.4208	2.7012
42	0.8503	1.0494	1.3020	1.6820	2.0181	2.4185	2.6981
43	0.8501	1.0491	1.3016	1.6811	2.0167	2.4163	2.6951
44	0.8499	1.0488	1.3011	1.6802	2.0154	2.4141	2.6923
45	0.8497	1.0485	1.3006	1.6794	2.0141	2.4121	2.6896

附录 6 F 分布表

$$P\{F(n_1,n_2) > F_\alpha(n_1,n_2)\} = \alpha \qquad (\alpha = 0.10)$$

n_2	n_1=1	2	3	4	5	6	7	8	9	10	12	15	20	24	30	40	60	120	∞
1	39.86	49.50	53.59	55.83	57.24	58.20	58.91	59.44	59.86	60.19	60.71	61.22	61.74	62.00	62.26	62.53	62.79	63.06	63.33
2	8.53	9.00	9.16	9.24	9.29	9.33	9.35	9.37	9.38	9.39	9.41	9.42	9.44	9.45	9.46	9.47	9.47	9.48	9.49
3	5.54	5.46	5.39	5.34	5.31	5.28	5.27	5.25	5.24	5.23	5.22	5.20	5.18	5.18	5.17	5.16	5.15	5.14	5.13
4	4.54	4.32	4.19	4.11	4.05	4.01	3.98	3.95	3.94	3.92	3.90	3.87	3.84	3.83	3.82	3.80	3.79	3.78	3.76
5	4.06	3.78	3.62	3.52	3.45	3.40	3.37	3.34	3.32	3.30	3.27	3.24	3.21	3.19	3.17	3.16	3.14	3.12	3.10
6	3.78	3.46	3.29	3.18	3.11	3.05	3.01	2.98	2.96	2.94	2.90	2.87	2.84	2.82	2.80	2.78	2.76	2.74	2.72
7	3.59	3.26	3.07	2.96	2.88	2.83	2.78	2.75	2.72	2.70	2.67	2.63	2.59	2.58	2.56	2.54	2.51	2.49	2.47
8	3.46	3.11	2.92	2.81	2.73	2.67	2.62	2.59	2.56	2.54	2.50	2.46	2.42	2.40	2.38	2.36	2.34	2.32	2.29
9	3.36	3.01	2.81	2.69	2.61	2.55	2.51	2.47	2.44	2.42	2.38	2.34	2.30	2.28	2.25	2.23	2.21	2.18	2.16
10	3.29	2.92	2.73	2.61	2.52	2.46	2.41	2.38	2.35	2.32	2.28	2.24	2.20	2.18	2.16	2.13	2.11	2.08	2.06
11	3.23	2.86	2.66	2.54	2.45	2.39	2.34	2.30	2.27	2.25	2.21	2.17	2.12	2.10	2.08	2.05	2.03	2.00	1.97
12	3.18	2.81	2.61	2.48	2.39	2.33	2.28	2.24	2.21	2.19	2.15	2.10	2.06	2.04	2.01	1.99	1.96	1.93	1.90
13	3.14	2.76	2.56	2.43	2.35	2.28	2.23	2.20	2.16	2.14	2.10	2.05	2.01	1.98	1.96	1.93	1.90	1.88	1.85
14	3.10	2.73	2.52	2.39	2.31	2.24	2.19	2.15	2.12	2.10	2.05	2.01	1.96	1.94	1.91	1.89	1.86	1.83	1.80
15	3.07	2.70	2.49	2.36	2.27	2.21	2.16	2.12	2.09	2.06	2.02	1.97	1.92	1.90	1.87	1.85	1.82	1.79	1.76
16	3.05	2.67	2.46	2.33	2.24	2.18	2.13	2.09	2.06	2.03	1.99	1.94	1.89	1.87	1.84	1.81	1.78	1.75	1.72
17	3.03	2.64	2.44	2.31	2.22	2.15	2.10	2.06	2.03	2.00	1.96	1.91	1.86	1.84	1.81	1.78	1.75	1.72	1.69
18	3.01	2.62	2.42	2.29	2.20	2.13	2.08	2.04	2.00	1.98	1.93	1.89	1.84	1.81	1.78	1.75	1.72	1.69	1.66
19	2.99	2.61	2.40	2.27	2.18	2.11	2.06	2.02	1.98	1.96	1.91	1.86	1.81	1.79	1.76	1.73	1.70	1.67	1.63
20	2.97	2.59	2.38	2.25	2.16	2.09	2.04	2.00	1.96	1.94	1.89	1.84	1.79	1.77	1.74	1.71	1.68	1.64	1.61
21	2.96	2.57	2.36	2.23	2.14	2.08	2.02	1.98	1.95	1.92	1.87	1.83	1.78	1.75	1.72	1.69	1.66	1.62	1.59
22	2.95	2.56	2.35	2.22	2.13	2.06	2.01	1.97	1.93	1.90	1.86	1.81	1.76	1.73	1.70	1.67	1.64	1.60	1.57
23	2.94	2.55	2.34	2.21	2.11	2.05	1.99	1.95	1.92	1.89	1.84	1.80	1.74	1.72	1.69	1.66	1.62	1.59	1.55
24	2.93	2.54	2.33	2.19	2.10	2.04	1.98	1.94	1.91	1.88	1.83	1.78	1.73	1.70	1.67	1.64	1.61	1.57	1.53
25	2.92	2.53	2.32	2.18	2.09	2.02	1.97	1.93	1.89	1.87	1.82	1.77	1.72	1.69	1.66	1.63	1.59	1.56	1.52
26	2.91	2.52	2.31	2.17	2.08	2.01	1.96	1.92	1.88	1.86	1.81	1.76	1.71	1.68	1.65	1.61	1.58	1.54	1.50
27	2.90	2.51	2.30	2.17	2.07	2.00	1.95	1.91	1.87	1.85	1.80	1.75	1.70	1.67	1.64	1.60	1.57	1.53	1.49
28	2.89	2.50	2.29	2.16	2.06	2.00	1.94	1.90	1.87	1.84	1.79	1.74	1.69	1.66	1.63	1.59	1.56	1.52	1.48
29	2.89	2.50	2.28	2.15	2.06	1.99	1.93	1.89	1.86	1.83	1.78	1.73	1.68	1.65	1.62	1.58	1.55	1.51	1.47
30	2.88	2.49	2.28	2.14	2.05	1.98	1.93	1.88	1.85	1.82	1.77	1.72	1.67	1.64	1.61	1.57	1.54	1.50	1.46
40	2.84	2.44	2.23	2.09	2.00	1.93	1.87	1.83	1.79	1.76	1.71	1.66	1.61	1.57	1.54	1.51	1.47	1.42	1.38
60	2.79	2.39	2.18	2.04	1.95	1.87	1.82	1.77	1.74	1.71	1.66	1.60	1.54	1.51	1.48	1.44	1.40	1.35	1.29
120	2.75	2.35	2.13	1.99	1.90	1.82	1.77	1.72	1.68	1.65	1.60	1.55	1.48	1.45	1.41	1.37	1.32	1.26	1.19
∞	2.71	2.30	2.08	1.94	1.85	1.77	1.72	1.67	1.63	1.60	1.55	1.49	1.42	1.38	1.34	1.30	1.24	1.17	1.00

（续）

（α = 0.05）

n_2 \ n_1	1	2	3	4	5	6	7	8	9	10	12	15	20	24	30	40	60	120	∞
1	161	200	216	225	230	234	237	239	241	242	244	246	248	249	250	251	252	253	254
2	18.5	19.0	19.2	19.2	19.3	19.3	19.4	19.4	19.4	19.4	19.4	19.4	19.4	19.5	19.5	19.5	19.5	19.5	19.5
3	10.1	9.55	9.28	9.12	9.01	8.94	8.89	8.85	8.81	8.79	8.74	8.70	8.66	8.64	8.62	8.59	8.57	8.55	8.53
4	7.71	6.94	6.59	6.39	6.26	6.16	6.09	6.04	6.00	5.96	5.91	5.86	5.80	5.77	5.75	5.72	5.69	5.66	5.63
5	6.61	5.79	5.41	5.19	5.05	4.95	4.88	4.82	4.77	4.74	4.68	4.62	4.56	4.53	4.50	4.46	4.43	4.40	4.36
6	5.99	5.14	4.76	4.53	4.39	4.28	4.21	4.15	4.10	4.06	4.00	3.94	3.87	3.84	3.81	3.77	3.74	3.70	3.67
7	5.59	4.74	4.35	4.12	3.97	3.87	3.79	3.73	3.68	3.64	3.57	3.51	3.44	3.41	3.38	3.34	3.30	3.27	3.23
8	5.32	4.46	4.07	3.84	3.69	3.58	3.50	3.44	3.39	3.35	3.28	3.22	3.15	3.12	3.08	3.04	3.01	2.97	2.93
9	5.12	4.26	3.86	3.63	3.48	3.37	3.29	3.23	3.18	3.14	3.07	3.01	2.94	2.90	2.86	2.83	2.79	2.75	2.71
10	4.96	4.10	3.71	3.48	3.33	3.22	3.14	3.07	3.02	2.98	2.91	2.85	2.77	2.74	2.70	2.66	2.62	2.58	2.54
11	4.84	3.98	3.59	3.36	3.20	3.09	3.01	2.95	2.90	2.85	2.79	2.72	2.65	2.61	2.57	2.53	2.49	2.45	2.40
12	4.75	3.89	3.49	3.26	3.11	3.00	2.91	2.85	2.80	2.75	2.69	2.62	2.54	2.51	2.47	2.43	2.38	2.34	2.30
13	4.67	3.81	3.41	3.18	3.03	2.92	2.83	2.77	2.71	2.67	2.60	2.53	2.46	2.42	2.38	2.34	2.30	2.25	2.21
14	4.60	3.74	3.34	3.11	2.96	2.85	2.76	2.70	2.65	2.60	2.53	2.46	2.39	2.35	2.31	2.27	2.22	2.18	2.13
15	4.54	3.68	3.29	3.06	2.90	2.79	2.71	2.64	2.59	2.54	2.48	2.40	2.33	2.29	2.25	2.20	2.16	2.11	2.07
16	4.49	3.63	3.24	3.01	2.85	2.74	2.66	2.59	2.54	2.49	2.42	2.35	2.28	2.24	2.19	2.15	2.11	2.06	2.01
17	4.45	3.59	3.20	2.96	2.81	2.70	2.61	2.55	2.49	2.45	2.38	2.31	2.23	2.19	2.15	2.10	2.06	2.01	1.96
18	4.41	3.55	3.16	2.93	2.77	2.66	2.58	2.51	2.46	2.41	2.34	2.27	2.19	2.15	2.11	2.06	2.02	1.97	1.92
19	4.38	3.52	3.13	2.90	2.74	2.63	2.54	2.48	2.42	2.38	2.31	2.23	2.16	2.11	2.07	2.03	1.98	1.93	1.88
20	4.35	3.49	3.10	2.87	2.71	2.60	2.51	2.45	2.39	2.35	2.28	2.20	2.12	2.08	2.04	1.99	1.95	1.90	1.84
21	4.32	3.47	3.07	2.84	2.68	2.57	2.49	2.42	2.37	2.32	2.25	2.18	2.10	2.05	2.01	1.96	1.92	1.87	1.81
22	4.30	3.44	3.05	2.82	2.66	2.55	2.46	2.40	2.34	2.30	2.23	2.15	2.07	2.03	1.98	1.94	1.89	1.84	1.78
23	4.28	3.42	3.03	2.80	2.64	2.53	2.44	2.37	2.32	2.27	2.20	2.13	2.05	2.01	1.96	1.91	1.86	1.81	1.76
24	4.26	3.40	3.01	2.78	2.62	2.51	2.42	2.36	2.30	2.25	2.18	2.11	2.03	1.98	1.94	1.89	1.84	1.79	1.73
25	4.24	3.39	2.99	2.76	2.60	2.49	2.40	2.34	2.28	2.24	2.16	2.09	2.01	1.96	1.92	1.87	1.82	1.77	1.71
26	4.23	3.37	2.98	2.74	2.59	2.47	2.39	2.32	2.27	2.22	2.15	2.07	1.99	1.95	1.90	1.85	1.80	1.75	1.69
27	4.21	3.35	2.96	2.73	2.57	2.46	2.37	2.31	2.25	2.20	2.13	2.06	1.97	1.93	1.88	1.84	1.79	1.73	1.67
28	4.20	3.34	2.95	2.71	2.56	2.45	2.36	2.29	2.24	2.19	2.12	2.04	1.96	1.91	1.87	1.82	1.77	1.71	1.65
29	4.18	3.33	2.93	2.70	2.55	2.43	2.35	2.28	2.22	2.18	2.10	2.03	1.94	1.90	1.85	1.81	1.75	1.70	1.64
30	4.17	3.32	2.92	2.69	2.53	2.42	2.33	2.27	2.21	2.16	2.09	2.01	1.93	1.89	1.84	1.79	1.74	1.68	1.62
40	4.08	3.23	2.84	2.61	2.45	2.34	2.25	2.18	2.12	2.08	2.00	1.92	1.84	1.79	1.74	1.69	1.64	1.58	1.51
60	4.00	3.15	2.76	2.53	2.37	2.25	2.17	2.10	2.04	1.99	1.92	1.84	1.75	1.70	1.65	1.59	1.53	1.47	1.39
120	3.92	3.07	2.68	2.45	2.29	2.17	2.09	2.02	1.96	1.91	1.83	1.75	1.66	1.61	1.55	1.50	1.43	1.35	1.25
∞	3.84	3.00	2.60	2.37	2.21	2.10	2.01	1.94	1.88	1.83	1.75	1.67	1.57	1.52	1.46	1.39	1.32	1.22	1.00

（续）

$（\alpha = 0.025）$

n_2	\ n_1	1	2	3	4	5	6	7	8	9	10	12	15	20	24	30	40	60	120	∞
1		648	800	864	900	922	937	948	957	963	969	977	985	993	997	1000	1010	1010	1010	1020
2		38.5	39.0	39.2	39.2	39.3	39.3	39.4	39.4	39.4	39.4	39.4	39.4	39.4	39.5	39.5	39.5	39.5	39.5	39.5
3		17.4	16.0	15.4	15.1	14.9	14.7	14.6	14.5	14.5	14.4	14.3	14.3	14.2	14.1	14.1	14.0	14.0	13.9	13.9
4		12.2	10.6	9.98	9.60	9.36	9.20	9.07	8.98	8.90	8.84	8.75	8.66	8.56	8.51	8.46	8.41	8.36	8.31	8.26
5		10.0	8.43	7.76	7.39	7.15	6.98	6.85	6.76	6.68	6.62	6.52	6.43	6.33	6.28	6.23	6.18	6.12	6.07	6.02
6		8.81	7.26	6.60	6.23	5.99	5.82	5.70	5.60	5.52	5.46	5.37	5.27	5.17	5.12	5.07	5.01	4.96	4.90	4.85
7		8.07	6.54	5.89	5.52	5.29	5.12	4.99	4.90	4.82	4.76	4.67	4.57	4.47	4.42	4.36	4.31	4.25	4.20	4.14
8		7.57	6.06	5.42	5.05	4.82	4.65	4.53	4.43	4.36	4.30	4.20	4.10	4.00	3.95	3.89	3.84	3.78	3.73	3.67
9		7.21	5.71	5.08	4.72	4.48	4.32	4.20	4.10	4.03	3.96	3.87	3.77	3.67	3.61	3.56	3.51	3.45	3.39	3.33
10		6.94	5.46	4.83	4.47	4.24	4.07	3.95	3.85	3.78	3.72	3.62	3.52	3.42	3.37	3.31	3.26	3.20	3.14	3.08
11		6.72	5.26	4.63	4.28	4.04	3.88	3.76	3.66	3.59	3.53	3.43	3.33	3.23	3.17	3.12	3.06	3.00	2.94	2.88
12		6.55	5.10	4.47	4.12	3.89	3.73	3.61	3.51	3.44	3.37	3.28	3.18	3.07	3.02	2.96	2.91	2.85	2.79	2.72
13		6.41	4.97	4.35	4.00	3.77	3.60	3.48	3.39	3.31	3.25	3.15	3.05	2.95	2.89	2.84	2.78	2.72	2.66	2.60
14		6.30	4.86	4.24	3.89	3.66	3.50	3.38	3.29	3.21	3.15	3.05	2.95	2.84	2.79	2.73	2.67	2.61	2.55	2.49
15		6.20	4.77	4.15	3.80	3.58	3.41	3.29	3.20	3.12	3.06	2.96	2.86	2.76	2.70	2.64	2.59	2.52	2.46	2.40
16		6.12	4.69	4.08	3.73	3.50	3.34	3.22	3.12	3.05	2.99	2.89	2.79	2.68	2.63	2.57	2.51	2.45	2.38	2.32
17		6.04	4.62	4.01	3.66	3.44	3.28	3.16	3.06	2.98	2.92	2.82	2.72	2.62	2.56	2.50	2.44	2.38	2.32	2.25
18		5.98	4.56	3.95	3.61	3.38	3.22	3.10	3.01	2.93	2.87	2.77	2.67	2.56	2.50	2.44	2.38	2.32	2.26	2.19
19		5.92	4.51	3.90	3.56	3.33	3.17	3.05	2.96	2.88	2.82	2.72	2.62	2.51	2.45	2.39	2.33	2.27	2.20	2.13
20		5.87	4.46	3.86	3.51	3.29	3.13	3.01	2.91	2.84	2.77	2.68	2.57	2.46	2.41	2.35	2.29	2.22	2.16	2.09
21		5.83	4.42	3.82	3.48	3.25	3.09	2.97	2.87	2.80	2.73	2.64	2.53	2.42	2.37	2.31	2.25	2.18	2.11	2.04
22		5.79	4.38	3.78	3.44	3.22	3.05	2.93	2.84	2.76	2.70	2.60	2.50	2.39	2.33	2.27	2.21	2.14	2.08	2.00
23		5.75	4.35	3.75	3.41	3.18	3.02	2.90	2.81	2.73	2.67	2.57	2.47	2.36	2.30	2.24	2.18	2.11	2.04	1.97
24		5.72	4.32	3.72	3.38	3.15	2.99	2.87	2.78	2.70	2.64	2.54	2.44	2.33	2.27	2.21	2.15	2.08	2.01	1.94
25		5.69	4.29	3.69	3.35	3.13	2.97	2.85	2.75	2.68	2.61	2.51	2.41	2.30	2.24	2.18	2.12	2.05	1.98	1.91
26		5.66	4.27	3.67	3.33	3.10	2.94	2.82	2.73	2.65	2.59	2.49	2.39	2.28	2.22	2.16	2.09	2.03	1.95	1.88
27		5.63	4.24	3.65	3.31	3.08	2.92	2.80	2.71	2.63	2.57	2.47	2.36	2.25	2.19	2.13	2.07	2.00	1.93	1.85
28		5.61	4.22	3.63	3.29	3.06	2.90	2.78	2.69	2.61	2.55	2.45	2.34	2.23	2.17	2.11	2.05	1.98	1.91	1.83
29		5.59	4.20	3.61	3.27	3.04	2.88	2.76	2.67	2.59	2.53	2.43	2.32	2.21	2.15	2.09	2.03	1.96	1.89	1.81
30		5.57	4.18	3.59	3.25	3.03	2.87	2.75	2.65	2.57	2.51	2.41	2.31	2.20	2.14	2.07	2.01	1.94	1.87	1.79
40		5.42	4.05	3.46	3.13	2.90	2.74	2.62	2.53	2.45	2.39	2.29	2.18	2.07	2.01	1.94	1.88	1.80	1.72	1.64
60		5.29	3.93	3.34	3.01	2.79	2.63	2.51	2.41	2.33	2.27	2.17	2.06	1.94	1.88	1.82	1.74	1.67	1.58	1.48
120		5.15	3.80	3.23	2.89	2.67	2.52	2.39	2.30	2.22	2.16	2.05	1.94	1.82	1.76	1.69	1.61	1.53	1.43	1.31
∞		5.02	3.69	3.12	2.79	2.57	2.41	2.29	2.19	2.11	2.05	1.94	1.83	1.71	1.64	1.57	1.48	1.39	1.27	1.00

（续）

（α = 0.01）

n_1

n_2	1	2	3	4	5	6	7	8	9	10	12	15	20	24	30	40	60	120	∞
1	4050	5000	5400	5620	5760	5860	5930	5980	6020	6060	110	6160	6210	6230	6260	6290	6310	6340	6370
2	98.5	99.0	99.2	99.2	99.3	99.3	99.4	99.4	99.4	99.4	99.4	99.4	99.4	99.5	99.5	99.5	99.5	99.5	99.5
3	34.1	30.8	29.5	28.7	28.2	27.9	27.7	27.5	27.3	27.2	27.1	26.9	26.7	26.6	26.5	26.4	26.3	26.2	26.1
4	21.2	18.0	16.7	16.0	15.5	15.2	15.0	14.8	14.7	14.5	14.4	14.2	14.0	13.9	13.8	13.7	13.7	13.6	13.5
5	16.3	13.3	12.1	11.4	11.0	10.7	10.5	10.3	10.2	10.1	9.89	9.72	9.55	9.47	9.38	9.29	9.20	9.11	9.02
6	13.7	10.9	9.78	9.15	8.75	8.47	8.26	8.10	7.98	7.87	7.72	7.56	7.40	7.31	7.23	7.14	7.06	6.97	6.88
7	12.2	9.55	8.45	7.85	7.46	7.19	6.99	6.84	6.72	6.62	6.47	6.31	6.16	6.07	5.99	5.91	5.82	5.74	5.65
8	11.3	8.65	7.59	7.01	6.63	6.37	6.18	6.03	5.91	5.81	5.67	5.52	5.36	5.28	5.20	5.12	5.03	4.95	4.86
9	10.6	8.02	6.99	6.42	6.06	5.80	5.61	5.47	5.35	5.26	5.11	4.96	4.81	4.73	4.65	4.57	4.48	4.40	4.31
10	10.0	7.56	6.55	5.99	5.64	5.39	5.20	5.06	4.94	4.85	4.71	4.56	4.41	4.33	4.25	4.17	4.08	4.00	3.91
11	9.65	7.21	6.22	5.67	5.32	5.07	4.89	4.74	4.63	4.54	4.40	4.25	4.10	4.02	3.94	3.86	3.78	3.69	3.60
12	9.33	6.93	5.95	5.41	5.06	4.82	4.64	4.50	4.39	4.30	4.16	4.01	3.86	3.78	3.70	3.62	3.54	3.45	3.36
13	9.07	6.70	5.74	5.21	4.86	4.62	4.44	4.30	4.19	4.10	3.96	3.82	3.66	3.59	3.51	3.43	3.34	3.25	3.17
14	8.86	6.51	5.56	5.04	4.69	4.46	4.28	4.14	4.03	3.94	3.80	3.66	3.51	3.43	3.35	3.27	3.18	3.09	3.00
15	8.68	6.36	5.42	4.89	4.56	4.32	4.14	4.00	3.89	3.80	3.67	3.52	3.37	3.29	3.21	3.13	3.05	2.96	2.87
16	8.53	6.23	5.29	4.77	4.44	4.20	4.03	3.89	3.78	3.69	3.55	3.41	3.26	3.18	3.10	3.02	2.93	2.84	2.75
17	8.40	6.11	5.18	4.67	4.34	4.10	3.93	3.79	3.68	3.59	3.46	3.31	3.16	3.08	3.00	2.92	2.83	2.75	2.65
18	8.29	6.01	5.09	4.58	4.25	4.01	3.84	3.71	3.60	3.51	3.37	3.23	3.08	3.00	2.92	2.84	2.75	2.66	2.57
19	8.18	5.93	5.01	4.50	4.17	3.94	3.77	3.63	3.52	3.43	3.30	3.15	3.00	2.92	2.84	2.76	2.67	2.58	2.49
20	8.10	5.85	4.94	4.43	4.10	3.87	3.70	3.56	3.46	3.37	3.23	3.09	2.94	2.86	2.78	2.69	2.61	2.52	2.42
21	8.02	5.78	4.87	4.37	4.04	3.81	3.64	3.51	3.40	3.31	3.17	3.03	2.88	2.80	2.72	2.64	2.55	2.46	2.36
22	7.95	5.72	4.82	4.31	3.99	3.76	3.59	3.45	3.35	3.26	3.12	2.98	2.83	2.75	2.67	2.58	2.50	2.40	2.31
23	7.88	5.66	4.76	4.26	3.94	3.71	3.54	3.41	3.30	3.21	3.07	2.93	2.78	2.70	2.62	2.54	2.45	2.35	2.26
24	7.82	5.61	4.72	4.22	3.90	3.67	3.50	3.36	3.26	3.17	3.03	2.89	2.74	2.66	2.58	2.49	2.40	2.31	2.21
25	7.77	5.57	4.68	4.18	3.85	3.63	3.46	3.32	3.22	3.13	2.99	2.85	2.70	2.62	2.54	2.45	2.36	2.27	2.17
26	7.72	5.53	4.64	4.14	3.82	3.59	3.42	3.29	3.18	3.09	2.96	2.81	2.66	2.58	2.50	2.42	2.33	2.23	2.13
27	7.68	5.49	4.60	4.11	3.78	3.56	3.39	3.26	3.15	3.06	2.93	2.78	2.63	2.55	2.47	2.38	2.29	2.20	2.10
28	7.64	5.45	4.57	4.07	3.75	3.53	3.36	3.23	3.12	3.03	2.90	2.75	2.60	2.52	2.44	2.35	2.26	2.17	2.06
29	7.60	5.42	4.54	4.04	3.73	3.50	3.33	3.20	3.09	3.00	2.87	2.73	2.57	2.49	2.41	2.33	2.23	2.14	2.03
30	7.56	5.39	4.51	4.02	3.70	3.47	3.30	3.17	3.07	2.98	2.84	2.70	2.55	2.47	2.39	2.30	2.21	2.11	2.01
40	7.31	5.18	4.31	3.83	3.51	3.29	3.12	2.99	2.89	2.80	2.66	2.52	2.37	2.29	2.20	2.11	2.02	1.92	1.80
60	7.08	4.98	4.13	3.65	3.34	3.12	2.95	2.82	2.72	2.63	2.50	2.35	2.20	2.12	2.03	1.94	1.84	1.73	1.60
120	6.85	4.79	3.95	3.48	3.17	2.96	2.79	2.66	2.56	2.47	2.34	2.19	2.03	1.95	1.86	1.76	1.66	1.53	1.38
∞	6.63	4.61	3.78	3.32	3.02	2.80	2.64	2.51	2.41	2.32	2.18	2.04	1.88	1.79	1.70	1.59	1.47	1.32	1.00

参考文献

[1] 盛骤，谢式千，潘承毅. 概率论与数理统计[M]. 4 版. 北京：高等教育出版社，2008.

[2] 陈希孺. 概率论与数理统计[M]. 合肥：中国科学技术大学出版社，2009.

[3] 苏保河. 概率论与数理统计[M]. 厦门：厦门大学出版社，2015.

[4] 韩明. 概率论与数理统计[M]. 3 版. 上海：同济大学出版社，2013.

[5] 王松桂，张忠占，程维虎，等. 概率论与数理统计[M]. 3 版. 北京：科学出版社，2016.

[6] 同济大学数学系. 概率论与数理统计[M]. 上海：同济大学出版社，2015.

[7] 袁荫棠. 概率论与数理统计[M]. 北京：中国人民大学出版社，1990.

[8] DEGROOT M N, SCHERVISH M J. Probability and Statistics[M]. London：Addison-Wesley，2002.

[9] JEFFREYS H. Theory of Probability[M]. Oxford：Oxford University Press，1998.

[10] ROSS S M. Introduction to Probability and Statistics for Engineers and Scientists.[M]. London：Harcourt/Academic，2000.

[11] ROTHAGI V K, EHSANES S M. An Introduction to Probability and Statistics[M]. New York：Wiley，2001.